特种加工技术

主　审　喻步贤
主　编　王鹏程
副主编　徐善状　刘永利　杨新春

镇　江

图书在版编目(CIP)数据

特种加工技术／王鹏程主编．—镇江：江苏大学出版社，2020.8
ISBN 978-7-5684-1383-1

Ⅰ．①特… Ⅱ．①王… Ⅲ．①特种加工 Ⅳ．①TG66

中国版本图书馆CIP数据核字(2020)第126560号

特种加工技术
Tezhong Jiagong Jishu

主　　编／王鹏程
责任编辑／吴昌兴
出版发行／江苏大学出版社
地　　址／江苏省镇江市梦溪园巷30号(邮编：212003)
电　　话／0511-84446464(传真)
网　　址／http://press.ujs.edu.cn
排　　版／镇江文苑制版印刷有限责任公司
印　　刷／丹阳兴华印务有限公司
开　　本／787 mm×1 092 mm　1/16
印　　张／15
字　　数／320千字
版　　次／2020年8月第1版　2020年8月第1次印刷
书　　号／ISBN 978-7-5684-1383-1
定　　价／49.00元

如有印装质量问题请与本社营销部联系(电话：0511-84440882)

前言

PREFACE

特种加工是指不属于传统加工工艺范畴的加工方法。它主要不是依靠机械能和切削力进行加工,而是用软的工具(甚至不用工具)加工硬的工件,能够将电、热、声、光、化学等能量或多种能量组合施加在工件的被加工部位上,从而实现材料被去除、变形、改性或表面处理等的非传统加工方法,可用来加工常规切削很难甚至无法加工的各种难加工材料、复杂表面、微细结构和某些有精密、特殊要求的零部件。特种加工是近几十年发展起来的新工艺,是对常规加工工艺方法的重要补充和发展。

各种特种加工方法在生产中已日益获得广泛的应用。特别是电火花成形加工、电火花线切割加工等电加工工艺和机床主要用于模具加工,这已成为模具制造的重要工艺技术手段。国内外仅电加工机床年产量的平均增长率就已经大大高于金属切削机床的增长率,相应地对从事特种加工的技术人员的需求也不断增长。为了适应特种加工技术的迅速发展和扩大应用的需要,我国高职高专层次的机械类专业均开设了"特种加工技术"课程。随着职业教育教学改革的不断深化,为提高学生职业能力、培养高素质技能型人才,编者结合多年的教学经验,对特种加工技术课程教学体系和教学方式进行了探索和实践,编写了本书。

本教材的主要特点:

(1) 本书以精密模具制造员岗位职责需求为着眼点,以学生发展为本位,依据"必需、够用"的原则构建教材内容,突出实际工程应用,并针对精密模具制造职业教育、当前学情与特种加工技术课程的实际特点,降低内容学习难度,突出了编写思路清晰、内容结构严谨、重点突出、针对性与实用性强、语言形象生动、图文对照直观的特点。

(2) 本书对以往教材模式进行了改革,采用以真实典型零件加工过程为导向,任务驱动、项目化教学为主题的方式,将学习内容分成冲模型孔的数控电火花成形加工、落料冲孔模凸凹模的数控电火花快速走丝线切割加工、连接臂的电火花慢速走丝线切割加工、零件异形孔的超声波加工 4 个学习项目。每个项目通过"学习目标"告诉读者将要学习的内容与重点，紧接着通过对载体零件的结构、材料、尺寸与精度、加工要求等方面的分析，选择恰当的加工机床与方法并引出学习项目的任务内容。项目内容按照相关加工技术认知、工艺流程分析、加工应用、归纳加工中常见异常与排除的逻辑顺序进行编排，符合人的认知规律、零件加工过程与教学过程需要。为满足技能鉴定培训与自学需要，学习项目末尾均配有项目学习要点提示与覆盖项目学习内容的自测试题，便于课后自学梳理和自我测试。

(3) 本书将电火花慢速走丝线切割加工的内容独立成章讲解，这是目前其他特种加工技术教材不具备的内容。教材在充分满足初、中、高级工，技师和高级技师参加培训或个人自学需要的同时，还增加了技师、高级技师的考核题例，旨在开阔眼界，清晰成才之路，激励不断进取。

本书由江苏电子信息职业学院的王鹏程任主编，江苏信息职业技术学院的徐善状、江苏电子信息职业学院的刘永利、富士康科技集团的杨新春任副主编；本书由江苏电子信息职业学院的喻步贤任主审。

由于编者的水平和经验有限，书中难免有疏漏、不足之处，敬请广大读者提出宝贵意见和建议，以便今后不断地完善和提高。

编　者

2020 年 1 月

目录

CONTENTS

绪 论

一、特种加工技术的产生与发展

1. 特种加工的定义

特种加工亦称“非传统加工”或“非常规加工”，泛指利用电能、热能、声能、光能、电化学能、化学能等能量单独或多种能量组合，达到去除、增加材料或材料改性的加工方法，从而实现材料的去除、增长、变形、改性或镀覆等，并达到所需的形状尺寸和表面质量要求。

目前，特种加工已经成功开发应用的就有数十种，如电火花加工、电化学加工、超声加工、激光加工、电子束加工、离子束加工、化学加工、水射流加工、快速成形加工等。特种加工技术在难加工材料的加工、模具及复杂型面的加工、零件的精密微细加工等领域已成为重要的加工方法或仅有的加工方法，是现代制造技术的前沿。

2. 特种加工技术的产生

20 世纪 50 年代以来，随着生产发展和科学实验的需要，很多工业部门，尤其是国防工业部门，要求产品向高精度、高速度、高温、高压、大功率、小型化等方向发展。传统的机械切削加工已经远远不能满足加工要求，于是对机械部门提出了新的要求。

(1) 解决各种特殊复杂表面的加工问题，如喷气涡轮机叶片、整体涡轮、锻压模和注塑模的立体成形表面，炮管内膛线、喷油嘴、栅网、异形小孔、窄缝，以及如图 0-1 所示钟表零件、旋转零件、异形零件等的加工。

(2) 解决各种难切削材料的加工问题，如硬质合金、钛合金、耐热钢、不锈钢、淬火钢、金刚石、宝石、石英，以及锗、硅等各种高硬度、高韧性、高脆性的金属及非金属材料的加工。

(3) 解决各种超精、光整或具有特殊要求的零件的加工问题，如对表面质量和精度要求很高的航空航天陀螺仪、伺服阀，以及细长轴、薄壁零件、弹性元件等低刚度零件的加工。

要解决上述一系列工艺问题，仅仅依靠传统的切削加工方法很难实现，甚至根本无法实现。为此，人们相继探索、研究新的加工方法，特种加工就是在这种背景下产生和发展起来的。

(a) 钟表零件　(b) 宝塔　(c) 扭转锥台

(d) 上下异性件　(e) 地震仪

图 0-1　复杂及异形零件

3. 特种加工技术的发展

1943 年，苏联鲍·洛·拉扎林柯夫妇研究开关触点遭受火花放电腐蚀损坏的有害现象和原因时发现电火花的瞬时高温可使局部的金属熔化、气化而被烧蚀掉，从而发明了变有害的电蚀为有用的电火花加工方法，即用铜杆在淬火钢上加工出小孔，后可用软的工具加工任何硬度的金属材料。此技术首次摆脱了传统的切削加工方法，直接利用电能和热能去除金属，获得了以“以柔克刚”的效果。

20 世纪 50 年代以来，国外工业界通过各种渠道，借助各种能量来源来探寻新的加工道路，相继推出了多种与传统加工方法截然不同的新型的特种加工方法，如电解加工、化学加工、超声波加工及高能束加工等。

20 世纪 70 年代以来，以激光、电子束、离子束等高能束流为能源的特种加工技术获得了迅速发展和广泛应用。目前以高能束流为能源的特种加工技术和数控精密电加工技术已成为航空产品制造技术中不可缺少的分支，在难加工材料、复杂型面、精密表面、低刚度零件及模具加工等领域中已成为关键制造技术。

进入 21 世纪后，特种加工技术的发展和应用的扩大极大促进了航空产品的发展，使先进的高性能飞机、发动机和机载设备的制造和生产得到可靠的保证。国内外经验表明，没有先进的特种加工技术，现代高性能航空产品难以制造和生产。因此，先进的特种加工技术的开发和应用与现代航空技术的发展息息相关。

二、特种加工技术的类型与特点

1. 特种加工的类型

目前，特种加工的分类还没有明确的规定，一般按照加工能量形式和加工原理的不同可以分为如表 0-1 所示的特种加工方法。

表 0-1 常用特种加工方法分类

序号	英文缩写符号	加工方法	能量类型	传递介质	加工机理
1	EDM	电火花成形加工	电能、热能	射线	熔化、汽化
2	WEDM	电火花线切割加工	电能、热能	射线	熔化、汽化
3	LBM	激光加工	光能、热能	射线	熔化、汽化
4	ECM	电化学加工	电化学能	电介质	离子转移
5	USM	超声波加工	声能、机械能	高速粒子	切蚀
6	EBM	电子束加工	电能、热能	射线	熔化、汽化
7	IBM	离子束加工	电能、热能	高温气体	熔化、汽化
8	PAM(C)	等离子弧加工	电能、机械能	高温气体	熔化、汽化
9	WJM	水射流加工	机械能	高速粒子	切蚀
10	AJM	磨料射流加工			
11	AFM	磨粒流加工			
12	CHM	化学加工	化学能	易反应的周围介质	腐蚀
13	FCM	火焰切割	热能	高温气体	熔化、汽化
14	RPM	快速成形	热能、机械能		热熔化成形

2. 特种加工的特点

特种加工在加工机理和加工形式上与传统机械加工有着本质的区别，主要体现在以下几点：

① 以柔克刚：在加工过程中，工具和工件之间不存在显著的机械切削力。另外，特种加工的能量密度很高(比如激光加工为 10^8 W/cm^2，电火花加工为 10^6 W/cm^2，超声加工为 10^5 W/cm^2 等)，因此能够用“软”的工具加工“硬”的工件，甚至有些特种加工还可以不用刀具，这非常适用于高硬度、高熔点、高强度、高耐热、高脆性及耐蚀性等材料的加工。

② 精密微细加工：由于加工使用的物理或化学能量可以精确地控制，工具与工件之间又无明显的机械作用力，因此可以实现精密微细加工。比如模具和零件的窄缝、窄槽、微细小孔加工，以及不能承受机械力作用的薄壁零件和微细零件的加工等，加工精度可以达到微米级，甚至纳米级。

③ 仿形逼真：直接利用物理或化学能量进行加工，便于实现加工过程的自动化和智能化。同时，简单的进给运动就可以加工复杂的多维曲面工件，且现代化计算机技术的应用使加工工件的仿形更加逼真。

④ 表面优质：在特种加工中，由于工件表面不像切削加工那样产生强烈的弹、塑性变形，故许多特种加工方法都可以获得非常小的表面粗糙度值，其残余应力、冷作硬化、热应力及毛刺等表面缺陷均比传统机械加工小得多。

三、特种加工技术产生的影响与发展趋势

1. 特种加工对材料加工性和结构工艺性的影响

随着特种加工技术的不断发展和完善，这种新型加工方法在机械制造业中得到广泛应用的同时，也对传统的机械制造工艺方法产生了很多重要影响，特别是使零件的结构设计和制造工艺路线的安排产生了重大变革。

(1) 提高材料的可加工性

无论材料的硬度、韧性、脆性、强度如何，特种加工方法都能够进行加工。例如，以前金刚石、石英、陶瓷、硬质合金等硬度大、难加工，但现在可以用激光、电解、电火花等方法进行加工，制造出金刚石和硬质合金刀具，以及拉丝模具。材料的可加工性不再与材料硬度、韧性、脆性、强度等成比例关系。例如，对电火花加工而言，淬火钢比未淬火钢更容易加工，更容易得到高的加工质量。

(2) 对零件结构设计的影响

由于加工方法和加工工艺的限制，许多结构不得不接受一些缺陷，比如镶拼结构的应力集中较大等。特种加工弥补了这种缺陷，如一些复杂模具，采用电火花和线切割后可以做成整体式结构；喷气发动机涡轮用电火花加工得到扭曲叶片带冠整体结构；花键轴的齿根部分可以用电解得到一定圆角，减小应力集中。

(3) 改变零件的典型加工工艺路线

以前除磨削外，所有的机械加工都须在淬火前进行，这是机械加工工艺的基本准则，因为淬火后材料硬度变大、机加工困难、加工质量差。若考虑用特种加工方法，如电火花成形加工、电火花线切割、电解加工等，则可以在淬火后另外进行形状和尺寸加工，而且加工质量更好。例如，在淬火前加工刀块上的小孔，淬火时容易产生裂纹和变形，而淬火后加工则能保证加工质量。

(4) 对工艺、材料等评价标准的影响

① 难加工材料：特种加工与机械性能无关，加工变得十分容易。

② 低刚度零件：特种加工因为没有宏观的切削力和变形，所以可以轻松实现加工。

③ 异形孔和复杂空间曲面：特种加工中，工件形状完全由工具形状决定，只要能加工出工具，就能加工出各种复杂零件。

④ 微小孔、异形孔：可以用激光加工、电子束加工、离子束加工实现。

(5) 改变试制新产品的模式

以前试制新产品的关键零部件时，必须先设计、制造相应的刀、夹、量具和模具，以及二次工装。现在采用数控电火花线切割加工，可以直接加工出各种特殊、复杂的曲面零件，这样可以大大缩短试制周期。

(6) 微细加工和纳米加工的主要手段

近年来出现并快速发展的微细加工和纳米加工技术，主要是电子束、离子束、激光、电化学等电物理、电化学特种加工技术。

2. 特种加工存在的问题与发展趋势

1) 特种加工存在的问题

虽然特种加工已经解决了传统加工难以解决的许多问题，在提高产品质量、生产效率和经济效益上显示出了很大的优越性，但目前还存在不少有待解决的问题。

(1) 某些特种加工(如超声加工、激光加工等)的加工机理还不十分清楚，其工艺参数的选择、加工过程的稳定性均需进一步提高。

(2) 有些特种加工(如电化学加工)在加工过程中产生的废渣、废气若排放不当，会产生环境污染，影响工人健康。

(3) 有些特种加工(如快速成形、等离子弧加工等)的加工精度及生产率有待提高。

(4) 有些特种加工(如激光加工)所需设备投资大、使用维修费用高。

2) 特种加工的发展趋势

(1) 按照系统工程的观点，应加大对特种加工的基本原理、加工机理、工艺规律、加工稳定性的深入研究力度，同时，充分融合以现代电子技术、计算机技术、信息技术和精密制造技术为基础的高新技术，使加工设备向自动化、柔性化方向发展。

(2) 从实际出发，大力开发特种加工领域中的新方法，包括微细加工和复合加工，尤其是质量高、效率高、经济型的复合加工，并与适宜的制造模式相匹配，以充分发挥其特点。

(3) 污染问题是影响和限制有些特种加工应用和发展的严重障碍，必须花大力气利用废气、废渣，向绿色加工的方向发展。

可以预见，随着科学技术和现代化工业的发展，特种加工必将不断完善和迅速发展，反过来又必将推动科学技术和现代工业的发展，并发挥越来越重要的作用。

项目一　冲模型孔的数控电火花成形加工

学习目标

（1）理解电火花成形加工方法的原理、特点与应用。

（2）掌握电火花成形加工方法的基本工艺规律与工艺过程。

（3）熟悉数控电火花成形加工机床的组成及各部分功用。

（4）能够合理设计制造电极、选择参数与加工工艺，正确使用数控电火花成形加工机床加工零件。

内容描述

加工如图 1-1 所示的冲模型孔零件，零件毛坯材料为 Cr12MoV 钢。零件的主要尺寸：外圆柱面直径为ϕ145 mm，高度为 20±0.1(mm)，内圆柱孔直径为ϕ70±0.05(mm)，2-ϕ6 mm 孔和 4-*M*12 螺纹孔的中心圆直径为ϕ120 mm。零件型孔尺寸是小端 *R* 为 3 mm、大端 *R* 为 5 mm 的均布 16 槽，*R*3 至 *R*5 的中心距为 6 mm，均布 16 槽的最大外圆直径为ϕ108 mm。型孔侧表面粗糙度 *Ra* 为 1.6 μm，零件上表面的表面粗糙度 *Ra* 为 0.8 μm，内孔的表面粗糙度 *Ra* 为 3.2 μm，零件其余表面粗糙度 *Ra* 均为 6.3 μm。

任务分析

由项目内容可知，冲模型孔零件主体形状由回转面构成，零件毛坯材料能够导电，零件型孔是沿圆周均匀分布的 16 个通槽，通槽尺寸小端 *R* 仅为 3 mm，大端 *R* 仅为 5 mm，两圆弧中心距也只有 6 mm，平面各尺寸均较小，而且侧面粗糙度要求高，达到 *Ra* 为 1.6 μm，通槽深度尺寸较大，深达 20 mm。因此，根据冲模型孔零件的 16 个均布通槽的结构特点与加工要求，选用电火花成形加工比较合适，可在一次装夹中加工成形，也容易保证加工尺寸与精度要求。冲模型孔零件的其他各部分结构采用传统的车削、磨削等加工方式较好，加工效率高，且尺寸与精度能够得到保证。

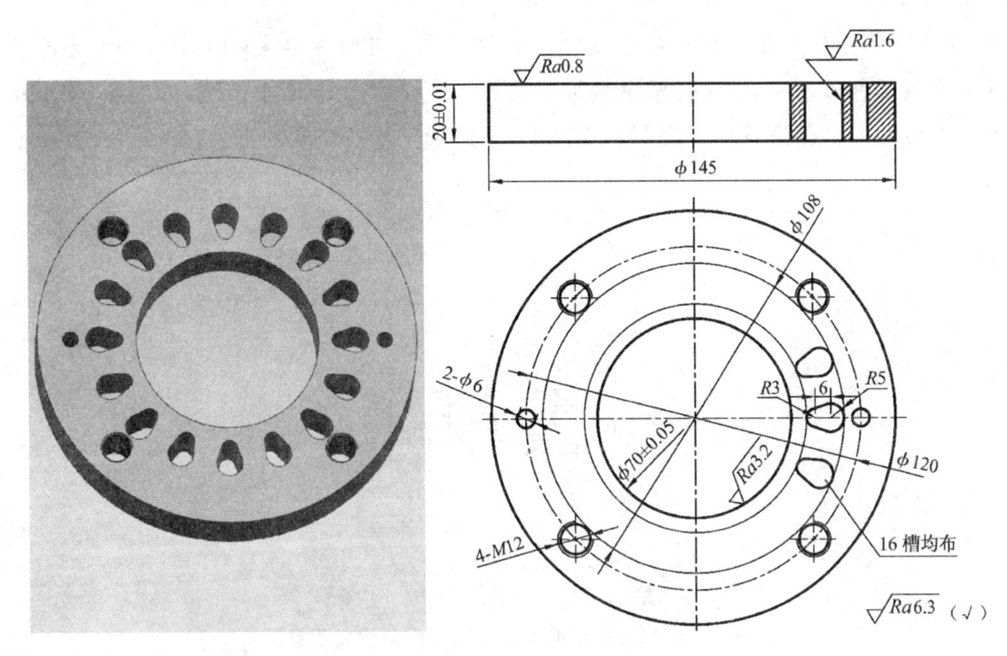

图 1-1　冲模型孔零件二维与三维图样

任务一　电火花成形加工技术认知

电火花成形加工，又称放电加工或电蚀加工(Electrical Discharge Machining，简称 EDM)，是一种直接利用电能和热能进行加工的新工艺。电火花成形加工与金属切削加工的原理完全不同，在加工过程中，工具电极和工件不接触，而是靠工具电极和工件之间不断的脉冲性火花放电，产生局部、瞬时的高温把金属材料逐步蚀除掉。电火花成形可加工多种高熔点、高强度、高纯度、高韧性材料，也可加工特殊及复杂形状的零件，因此被广泛应用于各类模具的加工中。

一、电火花成形加工的基本原理、特点及应用

1. 电火花成形加工的基本原理

电火花成形、穿孔加工系统称电火花成形加工。图 1-2 是电火花成形加工原理与设备构成示意图。脉冲电源 2 提供直流脉冲，工件 1 和工具电极 4 分别与脉冲电源 2 的两个输出端相连接。伺服进给调节系统 3 使工具电极 4 和工件 1 之间经常保持一个很小的放电间隙，当直流脉冲电压加到两极之间，便可在当时条件下相对某一间隙最小处或绝缘强度最低处击穿绝缘工作液介质 5，在该局部产生火花放电。火花放电引起的瞬时高温(电离通道瞬时温度可达 10000～12000 ℃)使工具电极和工件表面都被蚀除掉一小块材料。一次脉冲放电，在工具电极和工件表面各自形成一个小凹坑，如图 1-3a 所示。经过一段时间间隔，工作液介质 5 恢复绝缘后，第二个直流脉冲电压又加到两极

上，又会在当时极间距离相对最小或绝缘强度最弱处击穿放电，又电蚀出一个小凹坑。这样多次脉冲放电后，使工件整个被加工表面形成无数个电蚀小凹坑，如图 1-3b 所示。工具电极的横截面形状便被复制到工件上，从而加工出所需要的工件。

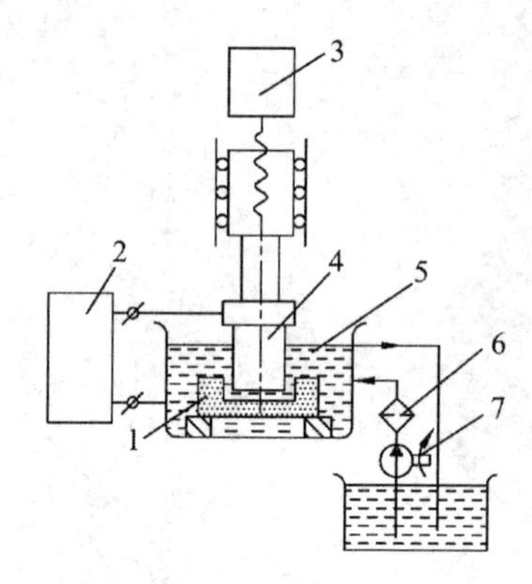

1—工件；2—脉冲电源；3—伺服进给调节系统；4—工具电极；
5—绝缘工作液；6—过滤器；7—工作液泵

图 1-2 电火花成形加工原理与设备构成示意图

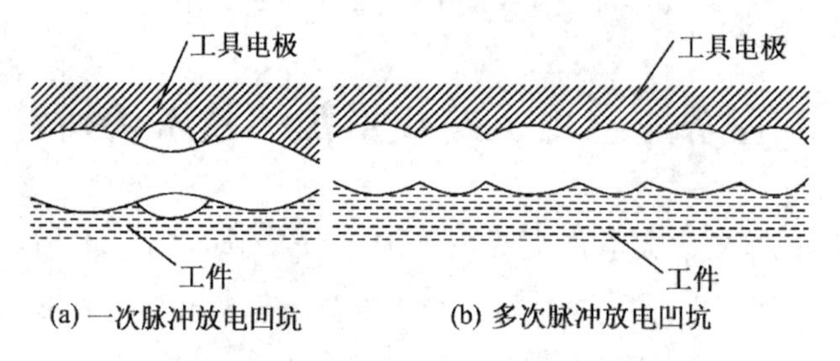

图 1-3 电火花成形加工表面局部示意图

2. 电火花成形加工的工作阶段

在电火花成形加工时，材料的蚀除过程基本上可以分为介质电离击穿、放电热蚀、消电离抛出三个阶段。

1）介质电离击穿阶段

（1）如图 1-4a 所示，在两极之间建立起一个电场，电场强度 F 取决于极间电压 u_0 和极间距离 S，即

$$F=\frac{u_0}{S}$$

（2）当极间距离 S 逐渐缩小或极间脉冲电压 u_0 不断增大，电场强度 F 增大到一定程度时，绝缘的液体分子产生极化，并在两极之间形成一个低电阻通道。若介质含有杂质（金属与碳的微粒、微水滴、微气泡），则这些悬浮的杂质将集中到电场强度最大的地区，从而在两极之间形成一个导电微粒的桥，如图 1-4b 所示。

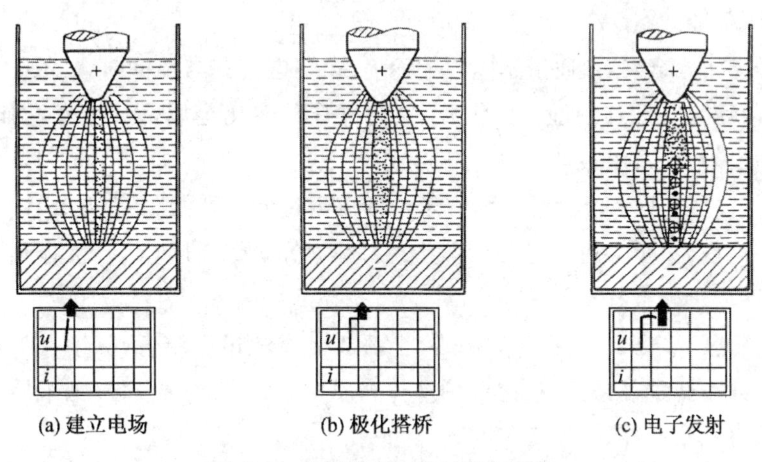

(a) 建立电场　　(b) 极化搭桥　　(c) 电子发射

图 1-4　介质电离击穿过程示意图

(3) 当电场强度 F 进一步增大到 10^6 V/cm 以上时，从阴极就可能发射出电子。电子在电场作用下加速并猛烈地撞击两极之间的中性分子或原子，使之电离。在低电阻通道或导电桥的引导下，这种电离雪崩式地发展，迅速由阴极向阳极伸展，如图 1-4c 所示。

2) 放电热蚀阶段

(1) 当电子流到达阳极时，即发生绝缘工作液介质的击穿并形成放电通道，如图 1-5a 所示。通道一旦形成，脉冲的全部能量便沿此通道释放在间隙中和两极上。

(2) 放电通道具有很高的温度（10^4 ℃的数量级）和很高的压力（瞬时压力可达数十乃至上百个大气压）。高温高压的放电通道强烈地加热阴极斑点，使该点附近的金属加热成为过热金属。部分过热金属爆炸性熔化或汽化，在爆炸力的作用下少量熔化金属抛出，如图 1-5b 所示。

(3) 通道进一步膨胀至最大，气泡向外扩展，泡内压力继续降低，熔化金属断续抛出，如图 1-5c 所示。

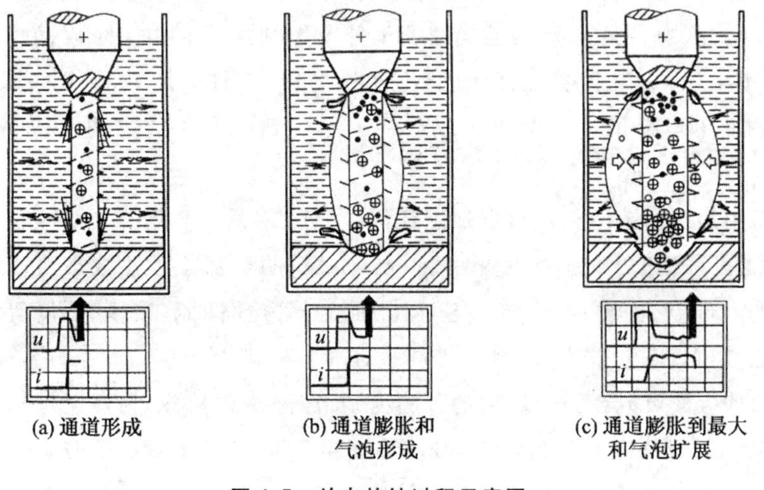

(a) 通道形成　　(b) 通道膨胀和气泡形成　　(c) 通道膨胀到最大和气泡扩展

图 1-5　放电热蚀过程示意图

3）消电离抛出阶段

（1）电流脉冲结束后，通道迅速收缩而崩溃、消电离。与此同时，气泡继续扩展到最大尺寸，泡内压力降低到接近于大气压，这时过热的熔化金属低压蒸发，同时也把熔化金属一起抛出，在工具电极和工件上各形成一个电蚀小凹坑，如图 1-6a 所示。

（2）气泡扩展到最大尺寸之后，由于泡内压力过低而开始收缩，如图 1-6b 所示。金属微粒布满泡内，甚至穿过泡壁在液体中冷却呈球形，形成加工屑。液体热解除形成气体外，还会形成炭黑。

（3）当气泡收缩到一定程度后破裂，全部放电腐蚀过程结束，除了在工具电极和工件上留下电蚀小凹坑外，在两极之间的液体介质中悬浮着金属微粒（加工屑）、炭黑和小气泡，如图 1-6c 所示。

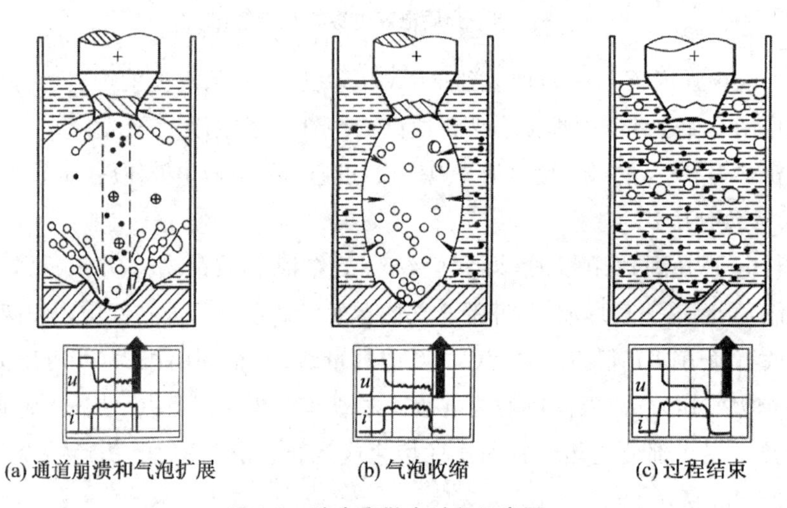

图 1-6　消电离抛出过程示意图

3. 电火花成形加工的特点、应用

（1）适于加工特殊及复杂形状的零件。由于加工中工具电极和工件不直接接触，无机械加工的切削力，因此适宜加工低刚度工件及微细加工。由于可以简单地将工具电极形状复制到工件上，因此特别适用于复杂几何形状工件的加工，如复杂型腔模具加工等。最小内凹角半径可达到电火花成形加工能得到的最小放电间隙（通常为 0.02～0.3 mm）。

（2）适用的材料范围广。可以加工任何硬、软、韧、脆、高熔点的导电材料。由于电火花成形加工是靠脉冲放电的热能去除材料，材料的可加工性主要取决于材料的热学特性，如熔点、沸点、比热容、热导率等，而几乎与其力学性能（硬度、强度等）无关，这样就能够以柔克刚，实现用软的工具加工硬脆难加工材料。

（3）脉冲参数可以在一个较大的范围内调节，同一台机床可以连续进行粗、半精及精加工。精加工时精度一般为 0.01 mm，表面粗糙度 $Ra=0.04\sim0.16\ \mu m$；微细加工时精度可达 0.002～0.004 mm，表面粗糙度 $Ra=0.04\sim0.16\ \mu m$。

(4) 直接利用电能进行加工，便于实现自动控制和加工自动化。

(5) 工具电极易于制造。由于电火花成形加工时，工具电极与工件不接触，几乎无作用力，因此工具电极材料可以用纯铜、石墨等材料，易于加工制造。但由于工具电极有损耗，制造电极的工作量也是很大的。

(6) 主要用于加工金属导电材料。加工非导体和半导体材料需要特殊条件，这是当前的研究方向，如用高电压法、电解液法可加工金刚石、立方氮化硼、红宝石、玻璃等超硬和硬脆的非导电材料。

(7) 工件表面存在电蚀硬层。工件表面由众多放电小凹坑组成，硬度较高，不易去除，影响后续工序加工。

二、电火花成形加工常用参数与选择

电火花成形加工常用参数是指与电火花成形加工相关的一组参数，如电流、电压、脉宽、脉间等。电参数选择正确与否，将会直接影响到加工工艺指标。

(1) 放电间隙 Δ。放电发生时，工具电极和工件之间维持正常放电加工所需的距离称为放电间隙。在加工过程中，则称为加工间隙。它的大小一般应控制在 0.01～0.5 mm之间。精加工时间隙较小，一般为 0.01～0.1 mm；粗加工时间隙较大，可达 0.5 mm。

(2) 脉冲宽度 t_i。脉冲宽度(单位：μs)简称脉宽，是指加到电极间隙两端的电压脉冲由开通时刻到关闭时刻之间的持续时间，如图 1-7 所示。为了防止电弧烧伤，电火花成形加工只能用断断续续的脉冲电压波。一般来说，粗加工时可用较大的脉宽，$t_i>$ 100 μs；精加工时只能用较小的脉宽，$t_i<$50 μs。

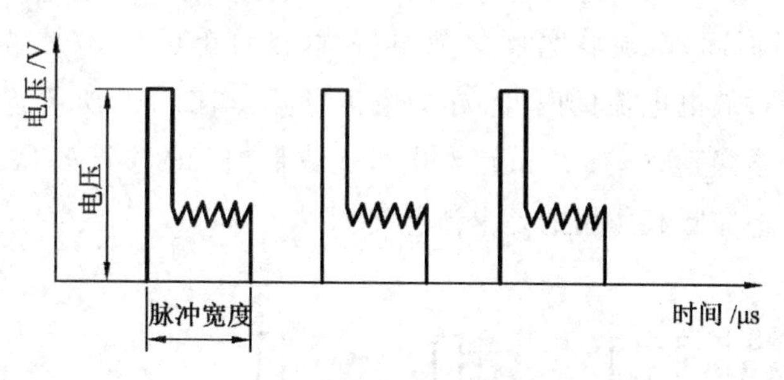

图 1-7　脉冲宽度示意图

(3) 脉冲间隔 t_o。脉冲间隔(单位：μs)简称脉间，也称脉冲停歇时间，是指加到电极间隙两端电压脉冲的关断时间，如图 1-8 所示。脉间过短，放电间隙来不及消除电离和恢复绝缘，容易产生电弧放电，从而烧伤电极和工件；脉间选得过长，将降低加工生产率。加工面积、加工深度较大时，脉间也应稍大。

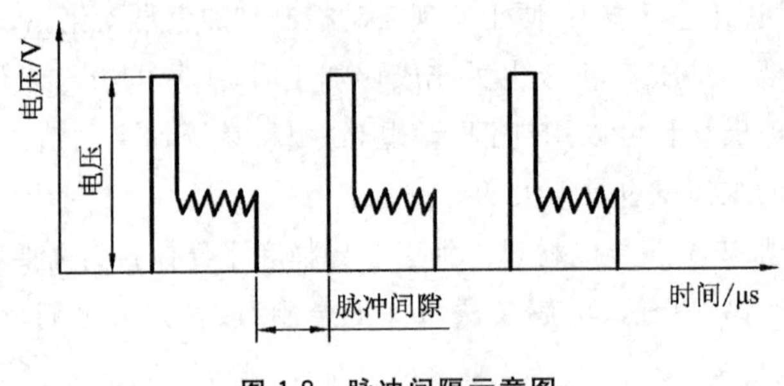

图 1-8 脉冲间隔示意图

(4) 脉冲周期 t_p。脉冲周期(单位：μs)是指一个电压脉冲开始到下一个电压脉冲开始之间的时间,也可以表示为

$$t_p=t_i+t_o$$

(5) 脉冲频率 f_p。脉冲频率(单位:Hz)是指单位时间内电源发出的电压脉冲的个数。显然它与脉冲周期 t_p 互为倒数,即有

$$f_p=\frac{1}{t_p}$$

(6) 有效脉冲频率 f_e。有效脉冲频率(单位：Hz),又称工作脉冲频率,是指单位时间内在放电间隙上发生有效放电的次数。

(7) 脉冲利用率 λ。脉冲利用率是指有效脉冲频率 f_e 与脉冲频率 f_p 之比,又称频率比,即

$$\lambda=\frac{f_e}{f_p}$$

亦即单位时间内有效火花脉冲个数与该单位时间内的总脉冲个数之比。

(8) 放电持续时间(电流脉宽)t_e。放电持续时间(单位：μs)是指工作液介质击穿后,放电间隙中通过放电电流的时间,亦即电流脉宽,如图 1-9 所示。它比电压脉宽稍小,二者相差一个击穿延时 t_d。t_i 和 t_e 对电火花成形加工的生产率、表面粗糙度和电极损耗有很大影响,但实际起作用的是电流脉宽 t_e。

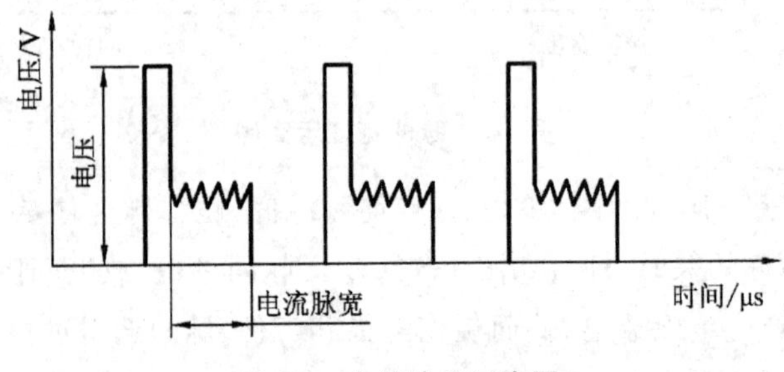

图 1-9 电流脉宽示意图

(9) 击穿延时 t_d。从电极间隙两端施加脉冲电压后,一般均要经过一小段延续时间 t_d,工作液介质才能被击穿放电,这一小段时间 t_d 称为击穿延时(单位：μs),如图 1-10

所示，一般为 1～2 μs。击穿延时 t_d 与平均放电间隙的大小有关，工具电极欠进给时，平均放电间隙变大，平均击穿延时就大；反之，工具电极过进给时，放电间隙变小，平均击穿延时就小。

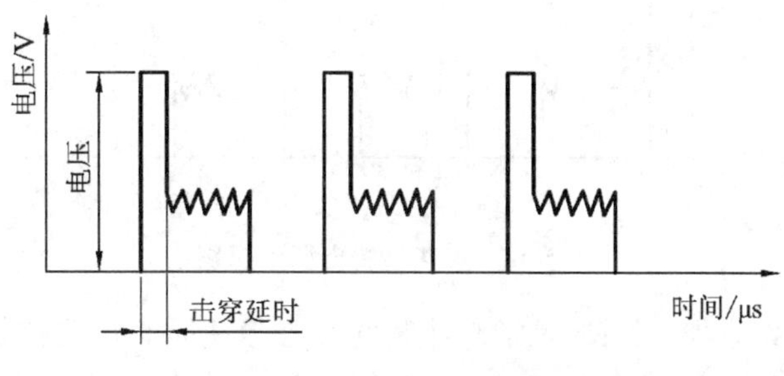

图 1-10　击穿延时示意图

(10) 峰值电压$\hat{u}_i$。峰值电压(单位：V)，又称开路电压或空载电压，是指间隙开路时电极间的最高电压，等于电源的直流电压，如图 1-11 所示。峰值电压高时，放电间隙大，生产率高，但成形复制精度较差。

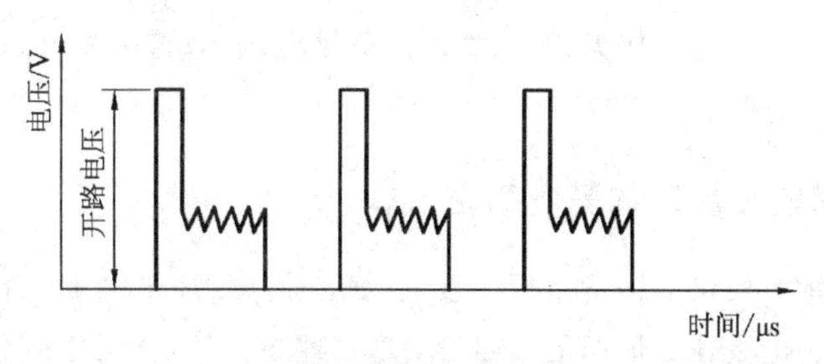

图 1-11　开路电压示意图

(11) 峰值电流$\hat{i}_e$。峰值电流(单位：A)是指间隙火花放电时脉冲电流的最大值(瞬时)。虽然峰值电流不易直接测量，但它是影响加工速度、表面质量等的重要参数。在设计制造脉冲电源时，每一功率放大管的峰值电流是预先计算好的，选择峰值电流实际是选择几个功率管进行加工。

(12) 短路峰值电流$\hat{i}_s$。短路峰值电流(单位：A)是指间隙短路时脉冲电流的最大值。它比峰值电流大 20%～40%。

(13) 加工电流 i。加工电流(单位：A)是指加工时电流表上指示的流过放电间隙两端的平均电流。精加工时加工电流小，粗加工时加工电流大；间隙偏开路时加工电流小，间隙合理或偏短路时加工电流大。

(14) 加工电压 U。加工电压(单位：V)，又称间隙平均电压，是指加工时电压表上指示的放电间隙两端的平均电压。它是开路电压、火花放电维持电压、短路和脉冲间隔等电压的平均值。

(15) 火花维持电压 u_e。火花维持电压(单位：V)是指每次火花击穿后，在放电间隙上火花放电时的维持电压，如图 1-12 所示，一般为 20～25 V。它实际上是一个高频振荡的电压。

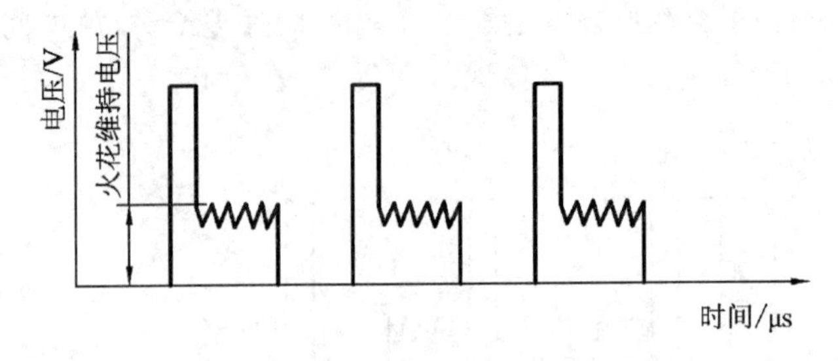

图 1-12　火花维持电压示意图

(16) 脉宽系数 τ。脉宽系数是指脉冲宽度 t_i 与脉冲周期 t_p 之比，即有

$$\tau=\frac{t_i}{t_p}=\frac{t_i}{t_i+t_o}$$

(17) 占空比 Ψ。占空比是指脉冲宽度 t_i 与脉冲间隔 t_o 之比，即有

$$\Psi=\frac{t_i}{t_o}$$

粗加工时占空比一般应较大，精加工时占空比应较小，否则放电间隙来不及消电离和恢复绝缘，容易引起电弧放电。

三、电火花成形加工的基本工艺规律

电火花成形加工质量的评价指标主要有：加工速度、加工精度、加工表面质量及工具电极相对损耗。电火花成形加工是如何实现这些指标的，下面分别予以讨论。

1. 影响材料电蚀量的因素

电火花成形加工过程中，材料被放电腐蚀的规律是十分复杂的综合性问题。电火花成形加工时的蚀除量主要受极性效应、覆盖效应、电参数、金属材料热学常数、工作液等因素的影响。

1) 极性效应对电蚀量的影响

在电火花成形加工过程中，无论是正极还是负极，都会受到不同程度的电腐蚀。即使是相同材料（如用钢电极加工钢），两极的被腐蚀量也是不相同的，其中一个电极比另一个电极的蚀除量要大。这种单纯由于正、负极性不同而彼此电蚀量不一样的现象叫作极性效应。

在生产中，将工件接脉冲电源正极（工具电极接脉冲电源负极）的加工称为正极性加工，如图 1-13 所示；反之，称为负极性加工，如图 1-14 所示。

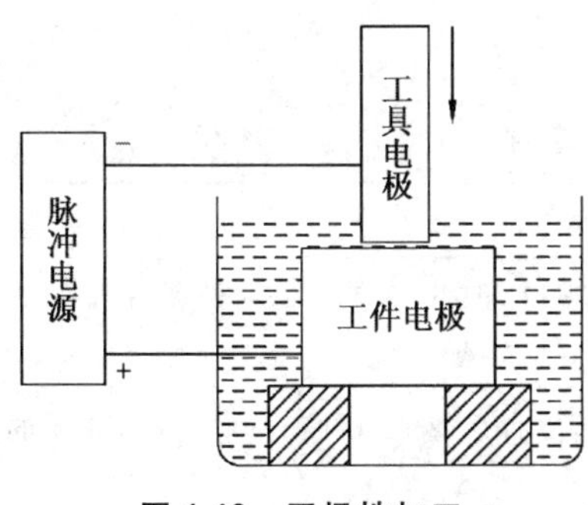

图 1-13　正极性加工

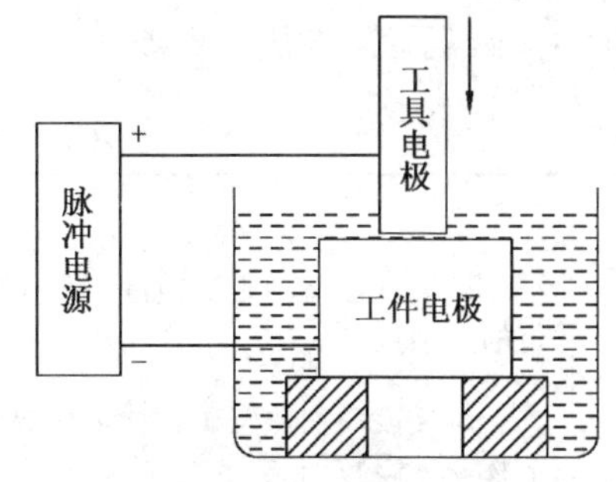

图 1-14　负极性加工

产生极性效应的原因很复杂，脉冲宽度是影响极性效应的主要因素，如图 1-15 所示。在加工时正极和负极表面分别受到带负电电子和带正电离子的轰击而受到瞬时高温热源的作用，它们都要受到电腐蚀。

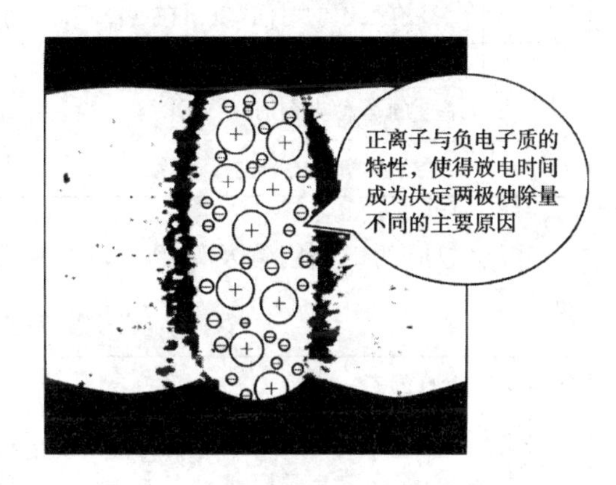

图 1-15　"极性效应"示意图

当采用窄脉冲宽度加工时，由于电子质量小，惯性小，运动灵活，容易获得较高的运动速度，大量的电子奔向正极，并轰击正极表面，从而使正极表面迅速熔化和汽化；而正离子质量大，惯性大，运动缓慢，短时间内不易获得较高的速度，只有一小部分正离子能够到达负极表面，而大量的正离子尚来不及到达负极表面，因此电子的轰击作用远大于正离子的轰击作用。正极的电蚀量远大于负极的电蚀量，这时为了使工具电极的损耗尽量小，生产率尽量高，应该采用正极性加工。

当采用宽脉冲宽度加工时，质量和惯性都较大的正离子有足够的时间加速到达负极表面，由于正离子质量大，它对负极表面的轰击破坏作用要比电子强得多，同时到达负极的正离子又会牵制电子的运动，故负极的电蚀量将远大于正极。这时为了尽量保护工具电极，提高生产率，应该采用负极性加工。

在实际加工中要充分利用极性效应，正确选择加工极性，最大限度地提高工件的蚀除量，降低工具电极的损耗。

2）*覆盖效应对电蚀量的影响*

在材料放电蚀除过程中，一个电极的电蚀产物转移到另一个电极表面上，形成一定厚度的覆盖层，这种现象称为覆盖效应。合理利用覆盖效应，有利于降低工具电极损耗。

在油类介质中加工时，覆盖层主要是石墨化的碳素层（俗称炭黑），其次是黏附在电极表面的金属微粒黏结层。碳素层具有很高的耐电腐蚀性，对工具电极表面有一定保护作用。黏结层为钢的微粒层，强度不牢，耐电腐蚀性也不高，但也有补偿工具电极损耗的作用。碳素层的形成条件如表 1-1 所示。

表 1-1　碳素层形成条件

序号	碳素层形成条件
1	电极上待覆盖的表面温度不低于碳素层生成温度，但低于熔点，以使碳粒子烧结成石墨化的耐蚀层
2	当电极表面加热至碳素层生成温度附近时，还要有足够的电蚀产物，尤其是介质的热解产物——碳粒子
3	要有足够的时间，以便在这一表面上形成一定厚度的碳素层
4	一般采用负极性加工，因为碳素层易在阳极表面生成，这与碳粒子电荷载体在静电场作用下的运动方向有关
5	在油类介质中加工

覆盖效应的影响因素及作用原理如表 1-2 所示。

表 1-2　覆盖效应的影响因素与作用原理

序号	影响因素	作用原理
1	脉冲参数与波形	① 增大脉冲放电能量有助于覆盖层的生长，但对中、精加工有相当大的局限性 ② 减小脉冲间隔将有利于在各种电规准下生成覆盖层。但间隔过小有转变为电弧放电的危险 ③ 采用某些组合脉冲波加工，有助于覆盖层的生成，其作用类似于减小脉冲间隔，但可大大减少转变为电弧放电的危险
2	电极材料	铜加工钢，覆盖效应较为明显，但铜加工硬质合金时，则不容易生成覆盖层
3	工作液	油类工作液在放电产生的高温作用下生成大量的碳粒子，有助于碳素层的生成。如果用水做工作液，则不会产生碳素层
4	工艺条件	① 工作液脏、介质处于液相与气相混杂状态、间隙过热、放电在间隙空间分布较集中、电极截面较大、电极间隙较小、加工状态较稳定等，均有助于生成覆盖层 ② 间隙中工作液的流动影响也很大，冲油压力过大会破坏覆盖层的生成，导致电极损耗及其非均匀性变大

在电火花成形加工中，覆盖层不断形成，又不断被破坏。为了实现工具电极低损耗，达到提高加工精度的目的，最好使覆盖层形成与破坏的程度达到动态平衡。

3）电参数对电蚀量的影响

电参数主要指电压脉宽、电流脉宽、脉冲间隔、脉冲频率、峰值电流、峰值电压等。

在电火花成形加工过程中，无论正极性加工还是负极性加工，单个脉冲的蚀除量与单个脉冲的能量基本上成正比。因此，提高蚀除量和生产率的办法是：提高脉冲频率，增加单个脉冲能量，或者增加平均放电电流和脉冲宽度，减小脉冲间隔并提高有关的工艺参数。当然，在实际生产中应根据具体情况考虑这些因素之间的相互制约关系和对其他工艺指标的影响。例如，脉冲间隔时间过短，将会产生电弧放电；随着单个脉冲能量的增加，加工表面粗糙度数值也随之增加等。

4）金属材料热学常数对电蚀量的影响

金属材料热学常数是指熔点、沸点（汽化点）、热导率、比热容、熔化热、汽化热等。

（1）使局部金属材料温度升高直至达到熔点，而每千克金属材料升高 1 ℃（或 1 K）所需的热量即为该金属材料的比热容，每熔化 1 kg 材料所需的热量即为该金属的熔化热。

（2）使熔化的金属液体继续升温至沸点，每千克材料升高 1 ℃所需的热量即为该熔融金属的比热容。

（3）使熔融金属汽化，每汽化 1 kg 材料所需的热量称为该金属的汽化热。

（4）使金属蒸气继续加热成过热蒸气，每千克金属蒸气升高 1 ℃所需的热量为该金属蒸气的比热容。

显然，当脉冲放电能量相同时，金属的熔点、沸点、比热容、熔化热、汽化热越高，电蚀量将越少，越难加工；同时，热导率越大的金属，由于较多地把瞬时产生的热量传导散失到其他部位，也会降低本身的蚀除量。而且当单个脉冲能量一定时，脉冲电流幅值越小，脉冲宽度越长，散失的热量也越多，从而使蚀除量减少；相反，脉冲宽度越短，脉冲电流幅值越大，由于热量过于集中而来不及传导扩散，虽然散失的热量减少，但抛出的金属中汽化部分比例增大，多耗用了汽化热，蚀除量也会降低。因此，电极的蚀除量与电极材料的热导率以及其他热学常数、放电持续时间、单个脉冲能量等有着密切关系。

5）工作液对电蚀量的影响

电火花成形加工一般在绝缘液体介质中进行，液体介质通常又称为工作液，其作用主要有以下几点。

（1）压缩放电通道，并限制其扩展，使放电能量高度集中在极小的区域内，既加强了蚀除的效果，又提高了放电仿形的精确性。

（2）加速电极间隙的冷却和消电离过程，有助于防止出现电弧放电。

（3）加速电蚀产物的抛出和排除。

（4）对工具电极和工件具有冷却作用。

工作液性能对加工质量的影响很大。介电性能好、密度和黏度大的工作液有利于压缩放电通道，提高放电的能量密度，强化电蚀产物的抛出效应；但工作液黏度过大不利于电蚀产物的排除，会影响正常放电。常用工作液的种类及特点如表 1-3 所示。

表 1-3 常用工作液的种类及特点

工作液类型	特 点	应用范围
油类有机化合物	黏度大，燃点高，作为工作液有利于压缩放电通道，提高放电的能量密度，强化电蚀产物的抛出效果，但黏度大不利于电蚀产物的排除，会影响正常放电；但煤油黏度低，流动性好，且排屑条件较好；油类工作液还存在有味、容易燃烧、在大能量粗加工时工作液高温分解产生的烟气很大等缺陷	电火花成形加工多用油类作为工作液。粗加工时，要求速度快，放电能量大，放电间隙大，故常选用机油等黏度大的工作液；在半精和精加工时，放电间隙小，常采用煤油等黏度小的工作液
乳化液	成本低，配置简便，也有补偿工具电极损耗的作用，且不腐蚀机床和零件	多用于电火花线切割加工
水	流动性好，散热性好，不易起弧，不燃，无味且价格低廉。水是弱导电液，会产生离子导电的电解过程，这是很不利的	电火花高速加工小孔、深孔的机床已广泛使用蒸馏水或自来水作为工作液

2. 影响电火花成形加工速度的因素

电火花成形加工速度，是指在一定电参数下，单位时间 t 内工件被蚀除的体积 V 或质量 m。一般常用体积加工速度 $v_w = V/t$（单位：mm^3/min）来表示，有时为了测量方便，也用质量加工速度 $v_m = m/t$（单位：g/min）表示。

在规定的表面粗糙度、电极相对损耗下的最大加工速度是电火花加工机床的重要工艺性能指标。一般电火花加工机床说明书上所指的最大加工速度是该机床在最佳状态下所能达到的，在实际生产中的正常加工速度大大低于机床的最大加工速度。

影响加工速度的因素分为电参数和非电参数两大类。电参数主要是脉冲电源输出的波形与参数，包括脉冲宽度、脉冲间隔和峰值电流等参数；非电参数主要包括加工面积、排屑条件、电极材料与加工极性、工件材料和工作液等。

1）电参数对加工速度的影响

（1）脉冲宽度对加工速度的影响。单个脉冲能量的大小是影响加工速度的重要因素。对于矩形脉冲波电源，当峰值电流一定时，脉冲能量与脉冲宽度成正比。脉冲宽度增加，加工速度随之增加，因为随着脉冲宽度增加，单个脉冲能量增大，使加工速度提高。但当脉冲宽度增加到一定数值时，加工速度达到最高值，此后再继续增加脉冲宽度，加工速度反而下降，如图 1-16 所示。这是因为单个脉冲能量虽然增大，但转换的热能有较大部分散失在工具电极与工件之中，起不到蚀除作用。同时，在其他加工条件相同的情况下，随着脉冲能量过分增大，电蚀产物增多，排气排屑条件恶化，间隙消电离时间不足导致电弧放电，加工稳定性变差等，因此加工速度反而下降。

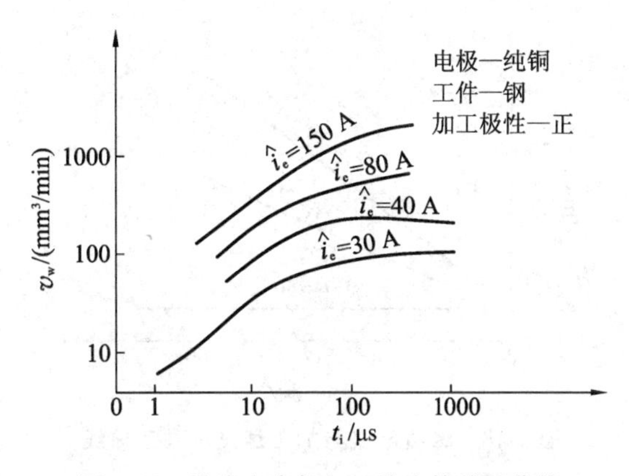

图 1-16　脉冲宽度与加工速度的关系曲线

(2) 脉冲间隔对加工速度的影响。在脉冲宽度一定的条件下，若脉冲间隔减小，则加工速度提高，如图 1-17 所示。这是因为脉冲间隔减小导致单位时间内工作脉冲数目增多、加工电流增大，故加工速度提高。但脉冲间隔小于某一数值后，会因放电间隙来不及消电离而引起加工稳定性变差，加工速度反而下降。

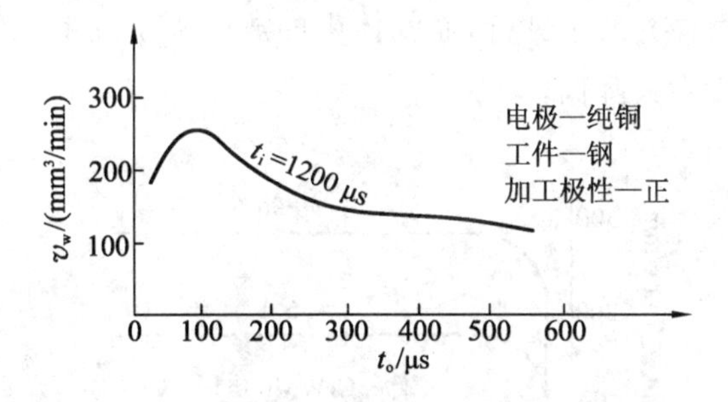

图 1-17　脉冲间隔与加工速度的关系曲线

在脉冲宽度一定的条件下，为了最大限度地提高加工速度，应在保证稳定加工的同时，尽量缩短脉冲间隔时间。

(3) 峰值电流对加工速度的影响。当脉冲宽度和脉冲间隔一定时，随着峰值电流的增加，加工速度也增加，如图 1-18 所示。因为加大峰值电流，相当于加大单个脉冲能量，所以加工速度也就提高了。但若峰值电流过大（即单个脉冲能量很大，电流密度过大）时，加工速度反而下降。此外，峰值电流增大将降低工件表面粗糙度和增加工具电极损耗。在实际生产中应根据不同的要求，选择合适的峰值电流。

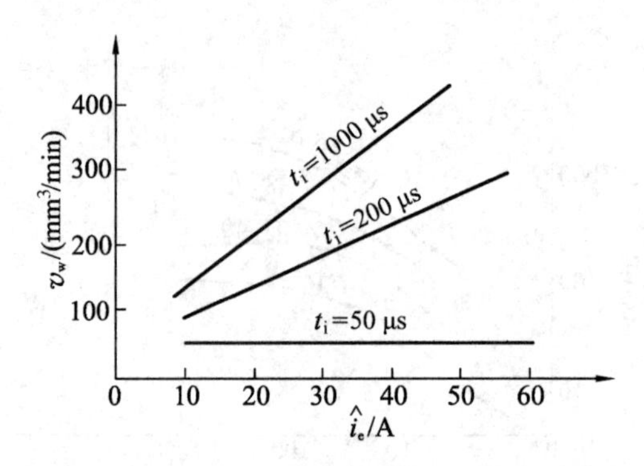

图 1-18 峰值电流与加工速度的关系曲线

2）非电参数对加工速度的影响

(1) 加工面积的影响。加工面积与加工速度的关系曲线如图 1-19 所示。由图可知,加工面积较大时,它对加工速度没有多大影响。但当加工面积小到某一临界面积时,加工速度会显著降低,这种现象称为"面积效应"。因为加工面积小,在单位面积上脉冲放电过分集中,致使放电间隙的电蚀产物排除不畅,同时会产生气体排出液体的现象,造成放电加工在气体介质中进行,而气体中的放电极易发生短路,使有效的放电次数大减,导致加工速度大大降低。

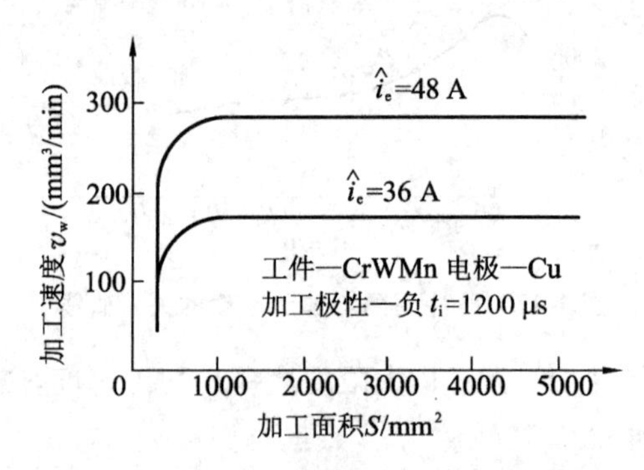

图 1-19 加工面积与加工速度的关系曲线

另外,从图 1-19 可以看出,峰值电流不同,最小临界加工面积也不同。因此,确定一个具体加工对象的电参数时,首先必须根据加工面积确定加工电流,并估算所需的峰值电流。

(2) 排屑条件对加工速度的影响。在电火花成形加工过程中会不断产生气体、金属屑末和炭黑等,如不及时排除,则加工很难稳定地进行。加工稳定性不好,会使脉冲利用率降低,加工速度下降。为便于排屑,一般都采用冲油(或抽油)和电极"抬刀"的办法。

图 1-20 所示是冲油,即将具有一定压力、清洁的工作液冲向加工表面,迫使工作液连同电蚀产物从电极四周间隙流出。图 1-21 所示是抽油,即从待加工表面将已使用过的工作液连同电蚀产物一起抽出。

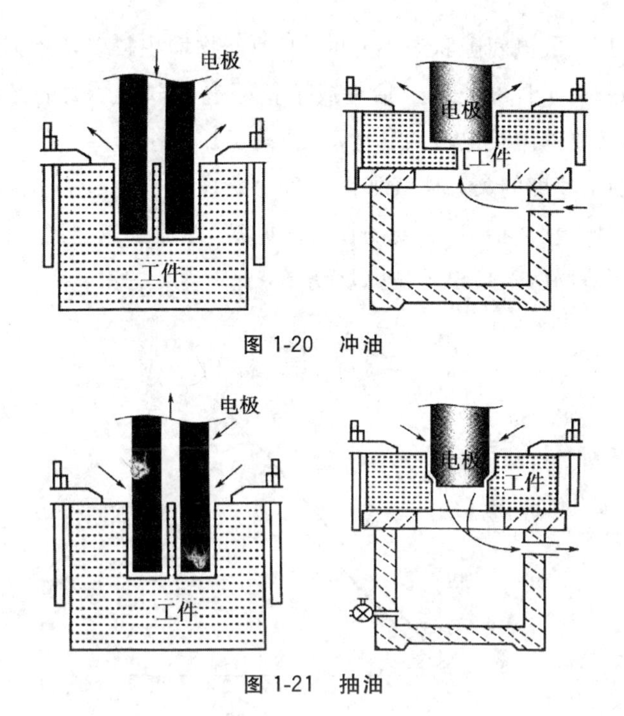

图 1-20　冲油

图 1-21　抽油

① 冲(抽)油压力对加工速度的影响。在加工中对于工件型腔较浅或易于排屑的型腔,可以不采取任何辅助排屑措施。但对于较难排屑的加工,不冲(抽)油或冲(抽)油压力过小,则因排屑不良产生的二次放电机会明显增多,从而导致加工速度下降。但若冲油压力过大,则加工速度略有降低。这是因为冲油压力过大时,干扰了放电间隙的工作液动力过程,使加工稳定性变差,故加工速度反而会降低,如图 1-22 所示。

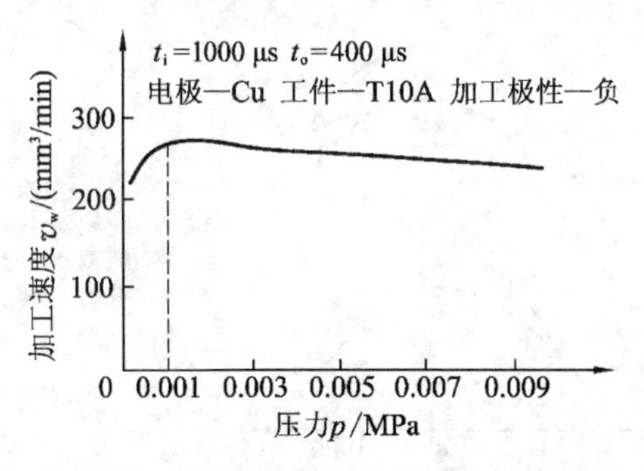

图 1-22　冲油压力与加工速度的关系曲线

② "抬刀"对加工速度的影响。为使放电间隙中的电蚀产物迅速排除,除采用冲(抽)油外,还需经常抬起工具电极以利于排屑。在定时"抬刀"状态,会发生放电间隙状况良好无须"抬刀"而工具电极却照样抬起的情况,也会出现当放电间隙的电蚀产物积聚较多急需"抬刀"时,而"抬刀"时间未到却不"抬刀"的情况。这种多余的"抬刀"运动和未及时"抬刀"都直接降低了加工速度。为克服定时"抬刀"的缺点,目前较先进的电火花成形加工机床都采用了自适应"抬刀"功能。自适应"抬刀"是根据放电间隙的状

态，决定是否“抬刀”。放电间隙状态不好时，电蚀产物堆积较多，“抬刀”频率自动加快；当放电间隙状态好时，工具电极就少抬起或不抬。这使电蚀产物的产生与排除基本保持平衡，避免了不必要的工具电极抬起运动，提高了加工速度。

抬刀方式与加工速度的关系曲线如图 1-23 所示。由图可知，对于同样的加工深度，采用自适应“抬刀”比定时“抬刀”需要的加工时间短，即加工速度高。同时，采用自适应“抬刀”，加工工件质量好，不易出现拉弧烧伤。

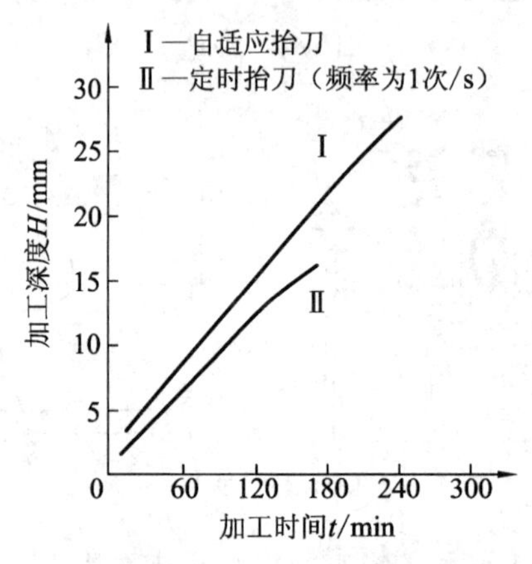

图 1-23　抬刀方式对加工深度的影响

(3) 电极材料和加工极性对加工速度的影响。在电参数选定的条件下，采用不同的工具电极材料与加工极性，加工速度也大不相同。由图 1-24 可知，采用石墨电极，在同样加工电流时，正极性比负极性加工速度高。

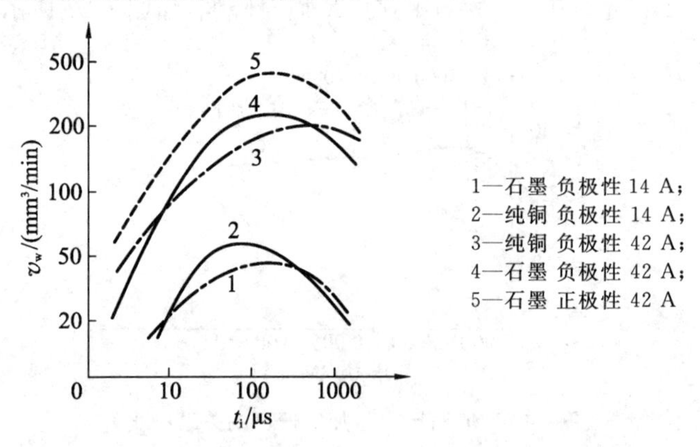

图 1-24　电极材料和加工极性对加工速度的影响

在加工中选择加工极性，不能只考虑加工速度，还必须考虑工具电极损耗。如用石墨作工具电极时，正极性加工比负极性加工速度高，但在粗加工中，工具电极损耗会很大。故在不计工具电极损耗的通孔加工情况下，用正极性加工；而在用石墨电极加工型腔的过程中，常采用负极性加工。

从图 1-24 还可以看出，在同样加工条件和加工极性情况下，采用不同的工具电极材

料，加工速度也不相同。例如，中等脉冲宽度、负极性加工时，石墨电极的加工速度高于铜电极的加工速度。在脉冲宽度较窄或很宽时，铜电极加工速度高于石墨电极。此外，采用石墨电极加工的最大加工速度，比用铜电极加工的最大加工速度的脉冲宽度要窄。

(4) 工件材料对加工速度的影响。在同样加工条件下，选用不同工件材料，加工速度也不相同。这主要取决于工件材料的物理性能(熔点、沸点、比热容、热导率、熔化热和汽化热等)。

一般来说，工件材料的熔点、沸点越高，比热容、熔化热和汽化热越大，加工速度越低，即越难加工。如加工硬质合金钢比加工碳素钢的速度要低40%～60%。对于热导率很高的工件，虽然熔点、沸点、熔化热和汽化热不高，但因热传导性好，热量散失快，加工速度也会降低。

(5) 工作液对加工速度的影响。在电火花成形加工中，工作液的种类、黏度、清洁度对加工速度有影响。就工作液的种类来说，大致顺序是：高压水＞(煤油＋机油)＞煤油＞酒精水溶液。油的黏度越高，则加工速度越高。在电火花成形加工中，应用最多的工作液是煤油。

3. 影响工具电极相对损耗的主要因素

工具电极损耗是电火花成形加工中产生加工误差的主要原因之一。在生产实际中，衡量某种工具电极是否耐损耗，不只是看工具电极损耗速度 v_e 的绝对值大小，还要看同时能达到的加工速度 v_w，即每蚀除单位重量金属工件时，工具电极相对损耗是多少。因此，常用相对损耗 θ 或损耗比作为衡量工具电极耐损耗的指标，即

$$\theta=\frac{v_e}{v_w}\times 100\%$$

式中的加工速度和损耗速度若以 mm^3/min 为单位计算，则为体积相对损耗 θ_v；若以 g/min 为单位计算，则为质量相对损耗 θ_E；若以工具电极损耗与工件加工深度之比来表示，则为长度相对损耗 θ_L。在加工中采用长度相对损耗比较直观，测量较为方便，如图 1-25 所示。由于工具电极部位不同，相对损耗也不相同，因此长度相对损耗分为端面损耗、边损耗、角损耗。在加工中，同一工具电极的长度相对损耗大小顺序为角损耗 h_j＞边损耗 h_e＞端面损耗 h_d。

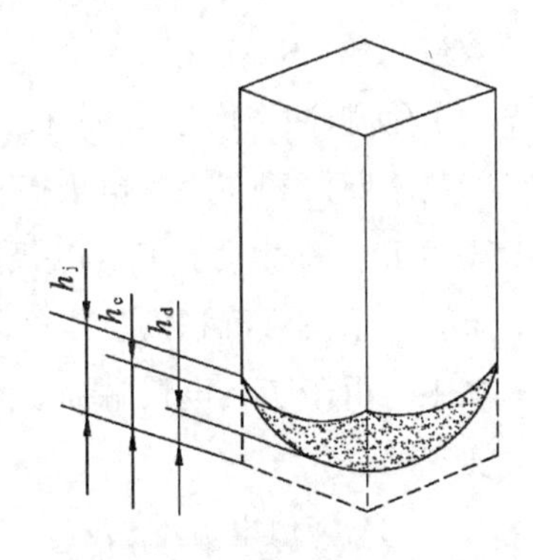

图 1-25　工具电极各部位的相对损耗

在电火花成形加工中，工具电极的相对损耗小于1%，称为低损耗电火花成形加工。低损耗电火花成形加工能最大限度地保证加工精度，所需工具电极的数目也可减至最少，因而简化了工具电极的制造，加工工件的表面粗糙度 Ra 可达 3.2 μm 以下。除了充分利用电火花成形加工的极性效应、覆盖效应及选择合适的工具电极材料外，还可从改善工作液方面着手，实现电火花成形的低损耗加工。

在电火花成形加工过程中，降低工具电极的损耗一直是人们努力追求的目标。为了降低工具电极的相对损耗，需要熟悉影响工具电极相对损耗的各种因素，其主要包括电参数和非电参数。

1）电参数对工具电极相对损耗的影响

对工具电极损耗有影响的电参数主要包括脉冲宽度、峰值电流、脉冲间隔。

(1) 脉冲宽度的影响。在峰值电流一定的情况下，随着脉冲宽度的减小，工具电极损耗增大。脉冲宽度越窄，工具电极损耗上升的趋势越明显，如图 1-26 所示。所以精加工时电极损耗比粗加工时的电极损耗大。

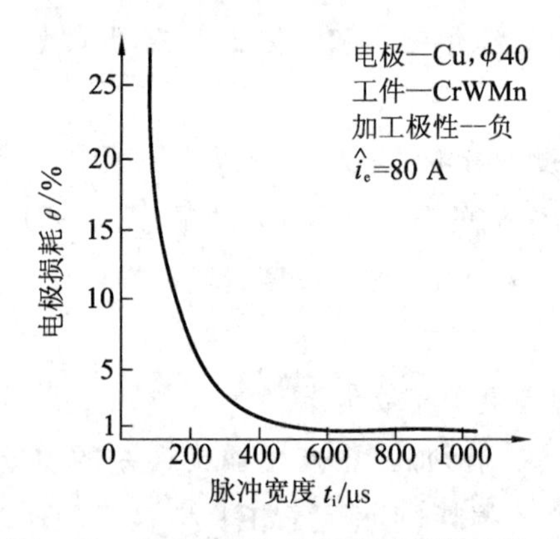

图 1-26 脉冲宽度与电极相对损耗的关系

脉冲宽度增大，电极相对损耗降低的原因有以下两方面。

① 脉冲宽度增大，单位时间内脉冲放电次数减少，使放电击穿引起工具电极损耗的影响减小。同时负极（工件）承受正离子轰击的机会增多，正离子加速的时间也长，极性效应比较明显。

② 脉冲宽度增大，电极“覆盖效应”增加，这也减少了工具电极损耗。在加工中电蚀产物不断沉积在工具电极表面，对工具电极的损耗起到一定的补偿作用。但如果这种飞溅沉积的量大于工具电极本身损耗，就会破坏工具电极的形状和尺寸，影响加工效果。如果飞溅沉积的量刚好等于工具电极的损耗，两者达到动态平衡，则可得到无损耗加工。由于工具电极端面、角部、侧面损耗的不均匀性，无损耗电火花成形加工是难以实现的。

(2) 峰值电流的影响。对于一定的脉冲宽度，加工时的峰值电流不同，工具电极损耗也不同。用纯铜电极加工钢时，随着峰值电流的增加，工具电极损耗也增加。图 1-27 是峰值电流与电极损耗的关系。由图可知，当脉冲宽度在 1000 μs 以上时，峰值电流对工具电极损耗影响很小；当脉冲宽度减至 200 μs 时，随着峰值电流的增加，工具电极损耗也逐渐增加，只要峰值电流不超过 25 A，工具电极相对损耗仍可在 1% 以下；当脉冲宽度小到 50 μs 时，随着峰值电流的增大，工具电极损耗急剧增加，此时要降低工具电极损耗，应减小峰值电流。

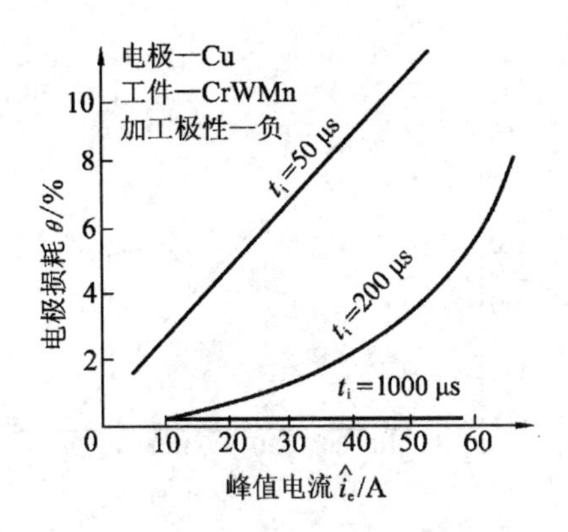

图 1-27　峰值电流与电极损耗的关系

由此可见，脉冲宽度和峰值电流对工具电极损耗的影响效果是综合性的。只有脉冲宽度和峰值电流保持一定关系，才能实现低损耗加工。

（3）脉冲间隔的影响。在脉冲宽度不变时，随着脉冲间隔的增加，工具电极损耗增大，如图 1-28 所示。因为脉冲间隔加大，引起放电间隙中介质消电离状态的变化，使工具电极上的"覆盖效应"减少。

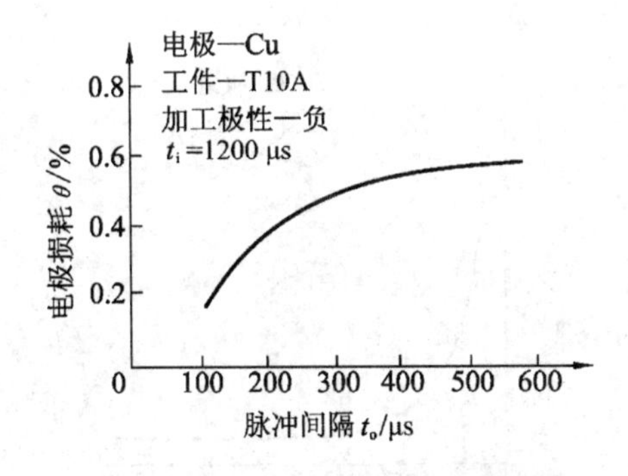

图 1-28　脉冲间隔与电极损耗的关系

随着脉冲间隔的减小，工具电极损耗也随之减小，但减小到一定值后，放电间隙将来不及消电离而造成拉弧烧伤，反而影响正常加工的进行，尤其是粗规准、大电流加工时，更应注意。

2）非电参数对工具电极相对损耗的影响

对工具电极损耗有影响的非电参数主要包括加工极性、加工面积、冲油或抽油、工具电极材料和电极形状尺寸。

（1）加工极性的影响。在其他加工条件相同的情况下，加工极性不同，对工具电极损耗影响很大，如图 1-29 所示。当脉冲宽度 t_i 小于某一数值时，正极性损耗小于负极性损耗；反之，当脉冲宽度 t_i 大于某一数值时，负极性损耗小于正极性损耗。一般情况下，采用石墨电极和铜电极加工钢时，粗加工用负极性，精加工用正极性。但在用钢电极加工钢时，无论粗加工还是精加工都要用负极性，否则工具电极损耗将大大增加。

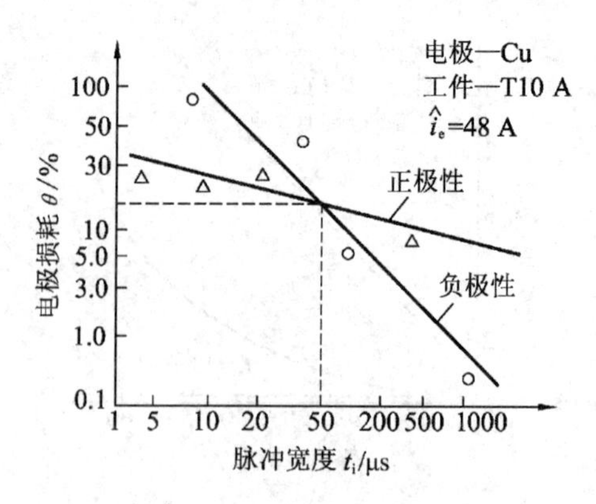

图 1-29 加工极性与电极损耗的关系

(2) 加工面积的影响。在脉冲宽度和峰值电流一定的条件下，随着加工面积的减小，工具电极损耗增大，其关系是非线性的，如图 1-30 所示。由图可知，当加工面积大于某一临界值时，工具电极相对损耗小于 1%，并随着加工面积的继续增大，工具电极损耗减小的趋势大大放缓；当加工面积小于这一临界值时，则随着加工面积的继续减小而工具电极损耗急剧增加。

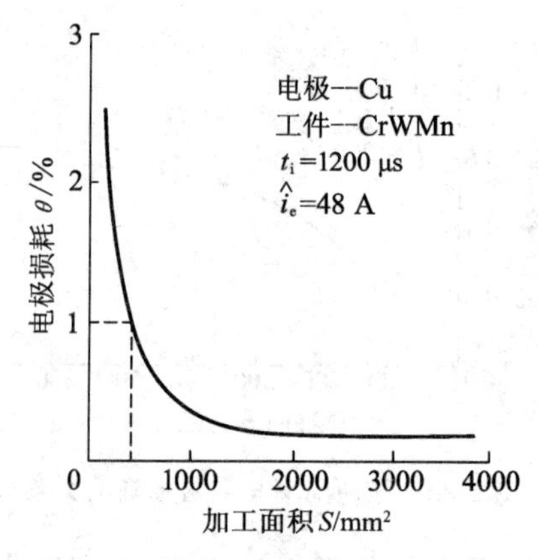

图 1-30 加工面积与电极损耗的关系

(3) 冲油或抽油的影响。对形状复杂、深度较大的型孔或型腔进行加工时，若采用适当的冲油或抽油的方法进行排屑，有助于提高加工速度。但强迫冲油或抽油虽然促进了加工的稳定性，却增大了工具电极的损耗，如图 1-31 所示。因为强迫冲油或抽油会使加工间隙的排屑和消电离速度加快，这样减弱了工具电极上的“覆盖效应”。当然，不同的工具电极材料对冲油、抽油的敏感性不同，如纯铜电极与石墨电极相比，随冲油压力的增加，纯铜电极损耗增加得更加明显。所以在电火花成形加工中，应谨慎使用冲、抽油。加工本身较易进行稳定的电火花成形加工，不宜采用冲、抽油。若非采用冲、抽油不可的电火花成形加工，也应注意冲、抽油压力维持在较小的范围内。

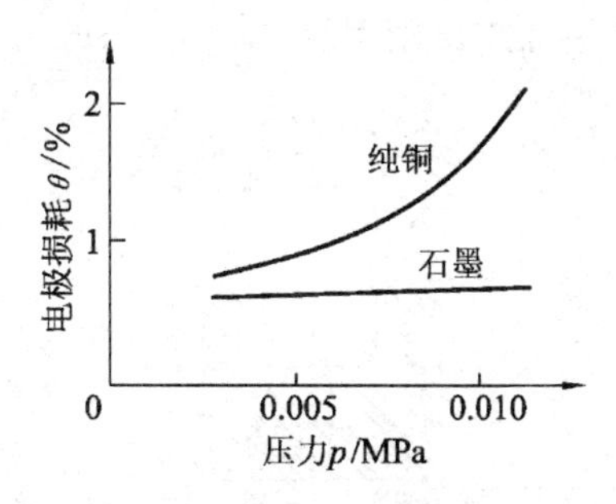

图 1-31　冲油压力对电极损耗的影响

冲、抽油方式对工具电极损耗影响不明显，但对工具电极端面损耗的均匀性有较大区别。冲油时工具电极损耗呈凹形端面，抽油时则形成凸形端面，如图 1-32 所示。这主要是因为冲油进口处所含各种杂质较少，温度比较低，流速较快，使进口处“覆盖效应”减弱。

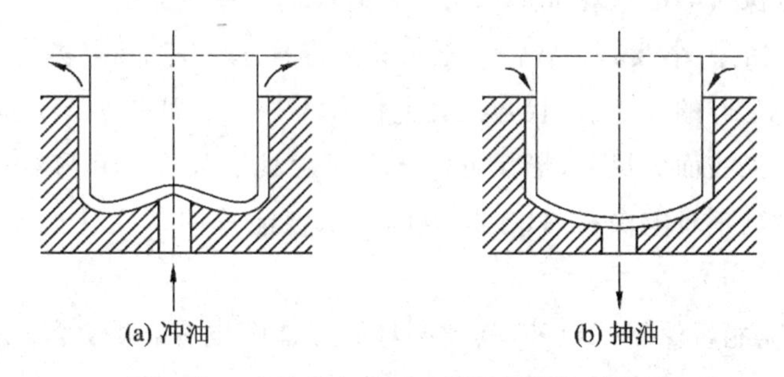

图 1-32　冲抽油方式对电极端面损耗的影响

实践证明，当油孔位置与工具电极的形状对称时，采用交替冲油和抽油的方法，可使单独用冲油或抽油所造成的工具电极端面形状的缺陷互相抵消，得到较平整的端面。另外，采用脉动（冲油不连续）或抽油会比连续的冲油或抽油电极损耗小而均匀。

（4）工具电极材料的影响。工具电极损耗与其材料有关，要减少工具电极损耗，还应选用合适的工具电极材料。钨、钼的熔点和沸点较高，损耗小，但其机械加工性能不好，价格又贵，所以除电火花线切割加工用钨钼丝外，其他应用很少。铜的熔点虽然较低，但其导热性好，因此损耗也较少，又能制成各种精密、复杂的电极，常用于中、小模具或零件的加工。石墨电极不仅热学性能好，而且在宽脉冲粗加工时能吸附游离的碳来补偿工具电极的损耗，所以相对损耗很低，目前已广泛用作模具型腔加工的电极。铜钨、银钨合金等复合材料，不仅导热性好，而且熔点高，因而电极损耗小，但其价格较贵，制造成形比较困难，因而一般只在精密电火花成形加工时才采用。

（5）电极形状与尺寸的影响。在电极材料、电参数和其他工艺条件完全相同的情况下，电极的形状和尺寸对电极损耗影响也很大（如电极的尖角、棱边、薄片等）。为避免此情况应使用分解电极成形工艺，先加工主型腔，再用小电极加工副型腔。如图 1-33a 所示的型腔，用整体电极加工较困难，在实际生产中首先用主型腔电极加工出主型腔

(见图 1-33b),再用副型腔电极加工出副型腔(见图 1-33c)。

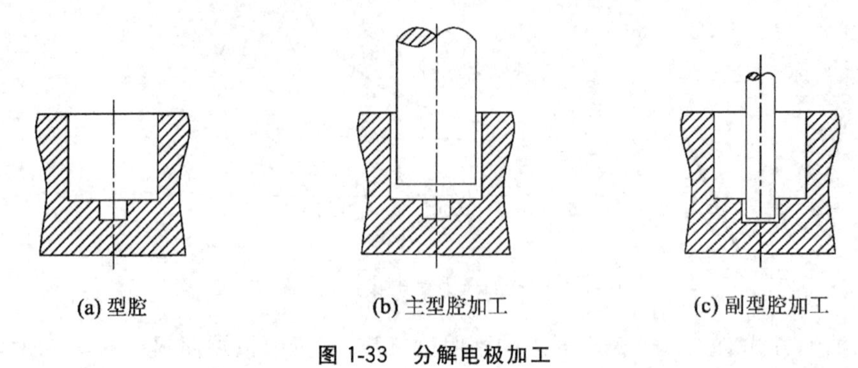

(a) 型腔　　(b) 主型腔加工　　(c) 副型腔加工

图 1-33　分解电极加工

4. 影响加工精度的主要因素

电火花成形加工精度包括尺寸精度和仿形精度(或形状精度)。影响加工精度的因素很多,这里重点探讨与电火花成形加工工艺有关的主要因素。

(1) 放电间隙的大小及其一致性。电火花成形加工中,工具电极与工件之间存在着放电间隙。因此,工件的尺寸、形状与工具电极并不一致。如果加工过程中放电间隙是常数,根据工件加工表面的尺寸、形状可以预先对工具电极尺寸和形状进行修正。但放电间隙是随电参数、工具电极材料、工作液的绝缘性能等因素变化而变化的,从而影响加工精度。

除了放电间隙能否保持一致外,其大小对加工精度也有影响,尤其是对复杂形状的加工表面,间隙越大,影响越严重。实际加工中,电极上的尖角本身因尖端放电蚀除的概率大而损耗成圆角,电极的尖角很难精确地复制到工件上。因此,为了减少加工误差,提高仿形精度,应采用较小的电参数,缩小放电间隙;另外,还必须尽可能使加工过程稳定。放电间隙在精加工时一般为 0.01～0.1 mm,粗加工时可达 0.5 mm(单边)以上。

(2) 工具电极损耗。工具电极的损耗对工件尺寸精度和形状精度都有影响,特别对于型腔加工,电极损耗这一工艺指标较加工速度更为重要。在电火花成形加工中,随着加工深度的不断增加,工具电极进入放电区域的时间是从端部向上逐渐减少的。实际上,工件侧壁主要是靠工具电极底部端面的周边加工出来的。因此,工具电极的损耗也必然从端面底部向上逐渐减少,从而形成了加工损耗锥度,如图 1-34 所示。工具电极的损耗锥度反映到工件上就形成了加工斜度。

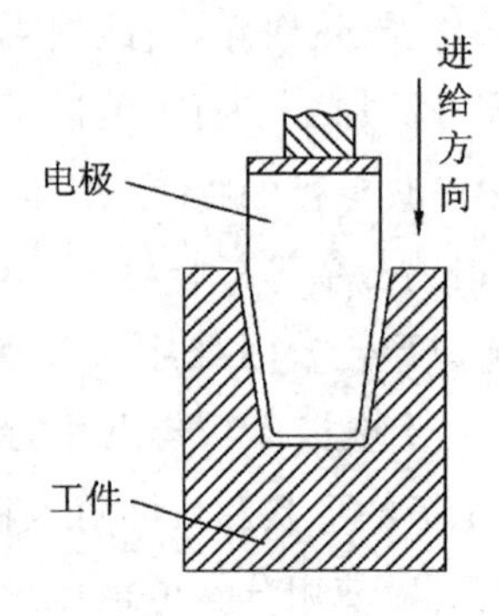

图 1-34　工具电极损耗锥度

(3) 二次放电。二次放电是指已加工表面上由于电蚀产物等的介入而再次发生的一种非正常放电,集中反映在加工深度方向产生斜度和加工棱边棱角变钝等方面,从而

影响电火花成形加工的形状精度。

产生加工斜度的情况如图 1-35 所示。工具电极下端部加工时间长，绝对损耗大，会导致电极变小，而工具电极入口处则由于电蚀产物的存在，易发生因电蚀产物的介入而发生“二次放电”，放电间隙扩大，因而产生了加工斜度。应从工艺上采取措施及时排除电蚀产物，减少二次放电，使加工斜度减小。

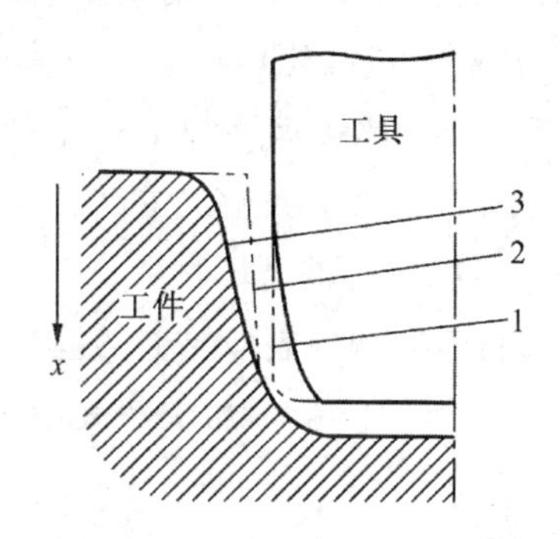

1—电极无损耗时的工具电极轮廓线；2—电极有损耗而不考虑二次放电时的工件轮廓线；3—工件实际轮廓线

图 1-35　电火花成形加工斜度

5. 电火花成形加工表面质量及其影响因素

电火花成形加工的表面质量包括表面粗糙度、表面变质层和表面力学性能三个方面。

1）*表面粗糙度*

表面粗糙度是指加工表面上的微观几何形状误差。电火花成形加工表面粗糙度的形成与切削加工不同，它是由若干电蚀小凹坑组成的，能存留润滑油，其耐磨性比同样表面粗糙度的机加工件表面要好。在相同表面粗糙度的情况下，电加工表面比机加工表面亮度低。

工件的电火花成形加工表面粗糙度直接影响其使用性能，如耐磨性、配合性质、接触强度、疲劳强度和抗腐蚀性等。尤其对于高速、高压条件下工作的模具和零件，其表面粗糙度往往决定其使用性能和使用寿命。

（1）电参数对表面粗糙度的影响。电火花成形加工工件表面的凹坑大小与单个脉冲放电能量有关，单个脉冲能量越大则凹坑越大。若把粗糙度值大小简单地看成与电蚀凹坑的深度成正比，则电火花成形加工表面粗糙度随单个脉冲能量增加而增大。

① 脉冲宽度的影响。试验表明，在峰值电流一定的条件下，随着脉冲宽度的增加，单个脉冲能量变大，放电腐蚀的凹坑也越大越深，加工表面粗糙度值急剧增大。

② 峰值电流的影响。在脉冲宽度一定的条件下，随着峰值电流的增加，单个脉冲能量也增加，加工表面粗糙度值变大。

③ 脉冲间隔的影响。在放电稳定的情况下，脉冲间隔对工件表面粗糙度的影响可以忽略，但如果因为脉冲间隔较小，放电间隙来不及消电离引起加工稳定性变差，这会

影响表面粗糙度,使表面不均匀,甚至产生积碳。

(2) 非电参数对表面粗糙度的影响。对工件表面粗糙度有影响的非电参数主要包括加工极性、工具电极材料、工件材料、加工面积、工作液等。

① 电极材料和加工极性的影响。电极材料和加工极性对加工表面粗糙度有一定的影响。在粗、中加工规准范围内,脉冲宽度大时,用纯铜电极比石墨电极的加工表面粗糙度值要小些;脉冲宽度小时,用石墨电极比用纯铜电极的加工表面粗糙度好。对同一种电极材料,脉冲宽度大,正极性加工比负极性加工表面粗糙度值要小些。反之,脉冲宽度小,负极性加工比正极性加工表面粗糙度好。在采用石墨电极精加工时,为了加工出表面光洁的工件,应选用粒子直径极小的石墨材料。

② 工件材料的影响。工件材料对加工表面粗糙度也有影响,熔点高的材料(如硬质合金),单脉冲形成的凹坑较小,在相同能量下加工的表面粗糙度值要比熔点低的材料(如钢)小。

③ 加工面积的影响。在其他加工条件相同的情况下,加工面积不同,对表面粗糙度影响很大。在实践中发现,即使单脉冲能量很小,但在加工面积较大时,Ra 很难低于 3.2 μm,而且加工面积越大,可达到的最佳表面粗糙度值就越大。

④ 工作液的影响。干净的工作液有利于得到理想的表面粗糙度。因为工作液中含蚀除产物等杂质越多,越容易发生积碳等不利状况,从而影响表面粗糙度。

2) 表面变质层

在电火花成形加工过程中,由于受放电瞬时高温作用和工作液的冷却作用,材料的表面层发生了很大的变化。这种表面变化层的厚度为 0.01～0.5 mm,一般可以粗略地分为熔化凝固层和热影响层,如图 1-36 所示。

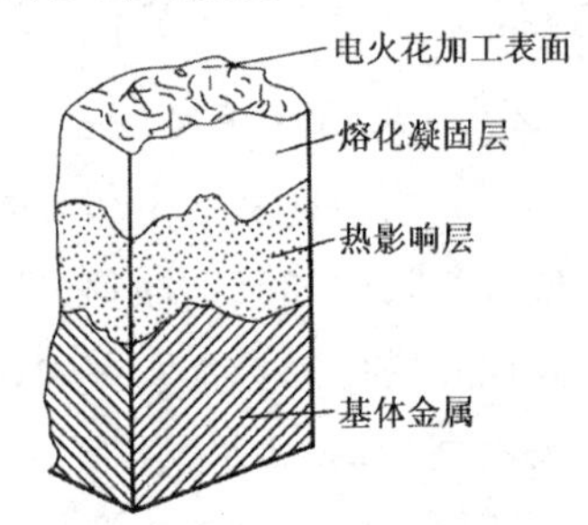

图 1-36 电火花成形加工表面变质层

(1) 熔化凝固层。熔化凝固层位于电火花成形加工后工件表面最上层,是工件表层材料在脉冲放电的瞬时高温作用下熔化后未能抛出,在脉冲放电结束后迅速冷却、凝固而保留下来的金属层,其晶粒非常细小,有很强的抗腐蚀能力。对于碳钢来说,熔化凝固层在金相照片上呈现白色,故又称为白层。它与基体金属完全不同,是一种树枝状的淬火铸造组织,与内层的结合不甚牢固。熔化凝固层厚度随脉冲能量的增大而变厚,一般为 0.01～0.1 mm。

(2) 热影响层。热影响层位于熔化凝固层和基体之间,其金属材料并没有熔化,只是该层金属受到放电点的高温影响,使材料的金相组织发生了变化,且与基体材料并无明显的界限。

3) 表面力学性能

(1) 显微硬度与耐磨性。电火花成形加工后表面层的硬度一般比较高,但由于加工电参数、冷却条件及工件材料热处理状况不同,有时显微硬度会降低。一般来说,电火花成形加工表面最外层的硬度比较高，耐磨性好。但对于滚动摩擦，由于是交变载荷，尤其是干摩擦，则因熔化凝固层和基体的结合不牢固而产生疲劳破坏，容易剥落而磨损。因此，有些要求较高的模具须把电火花成形加工后的表面变化层预先研磨掉。

(2) 残余应力。电火花成形加工表面存在着由于瞬时先热后冷却作用而形成的残余应力，而且大部分表现为拉应力。残余应力的大小和分布主要和材料在加工前的热处理状态及加工时的脉冲能量有关。因此，对表面质量要求较高的工件，应注意工件预备热处理的质量，并尽量避免使用较大的加工电规准，以减少工件表面的残余应力。

(3) 耐疲劳性能。电火花成形加工后，表面存在着较大的拉应力，还可能存在显微裂纹，因此其疲劳性能比机械加工表面低许多倍。采用回火处理、喷丸处理等方法，有助于降低残余应力或使残余拉应力转变为压应力，从而提高其耐疲劳性能。

四、电火花成形加工的工艺方法

根据加工对象、工件精度及表面粗糙度等要求和机床功能，可选择采用单电极加工法、多电极加工法、分解电极加工法等。

1. 单工具电极直接成形法

单工具电极直接成形法是指在电火花成形加工过程中仅用一个工具电极加工出所需的型腔部位。这种工艺方法简单，整个加工过程只需一个电极，不需要进行重复的装夹操作，提高了操作效率，节省了电极制造成本，一般应用在以下几种情况。

① 用于没有精度要求的电火花成形加工场合。例如用电火花成形加工折断于工件中的钻头、丝锥等。

② 用于加工形状简单、精度要求不高的型腔，加工经过预加工过的型腔。例如对于一些精度要求不高的模具的电火花成形加工，模具零件的大多数成形部位没有精度要求，电火花成形加工后电极损耗的残留部位完全可以通过钳工的修整来达到加工要求。

③ 用于加工深度很浅或加工余量很小的型腔。因为加工余量不大，所以电极的相对损耗很小，用一个电极进行加工就能满足加工精度要求，例如花纹模、模具表面图案的加工等。

④ 单电极平动加工法，即采用一个电极完成粗、中、精加工的方法。首先采用低损耗、高生产率的粗规准进行加工，然后利用平动按照粗、中、精的顺序逐级改变电规准，同时依次加大电极平动量，以补偿前后两个加工电规准之间型腔侧面放电间隙差和表面微观不平度差，实现型腔侧面仿形修光，直至完成整个型腔模的加工，如图 1-37 所示。单电极平动法加工装夹简单，排除电蚀产物方便，应用广泛，但难以获得高精度型腔，难以加工出清棱、清角的型腔。

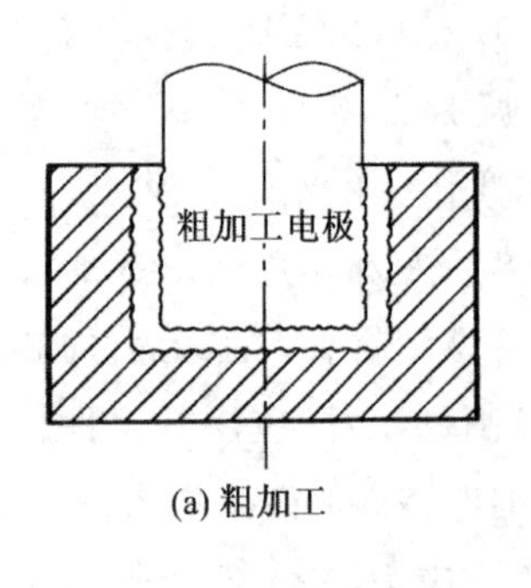

(a) 粗加工

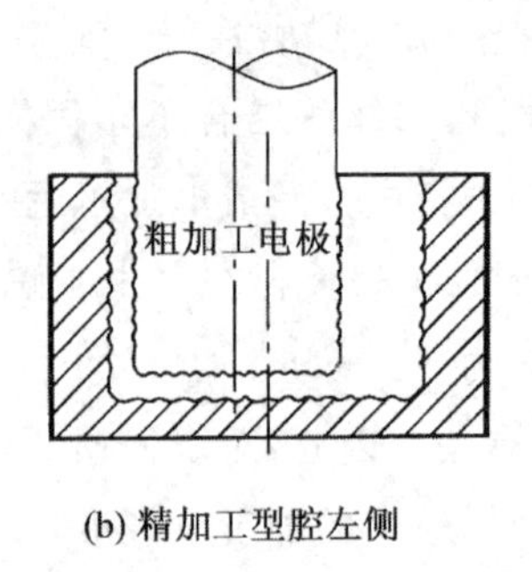

(b) 精加工型腔左侧

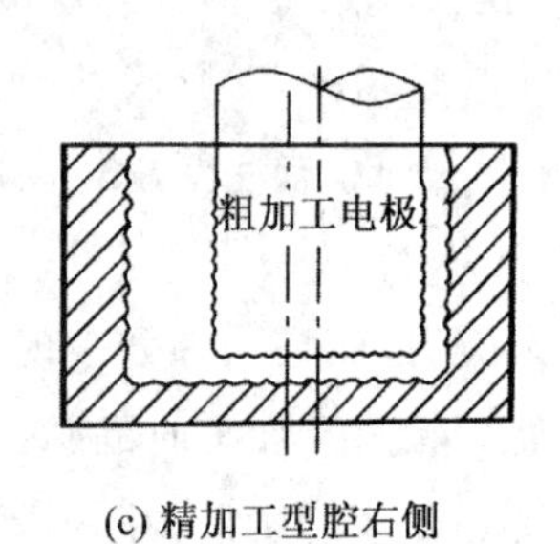

(c) 精加工型腔右侧

图 1-37 单电极直接成形法

⑤ 若加工部位为贯通形状，则可以加大电极的进给深度，用一个电极通过贯通延伸加工就可弥补因电极底面损耗留下的加工缺陷，如图 1-38 所示。加工有斜度的型腔过程中，电极在做垂直进给时，对倾斜的型腔表面有一定的修整、修光作用。通过多次加工规准的转换，不用平动加工方法就可以用一个电极修光侧壁，达到加工目的，如图 1-39 所示。

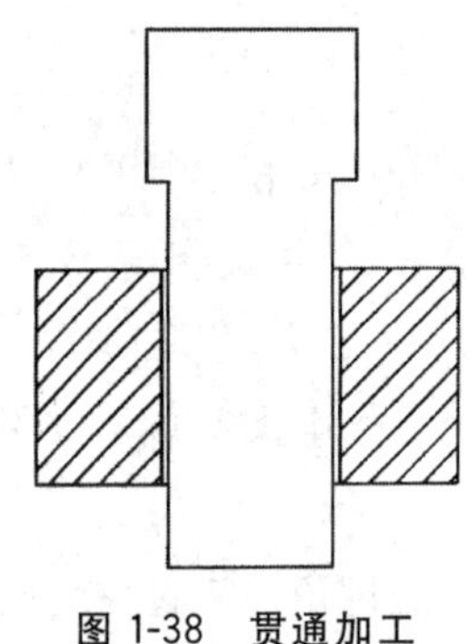

图 1-38 贯通加工

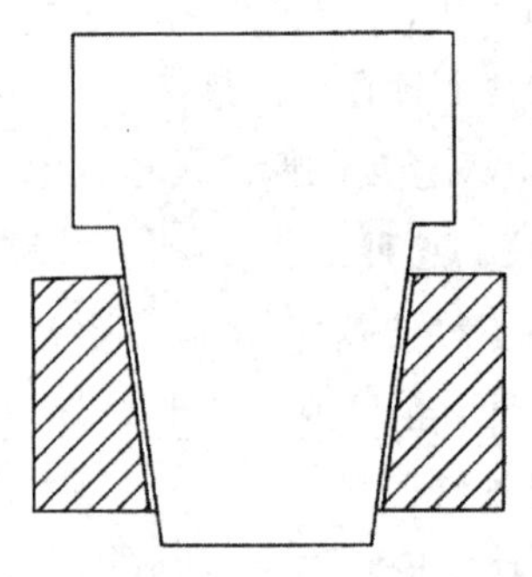

图 1-39 斜度加工

2. 多电极更换成形工艺法

多电极更换成形工艺法是根据加工部位在粗、半精、精加工中放电间隙不同的特点，采用几个不同尺寸缩放量的电极完成一个型腔的粗、半精、精加工。

如图 1-40 所示，先用粗加工电极蚀除大量金属，然后再换半精加工电极完成粗加工到精加工的过渡加工，最后用精加工电极进行终精加工。每个电极加工时必须把上一电规准的放电痕迹去掉。一般用两个电极进行粗、精加工即可满足要求。当型腔模的精度和表面质量要求很高时，才采用粗、半精、精加工电极进行加工，必要时还要采用多个精加工电极来修正精加工的电极损耗。但采用多个电极加工时，要求多个电极的一致性要好、制造精度要高；另外，更换电极时要求重复定位装夹精度要高，因此一般只用于精密型腔的加工，例如盒式磁带、收录机、电视机等机壳的模具，都是用多个电极加工出来的。

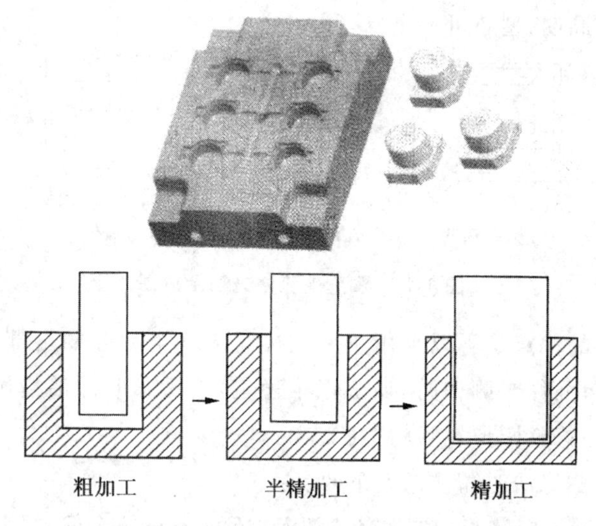

图 1-40　多电极更换成形工艺法示意图

3. 分解电极成形工艺法

分解电极成形工艺法是根据型腔的几何形状，把电极分解成主型腔电极和副型腔电极分别制造，分别使用。主型腔电极一般完成去除量大、形状简单的主型腔加工，如图 1-41a 所示；副型腔电极一般用于完成尖角、窄缝、花纹等部位的副型腔加工，如图 1-41b 所示。

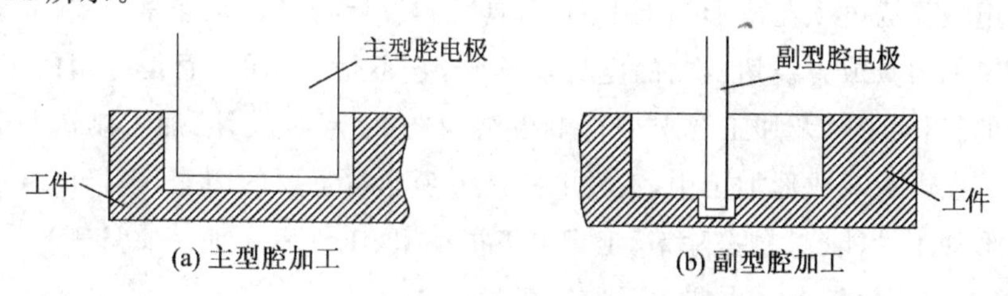

图 1-41　分解电极成形工艺法示意图

分解电极成形工艺法的优点是可以根据主、副型腔不同的加工条件，选择不同的加工电规准，有利于提高加工速度和改善加工表面质量，同时还可以简化电极制造，便于修整电极。缺点是更换电极时主型腔和副型腔电极之间要求有精确的定位。

4. 手动侧壁修光法

这种方法主要应用于没有平动头的非数控电火花成形加工机床。具体方法是利用移动工作台的 X 和 Y 坐标，配合转换电加工参数，轮流修光各方向的侧壁。如图 1-42 所示，在某型腔粗加工完毕后，采用中加工参数先将底面修出；然后将工作台沿 X 坐标方向右移一个尺寸 d，修光型腔左侧壁，如图 1-42a 所示；然后将电极上移，修光型腔后壁，如图 1-42b 所示；再将电极右移，修光型腔右壁，如图 1-42c 所示；然后将电极下移，修光型腔前壁，如图 1-42d 所示；最后将电极左移，修去缺角，如图 1-42e 所示。完成这样一个周期后，型腔的面积扩大。若尺寸达不到规定的要求，则如上所述再进行一个周期。这样经过多个周期,型腔可完全修光。

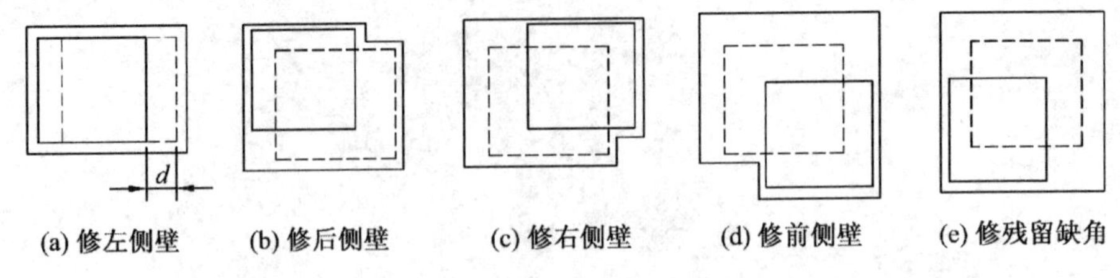

图 1-42　侧壁轮流修光法示意图

这种加工方法的优点是可以采用单个电极完成一个型腔的全部加工过程;缺点是操作烦琐,尤其在单面修光侧壁时,加工很难稳定,不易采取冲油措施,延长了中、精加工的周期,而且无法修整圆形轮廓的型腔。

使用手动侧壁修光法时需注意以下两点:

(1) 各方向侧壁的修整必须同时依次进行,不可先将一个侧壁完全修光后,再修光另一个侧壁,避免二次放电将已修好的侧壁损伤。

(2) 在修光一个周期后,应仔细测量型腔尺寸,观察型腔表面粗糙度,然后决定是否更换电加工参数,进行下一个周期的修光。

五、电火花成形加工工具电极的设计与制造

工具电极作为电火花成形加工中的"刃具",其设计与制造是非常重要的一个环节。与机械加工的刃具或者线切割用的电极丝不同,它不是通用的,而是专用的工具,需要按照工件的材料、形状及加工要求进行电极结构选择、形状设计、加工制造并安装到机床主轴上。在电火花成形加工中,工具电极是一项非常重要的因素,电极的性能将影响电火花成形加工性能(材料去除率、工具电极损耗率、工件表面加工质量等),因此,正确设计、制造与使用电极对电火花成形加工至关重要。

1. 工具电极的材料选择

工具电极设计首先是选择电极材料,由电火花成形加工原理可知,理论上任何导电材料均可以作为工具电极,但电极材料对电火花成形加工的稳定性、加工速度和工件加工质量等都有很大影响,因此,作为工具电极材料还应满足以下三个条件:

(1) 工具电极材料的电火花成形加工性能要良好,也就是电极材料的导电性能良好、加工损耗小、造型容易、加工过程稳定、加工效率高。

(2) 工具电极材料的机械强度须足够、机械加工性能要好。

(3) 工具电极材料价格要低廉,来源要丰富。

根据以上三个条件,实际生产中常用的工具电极材料有紫铜、黄铜、铸铁、钢、石墨、铜钨合金和银钨合金等。这些材料的性能、特点及其应用范围如表 1-4 所示。

表 1-4　常用工具电极材料的性能、特点及其应用范围

工具电极材料	性能			特点	材质	应用
	加工稳定性	电极损耗	机械加工性能			
纯铜(紫铜)	好	一般	较差	材质质地细密,适应性广,但磨削加工困难	以无杂质锻打电解铜最好	应用范围广
石墨	较好	较小	较好	材质抗高温,变形小,制造容易,重量轻,但材料容易脱落、掉渣,机械强度较差,易折角	细粒致密、各向同性的高纯石墨	适用于大型模具加工用工具电极
黄铜	好	较大	好	制造容易,特别适宜在中小电规准情况下加工,但工具电极损耗太大	冷拔或轧制棒或板材	用于可进行补偿的加工场所
银钨(铜钨)合金	很好	很小	一般	针对钨钢、耐高温超硬合金金属等,高光洁度,可使模具达到非常高的精度	粉末冶金制作,以粒度细的为好	精密微细加工类模具用工具电极
银铜合金	好	小	一般	电蚀速度快,高光洁度,低损耗粗精加工可一次完成	铸造坯料加工	应用于精密模具加工用工具电极
钢	较差	一般	好	应用广泛,模具穿孔加工时常用,电规准选择应注意加工稳定性	以锻件为好	适用于“钢打钢”冷冲模加工用工具电极
铸铁	一般	一般	好	制造容易,材料来源丰富	最好用优质铸铁	适用于复合式脉冲电源加工,常用于加工冷冲模的工具电极

2. 电极的结构形式

工具电极的结构形式可根据型孔或型腔的尺寸精度、形位精度、表面粗糙度、复杂程度及电极加工工艺性等因素综合确定。常用的电极结构形式有以下三种:

(1) 整体式电极。整体式电极由一整块材料加工而成,如图 1-43a 所示,是较为常用的电极结构形式。如果电极尺寸比较大,为了减轻电极自身重量,防止主轴负荷过大,可在电极内部设置减重孔及多个冲油孔,如图 1-43b 所示。整体式电极适用于尺寸大小和复杂程度一般的型腔模的加工。

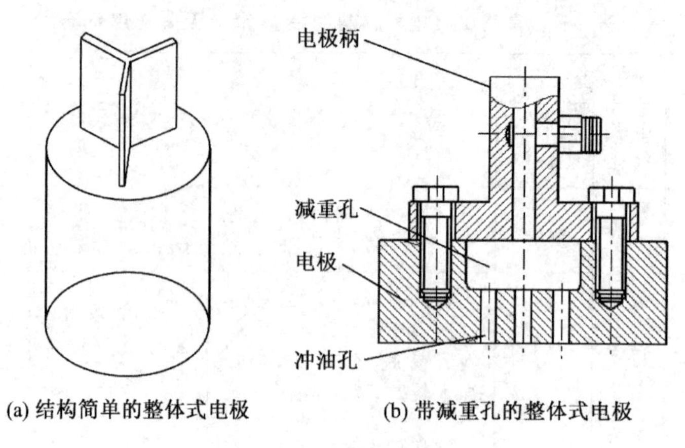

(a) 结构简单的整体式电极　　(b) 带减重孔的整体式电极

图 1-43　整体式电极

对于穿孔加工，有时为了提高生产率和加工精度及降低表面粗糙度，常采用阶梯式整体电极，即在原有电极上适当增长，而增长部分的截面尺寸均匀减小，呈阶梯形。如图 1-44 所示，L_1为原有电极的长度，L_2为增长部分的长度。阶梯式整体电极在电火花成形加工中的加工原理是先用电极增长部分 L_2进行粗加工，尽快蚀除大部分金属，仅留下很少的余量，然后再用原有的电极进行精加工。阶梯式整体电极的优点是：粗加工快速蚀除多余的金属，将精加工的加工余量降低到最小值，提高了生产率；可以减少电极更换的次数，以简化操作。

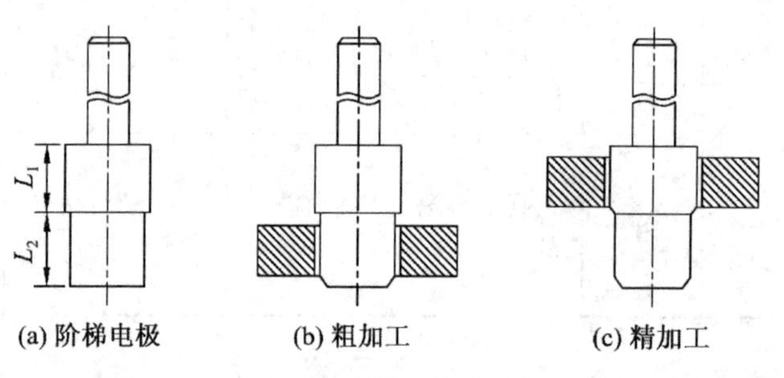

(a) 阶梯电极　　(b) 粗加工　　(c) 精加工

图 1-44　阶梯式整体电极

(2) 组合式电极。组合式电极，也称多电极，是将若干个小电极组装在电极固定板上，可一次性同时完成多个成形表面电火花成形加工的电极。如图 1-45 所示的加工叶轮的工具电极就是由多个小电极组装而成的。

当同一凹模上加工多个型孔，可采用组合式电极加工，一次完成凹模多个型孔的加工，生产率高，各型孔之间的位置精度也较准确，但一定要保证各电极间的定位精度，并且每个电极的轴线均要垂直于安装表面。

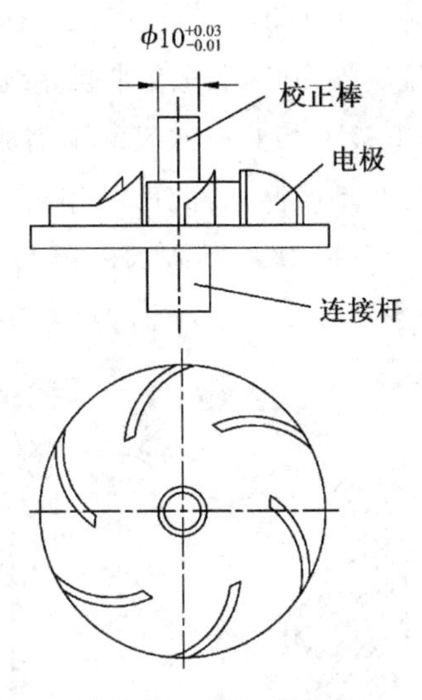

图 1-45　组合式电极

(3) 镶拼式电极。镶拼式电极是将形状复杂且制造困难的电极分成几块来加工，然后再镶拼成整体的电极。如图 1-46 所示，将 E 字形硅钢片冲模所用的电极分成三块，加工完毕后再镶拼成整体。这样既可保证电极的制造精度，得到尖锐的凹角，又简化了电极的加工，节约了材料，降低了制造成本。但在制造中应保证各电极分块之间的位置准确，配合要紧密牢固。

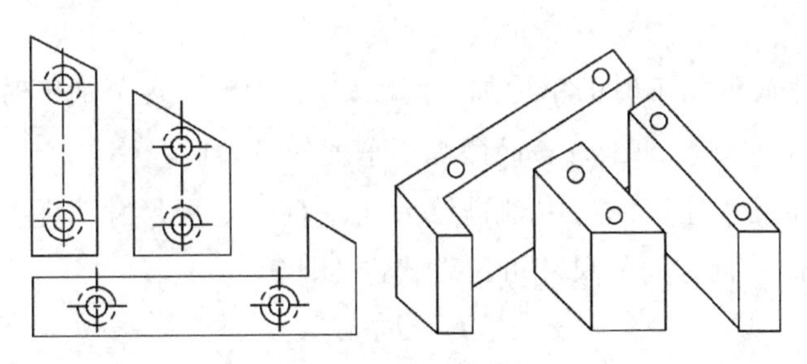

图 1-46　镶拼式电极

3. 电极的尺寸确定

1) 型腔模电极尺寸的确定

加工型腔模时，工具电极尺寸不仅与模具的大小、形状、复杂程度有关，而且与电极材料、加工电流、深度、余量及间隙等因素有关，若采用平动法加工时，还应考虑所选用的平动量。

(1) 水平尺寸计算。与主轴进给方向垂直的电极尺寸为水平尺寸，如图 1-47 所示。图中中间白色区域为工具电极，画有剖面线的区域为工件型腔。型腔模电极的水平尺寸采用下式进行计算：

$$a=A\pm K\delta$$

式中，a 为电极水平方向的尺寸；A 为型腔图纸上的名义尺寸；δ 为电极单面缩放量(或平动头偏心量，一般取 0.7～0.9 mm)；K 为与型腔尺寸标注法有关的系数(如果图中尺寸线均标注在边界上时，$K=2$；一端以中心线或非边界线为基准时，$K=1$；各中心线之间的位置尺寸，以及角度数值，电极上相对应的尺寸不缩放，$K=0$)。

公式中“±”号的确定原则：对型腔凸出部分，其相对应的电极凹入部分的尺寸应放大，用“+”号；反之，对型腔凹入部分，其相对应的电极凸出部分的尺寸应缩小，用“−”号。如图 1-47 中，计算 a_1 时用“−”号，计算 a_2 时用“+”号。

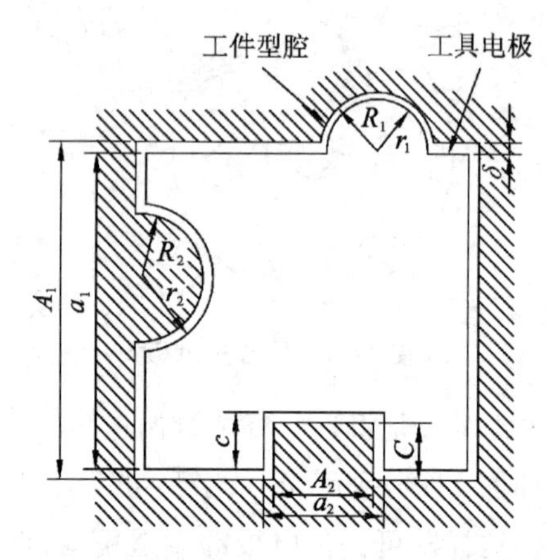

图 1-47 电极水平尺寸计算说明图

电极单面缩放量 δ 可用下式进行计算：

$$\delta=S_L+H_{max}+h_{max}$$

式中，S_L 为电火花成形加工时的单边加工间隙；H_{max} 为前一规范加工时表面微观不平度的最大值；h_{max} 为本次规范加工时表面微观不平度的最大值。

(2) 垂直方向尺寸计算。与主轴进给方向平行的电极尺寸为垂直尺寸，如图 1-48 所示。型腔模电极垂直方向的尺寸可用下式进行计算：

$$H=l+L$$

式中，H 为除装夹部分外的电极总高度；l 为电极每加工一个型腔，在垂直方向的有效高度，包括型腔深度和电极端面的损耗量，并扣除端面加工间隙值；L 为考虑到加工结束，电极夹具不和模块或压板发生接触，以及同一电极需重复使用而增加的高度。

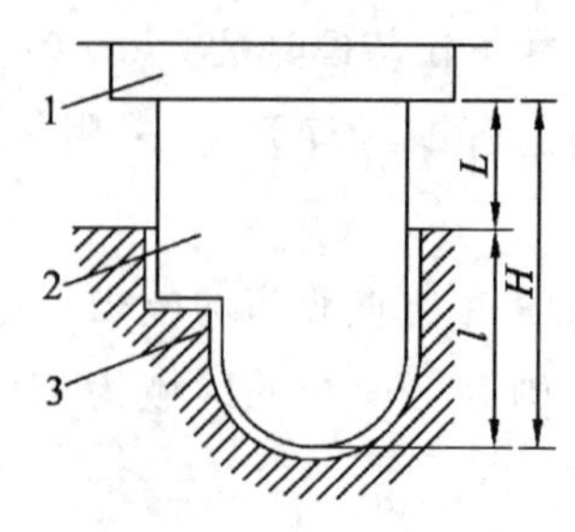

1—夹具；2—电极；3—工件

图 1-48 电极高度尺寸计算说明图

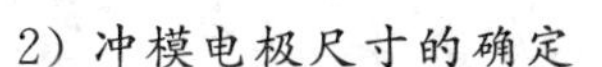

（1）水平尺寸计算。与型腔模电极的水平尺寸计算方法相同，只是将其公式中的“δ”改为单面放电间隙“S”即可。实际设计电极时，电极轮廓尺寸要比预定型孔尺寸均匀缩小或放大一个放电间隙，即

$$a=A\pm KS$$

如果按照凸模尺寸和公差确定冲模电极的水平尺寸，则随凸、凹模配合间隙的不同有三种情况：

① 当凸、凹模配合间隙等于电火花放电间隙时，电极水平尺寸与凸模水平尺寸完全相同。

② 当凸、凹模配合间隙大于电火花放电间隙时，电极水平尺寸大于凸模水平尺寸，即每边均匀放大一个数值，但形状相似。

③ 当凸、凹模配合间隙小于电火花放电间隙时，电极水平尺寸小于凸模水平尺寸，即每边均匀缩小一个数值，但形状相似。

关于第二种、第三种情况，电极每边放大或缩小的数值可用下式进行计算：

$$a_1=(\delta_p-2S)/2$$

式中，a_1 为电极单边放大或缩小量；δ_p 为凸、凹模之间的配合间隙。

（2）长度尺寸计算。电极长度尺寸取决于模具结构形式、加工深度、电极材料、型孔的复杂程度、装夹形式、使用次数和电极制造工艺等一系列因素，如图 1-49 所示，其估算公式如下：

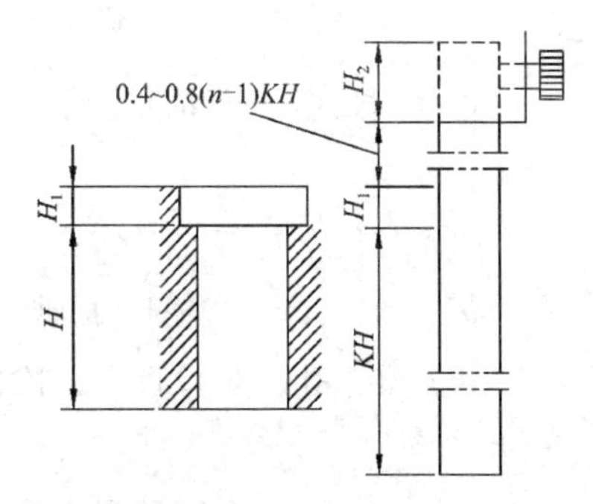

图 1-49　电极长度尺寸计算说明图

$$L=KH+H_1+H_2+(0.4\sim0.8)(n-1)KH$$

式中，L 为冲模工具电极的长度；H 为凹模需要电火花有效加工的厚度；H_1 为模板后部挖空时，电极所需加长部分的长度；H_2 为较小电极端部不宜制作螺孔，而必须用夹具夹持电极尾部时，需要增加的夹持长度；n 为每个电极使用的次数，每多用一次，电极长度需增加$(0.4\sim0.8)KH$；K 为与电极材料、加工方式、型孔复杂程度等有关的系数，如表 1-5 所示。若电极材料加工损耗小、型孔较简单、电极轮廓尖角较少时，K 取下表中各电极材料范围值的小值；反之，K 取大值。

表 1-5　K 系数表

电极材料	紫铜	黄铜	石墨	铸铁	钢
K 值	2～2.5	3～3.5	1.7～2	2.5～3	3～3.5

4. 电极的排气孔和冲(抽)油孔设计

由于型腔加工一般为盲孔加工，因此排气、排屑是影响加工状态稳定和表面粗糙度值的重要因素。电极上排气孔及冲(抽)油孔的大小和位置直接关系到加工时排气、排屑的效果。为改善排气、排屑条件，大、中型腔的电火花成形加工电极可依据情况设计必要的排气孔(见图 1-50a)和强制冲(抽)油孔(见图 1-50b)。这样有利提高加工精度与加工效率。

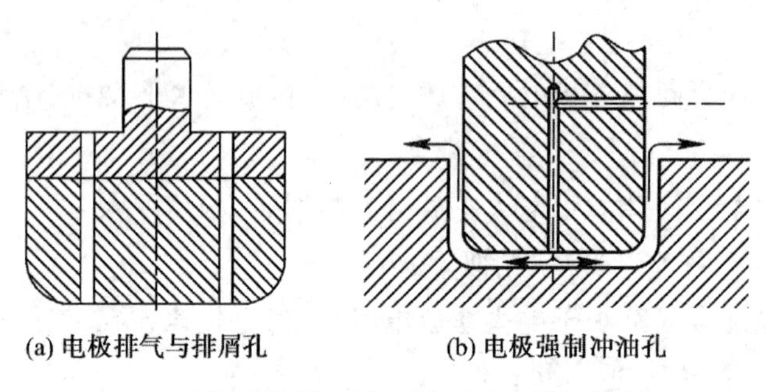

(a) 电极排气与排屑孔　　(b) 电极强制冲油孔

图 1-50　电极排气孔和冲(抽)油孔的设计

排气、排屑与冲(抽)油孔位置的确定应尽量保证冲液均匀、气体易排出，实际设计时还应注意以下 6 点：

(1) 为便于排气、排屑，在尺寸许可的条件下，常将冲(抽)油孔、排气孔上端孔径加大到$\phi 5 \sim \phi 8$ mm，如图 1-51a 所示。

(2) 排气孔尽量设计在蚀除面积较大的位置和电极端部有凹入的位置，如图 1-51b 所示。

(3) 冲(抽)油孔要尽量设计在不易排屑的位置，如拐角、窄缝等处。因此，图 1-51c 的冲(抽)油孔位置设计远离拐角，拐角处易成为电蚀产物的堆积区，冲液效果较差；而图 1-51d 的冲(抽)油孔位置靠近拐角，冲液效果会较好。

(4) 冲(抽)油孔和排气孔的数量，常以电蚀产物不产生堆积为宜。各孔间距为20～40 mm，有时冲(抽)油孔的位置要适当错开，以减少"波纹"的形成。

(5) 冲(抽)油孔和排气孔的直径应不大于缩放量的两倍，一般设计为$\phi 1 \sim \phi 2$ mm。过大了则在加工后残留的"柱芯"太大，不易清除。因此，相比较而言，图 1-51f、图 1-51g、图 1-51h 较好，而图 1-51e 因孔径过大，加工后残留了不易清除的"大柱芯"。

(6) 冲(抽)油孔的布置需要注意冲(抽)油要流畅，不可出现无工作液流经的"死区"。

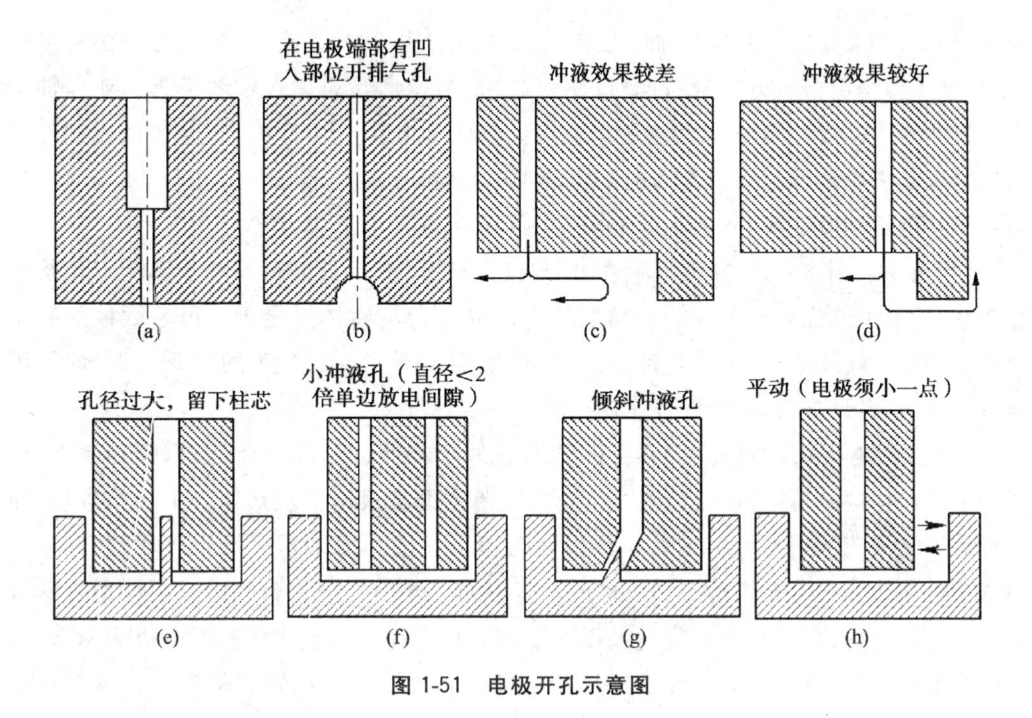

图 1-51　电极开孔示意图

5. 石墨电极的镶拼

电极设计制作中还涉及石墨电极的镶拼技术，成形大型电极大多采用石墨制造。当石墨坯料尺寸不够大时，可用镶拼技术对石墨电极进行拼装。石墨电极镶拼时应注意以下两点：

(1) 不论是整体式还是拼合式石墨电极，都应该使石墨压制时的施压方向与电火花成形加工时的进给方向相垂直，如图 1-52a 所示。

(2) 同一个电极的各个拼块都应该采用同一个牌号的石墨，且使各个石墨拼块的纤维组织方向一致，避免因石墨拼合方向不一致而引起加工损耗不均匀。图 1-52b 所示的两个石墨拼块纤维组织方向不一致，加工损耗会不均匀，属于不合理的拼合；而如图 1-52c 所示的拼合较合理。

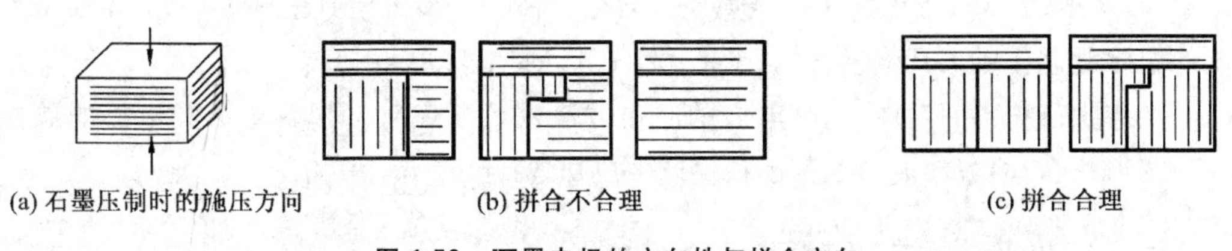
(a) 石墨压制时的施压方向　(b) 拼合不合理　(c) 拼合合理

图 1-52　石墨电极的方向性与拼合方向

6. 工具电极的制造

工具电极的制造方法有多种，主要依据工具电极的材料、数量、精度要求、形状特点等因素来进行选择。常用的工具电极制造方法有以下几种。

(1) 数控加工中心铣削。模具企业广泛使用数控加工中心铣削来完成各种型面复杂工具电极的制造。数控铣削加工比传统铣削加工速度快，全自动、重复生产的精度很高(对加工多个电极十分有利)，同时可得到较复杂的形状。一般塑料模具企业里加工中心机床40%以上的工作量为电极的制造。由此可见数控加工中心铣削方法在制造工具电极中的重要地位。最近推出的高速加工中心，能够胜任形状更加复杂、精度要求更高类工具电极的制造，为制造工具电极提供了完美的技术解决方案。

(2) 数控车床加工。数控车床可用来制造旋转体类工具电极。数控车床与传统车床相比，其最大的优势在于能加工精度要求高的复杂旋转体类电极。虽然数控加工中心也能加工旋转体类电极，但其加工效率、精度还是不如数控车床的专业制造水平，因此旋转体类电极优先选用数控车床制造。

(3) 数控电火花线切割加工。数控电火花线切割加工非常适合2D电极的制造，或者用于机械切削制造电极的清角加工。另外，薄片类电极用机械切削加工很难进行，而使用数控电火花线切割加工可以获得很高的加工效率和加工精度。目前，国内厂家使用数控电火花快速走丝线切割加工机床较多。如果使用先进的数控电火花慢速走丝线切割加工机床，则可以获得更高的加工精度、表面质量，适用于一些精密电极的制造，可以准确地切割出有斜度、上下异形的复杂电极。但数控电火花线切割加工石墨材料的电极较困难，加工效率较低。

(4) 电铸法。电铸法主要用来制作体积较大的工具电极，特别是在板材冲模领域。使用电铸法制作出来的工具电极的放电性能特别好。用电铸法制造电极，复制精度高，可制作出用机械加工方法难以完成的细微形状的电极。特别适合有复杂形状和图案的浅型腔的电火花成形加工。电铸法制造电极的缺点是加工周期长，成本较高，电极质地比较疏松，电加工时的电极损耗较大。

(5) 精密铸造法。精密铸造法节省电极材料(无切削)，制作周期短，适用于多次重复成形的工具电极制作。

(6) 精密锻造法。精密锻造法可以节省电极材料，制作周期短，成本较低，适合于多次重复成形的纯铜材料工具电极的制作。

(7) 粉末冶金成形法。采用金属粉或石墨粉在粉末冶金模具中成形，然后用粉末冶金工艺将其制作成工具电极，适合于批量生产，且周期较短。

随着生产技术的发展，工具电极的制作方法也不断完善。如石墨工具电极的数控切割成形法、石墨振动成形法都已在生产中成功地得到了运用。

六、电火花成形加工机床

1. 电火花成形加工机床的类型

我国国标规定，电火花成形加工机床均用D71加上机床工作台面宽度的1/10表示。例如，D7132中，D表示电加工成形机床(若该机床为数控电加工机床，则在D后加K，即DK)，71表示电火花成形加工机床，32表示机床工作台的宽度为320 mm，其型号

表示方法如图 1-53 所示。

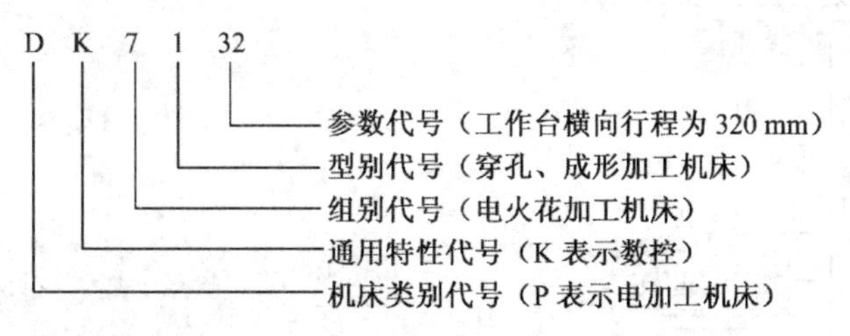

图 1-53　机床型号示例

电火花成形加工机床按其大小可以分为小型（D7125 以下）、中型（D7125～D7163）和大型（D7163 以上）；按数控程度分为非数控、单轴数控和三轴数控。随着科学技术的进步，国外已经大批量生产三轴数控电火花成形加工机床，以及带有工具电极库、能按程序自动更换电极的数控电火花成形加工中心。

目前，我国生产的数控电火花成形加工机床有单轴数控（主轴 Z 方向，为垂直方向）、三轴数控（主轴 Z 方向，水平轴 X、Y 方向）和四轴数控（主轴能数控回转及分度，称为 C 轴）；如果在工作台上加双轴数控回转台附件（绕 X 轴转动的称为 A 轴，绕 Y 轴转动的称为 B 轴），则称为六轴数控机床。

如图 1-54 所示为电火花成形加工机床 D7132，它主要用于各种型腔模和型腔零件的加工。如图 1-55 所示为高速电火花穿孔机床 D703，它主要用于快速加工冷冲模、挤压模、型孔零件及各种微孔、深孔和异形孔等。

图 1-54　D7132 电火花成形加工机床

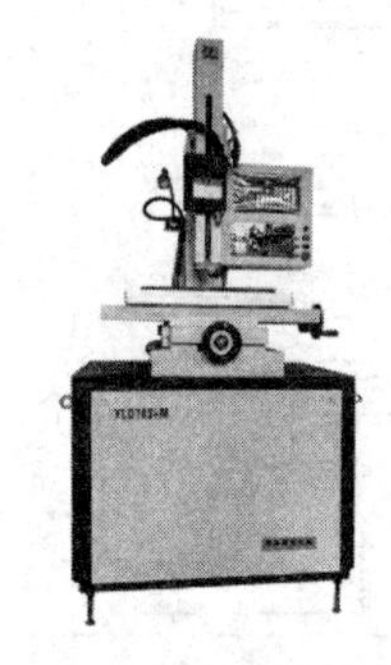

图 1-55　D703 高速电火花穿孔机床

2. 电火花成形加工机床的结构组成

在电火花加工机床中，最为常用的是电火花穿孔、成形加工机床。它主要由机床主体、脉冲电源与机床控制系统、工作液循环系统等部分组成，如图 1-56 所示。

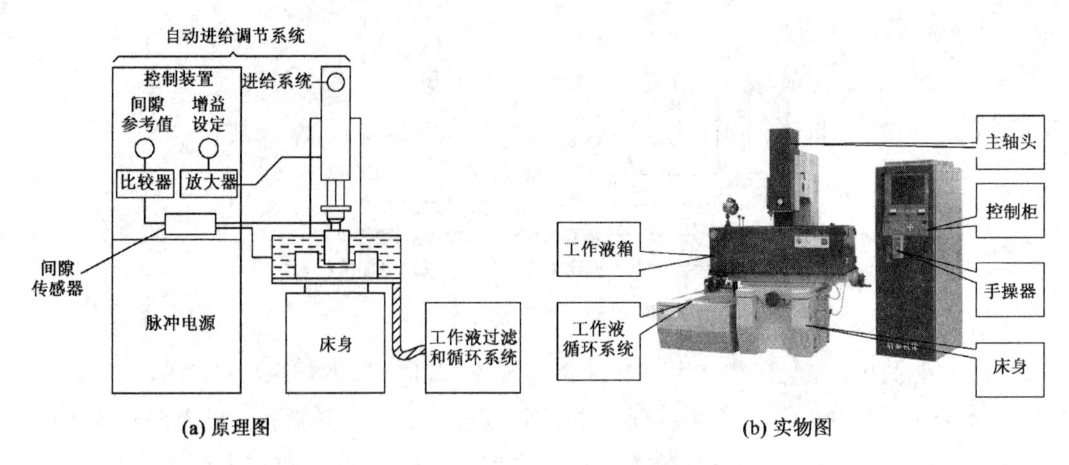

(a) 原理图　　(b) 实物图

图 1-56　电火花成形加工机床结构组成

1）机床主体

（1）结构形式

电火花成形加工机床的结构有多种形式，根据不同的加工对象，通用机床的结构形式主要有立柱式、龙门式、滑枕式、悬臂式、台式、便携式等，如图 1-57 所示。

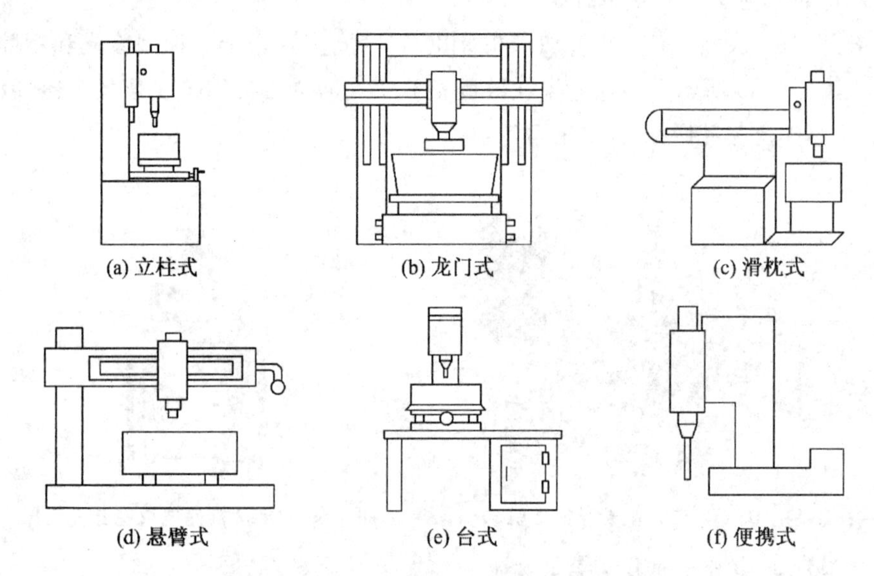

(a) 立柱式　(b) 龙门式　(c) 滑枕式　(d) 悬臂式　(e) 台式　(f) 便携式

图 1-57　电火花成形加工机床结构示意图

① 立柱式。立柱式是大部分数控电火花成形加工机床常用的一种结构形式，如图 1-57a 所示。这种结构形式在床身上安装了立柱和工作台。床身一般为铸件，对于小型机床，床身内放置工作液箱；大型机床则将工作液箱置于床身外。立柱前端面安装有主轴箱，工作台下是 X 轴和 Y 轴拖板，工作台上安装工作液槽，工作液槽处安装了活动门，门上嵌有密封条，防止工作液外泄。此类机床的刚性比较好，导轨承载均匀，容易制造和装配。

② 龙门式。这种结构的立柱做成龙门样式，如图1-57b所示。该结构将主轴安装在X轴和Z轴两个导轨上，工作液槽采用升降式结构。它的最大特点是机床的刚性特别好，可以做成大型电火花成形加工机床。

③ 滑枕式。这种结构形式类似于牛头刨床，如图1-57c所示。该结构将主轴安装在X轴和Y轴的滑枕上，工作液槽采用升降式结构。机床工作时，工作台不动。此类机床结构比较简单，容易制造，适合于大、中型的电火花成形加工机床，不足之处是机床刚度会受主轴行程的影响。

④ 悬臂式。这种结构形式类似于摇臂钻床，如图1-57d所示。该结构将主轴安装于悬臂上，可在悬臂上移动，上、下升降比较方便。它的好处是电极装夹和校准比较容易，机床结构简单，一般用于精度要求不太高的电火花成形加工机床上。

⑤ 台式与便携式。台式结构比较简单，床身和立柱可连成一体，机床的刚性较好，结构较紧凑。电火花高速穿孔机为此结构形式，如图1-57e所示。近年来，人们还研制出了小型、便于携带或移动的电火花成形加工机床，如图1-57f所示。

(2) 机床主体结构功能组成

电火花成形加工机床主体主要由床身、立柱、主轴头及附件、工作台等组成，是用来实现工件和工具电极的装夹固定和运动的机械系统。

床身、立柱、工作台是电火花成形加工机床的骨架，起着支撑、定位和便于操作的作用。因为电火花成形加工宏观作用力极小，所以对机械系统的强度无严格要求，但为了避免变形和保证精度，要求机械系统具有必要的刚度。

① 床身、立柱。床身、立柱是基础结构件，其作用是保证电极与工作台、工件之间的相互位置。立柱与纵横拖板安装在床身上，变速箱位于立柱顶部，主轴头安装在立柱导轨上。由于主轴挂上具有一定重量的工具电极后将引起立柱倾斜，且在放电加工时电极频繁地抬起而使立柱发生强迫振动，因此床身和立柱要有很好的刚度和抗震性以尽可能减少床身和立柱的变形，方能保证电极和工件在加工过程中的相对位置，确保加工精度。

② 工作台。工作台主要用来支撑和装夹工件。在实际加工中，通过转动纵横向丝杠来改变电极与工作台的相对位置。工作台上还装有工作液箱，用以容纳工作液，使电极和被加工零件浸泡在工作液中，起冷却排屑作用。工作台是操作者在装夹找正时经常移动的部件，通过两个手轮来移动上下拖板(全数控型电火花成形加工机床的工作台则用相应的按钮来移动工作台)，改变纵横位置，达到电极和被加工工件之间所需要的相对位置。工作台的种类可分为普通工作台和精密工作台。目前国内已应用精密滚珠丝杠、滚动直线导轨和高性能伺服电动机等结构，以满足精密模具的电火花成形加工的需要。

③ 主轴头。主轴头是电火花成形加工机床的一个重要部件，其由伺服进给机构、导向和防扭机构、辅助机构三部分组成，主要用于控制工件和工具电极之间的间隙。

主轴头性能影响着加工工艺指标，如生产率、几何精度和表面粗糙度，因此主轴头应具备以下条件：有一定的轴向、径向刚度和精度；有足够的进给和回退的速度；主轴运动的直线性和防扭性能好；灵敏度高，无低速爬行现象；具有合理的承载电极重量的能力。

④ 主要附件。机床主轴头和工作台附件主要由可调节工具电极角度的电极装夹夹头和平动头组成。

电极装夹夹头是装夹电极的装置，同时应有位置和角度的调节功能。装夹在主轴下的工具电极，在加工前需要调节到与工件基准面垂直，在加工型孔或型腔时，还需要在水平面内调节、转动一个角度，使工具电极的截面形状与加工出工件型孔或型腔预定的位置一致。前一垂直度调节功能，常用球面铰链实现，后一调节功能靠主轴与工具电极安装面的相对转动机构调节，垂直度与水平转角调节正确后，都应用螺钉夹紧，如图1-58所示。此外，机床主轴、床身连成一体接地，而装工具电极的夹持调节部分应单独绝缘，防止操作人员触电。图1-59所示为一种带绝缘层的主轴锥孔。

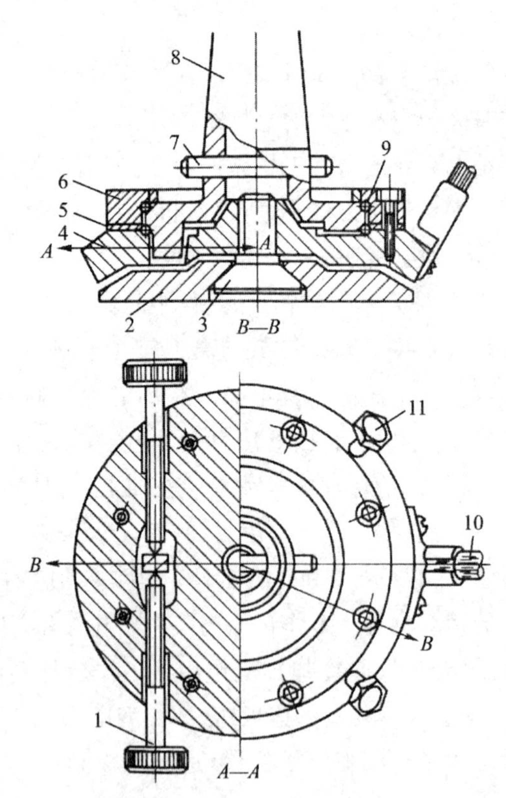

1—调节螺钉；2—摆动法兰盘；3—球面螺钉；4—调角校正架；5—调整垫；6—上压板；7—销钉；8—锥柄座；9—滚珠；10—电源线；11—垂直度调节螺钉

图1-58 带垂直和水平转角调节功能的夹头

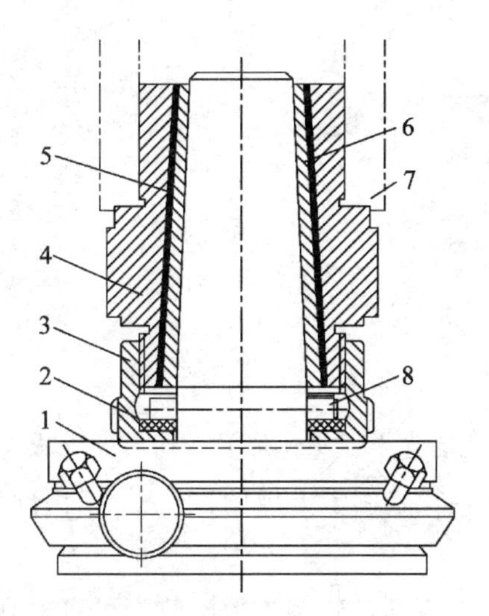

1—夹头；2—绝缘垫圈；3—紧固螺母；4—主轴端盖；5—环氧树脂绝缘层；
6—锥套；7—滑枕（主轴）；8—固定销钉

图 1-59　带绝缘层的主轴锥孔

平动头是一个使装在主轴上的工具电极能产生向外机械补偿动作的工艺附件。当用单电极加工型腔时，使用平动头可以补偿上一个加工电规准和下一个加工电规准之间的放电间隙之差和表面粗糙度之差。另外，平动头也用作工件侧壁修光和提高尺寸精度的附件。

平动头的工作原理是：利用偏心机构将伺服电机的旋转运动通过平动轨迹保持机构，转化成电极上每一个质点都能围绕其原始位置在水平面内做平面小圆周运动，许多小圆的外包络线面积就形成加工横截面积，如图 1-60 所示。其中，每个质点运动轨迹的半径就称为平动量，其大小可以由零逐渐调大，以补偿粗、中、精加工的电火花放电间隙之差，从而达到修光型腔的目的。

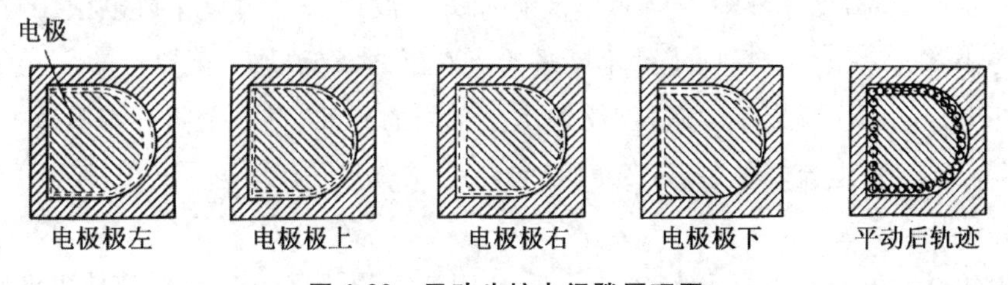

图 1-60　平动头扩大间隙原理图

目前，机床上安装的平动头有机械式平动头和数控平动头两种，其外形如图 1-61 所示。机械式平动头由于有平动轨迹半径的存在，无法加工有清角要求的型腔；而数控平动头可以两轴联动，能加工出清棱、清角的型孔和型腔。

(a) 机械式平动头

(b) 数控平动头

图 1-61　平动头外形

与一般电火花成形加工工艺相比较，采用平动头的电火花成形加工有如下特点：

a. 可以通过改变轨迹半径来调整电极的作用尺寸，因此尺寸加工不再受放电间隙限制；

b. 用同一尺寸的工具电极通过轨迹半径的改变可以实现转换电规准的修整，即采用一个工具电极就能由粗至精直接加工出一副型腔；

c. 在加工过程中，工具电极的轴线与工件的轴线相偏移，除了工具电极处于放电区域的部分外，工具电极与工件的间隙都大于放电间隙，实际上减小了同时放电的面积，这有利于电蚀产物的排除，提高加工稳定性；

d. 工具电极移动方式的改变可使加工工件的表面质量大有改善，特别是底平面处。

2）电源与控制部分

电源与控制部分主要由脉冲电源、数控系统和伺服进给系统组成，主要负责电火花成形加工机床的控制及加工操作。

(1) 脉冲电源

电火花成形加工机床的脉冲电源是整个设备的重要组成部分。脉冲电源输出的两端分别与工具电极和工件连接。在加工过程中向间隙不断输出脉冲，当工具电极和工件达到一定间隙时，工作液被击穿而形成脉冲火花放电。每次火花放电使工件材料被蚀除掉一小部分。工具电极向工件不断进给，使工件最终被加工至要求的尺寸和形状。

脉冲电源必须满足以下要求：能够输出一系列的脉冲；每一个脉冲都具有一定的能量，脉冲电压幅值、电流峰值、脉冲宽度和间隔都要满足加工要求；工作稳定可靠，而且不受外界干扰。

常用的脉冲电源有 *RC* 线路脉冲电源、晶体管式脉冲电源和派生脉冲电源等，高档的电火花成形加工机床则配置了微机数字化控制的脉冲电源。

(2) 数控系统

电火花成形加工机床数控系统是用于操作电火花成形加工的设备，通过输入指令进行加工。数控电火花成形加工机床的数控系统配有电脑屏幕，通过键盘输入指令，还配有手动操作盒，用于进行机床加工轴的选择、加工轴速度的调节、加工开始、暂停、工作液箱的升降、工作电极的夹紧放松等。

(3) 伺服进给系统

如图 1-62 所示，S 为工具电极与工件之间的火花放电间隙，v_d 为工具电极进给速度，v_w 为工件蚀除速度。在电火花成形加工过程中，必须保持一定的放电间隙 S，否则会出现开路或短路现象，影响正常放电加工。电火花放电间隙 S 很小，且与加工规准、加工面积、工件蚀除速度等有关，因此很难靠人工进给，也不能像机床那样采用“自动”、等速进给，而必须采用伺服进给系统，这种不等速的伺服进给系统也称为自动进给调节系统。

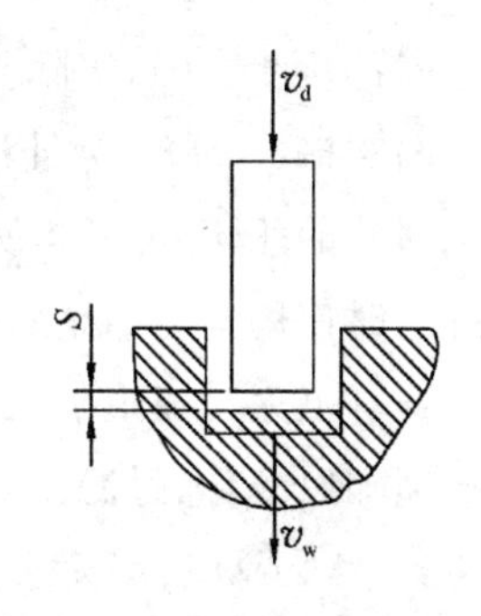

图 1-62　放电间隙

电火花成形加工机床伺服进给系统的功能就是在加工过程中始终保持合适的电火花放电间隙。自动进给调节系统的任务在于通过改变、调节电极进给速度 v_d，使进给速度接近并等于工件蚀除速度 v_w，以维持一定的“平均”放电间隙 S，保证电火花成形加工正常而稳定地进行，获得较好的加工效果。常见的伺服进给调节系统有电-液自动进给调节系统、电-机械式自动进给调节系统等。

3) 工作液循环系统

工作液循环系统包括工作液箱、电动机、泵、过滤装置、工作液槽、油杯、管道、阀门及测量仪表等。放电间隙中的电蚀产物除了靠自然扩散、定期抬刀及使工具电极附加振动等排除外，常采用强迫循环的办法加以消除，以免间隙中电蚀产物过多，引起已加工过的侧表面间“二次放电”，影响加工精度。此外，循环还可带走一部分热量。如图 1-63 所示为工作液强迫循环的两种方式。图 1-63a、1-63b 为冲油式，较易实现，排

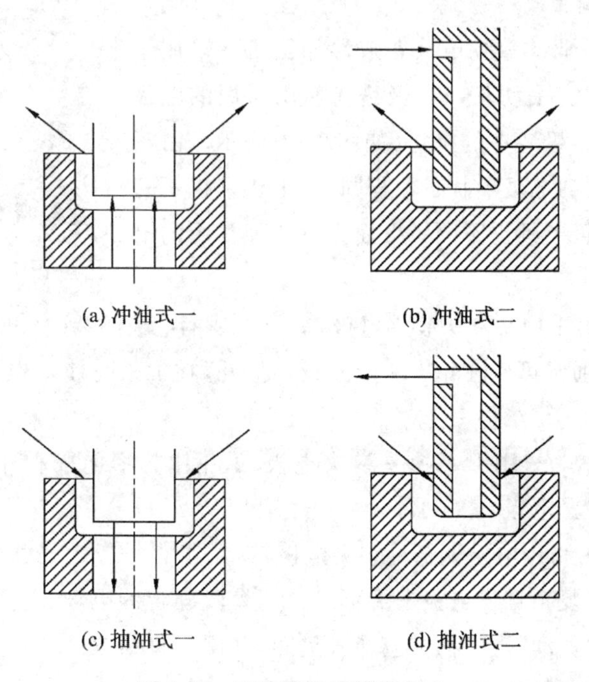

图 1-63　工作液强迫循环方式

屑冲覆能力强，实际生产中常采用，但电蚀产物仍通过已加工区，稍微影响加工精度；图 1-63c、1-63d 为抽油式，在加工过程中，分解出来的气体(H_2、C_2H_2等)易积聚在抽油回路的死角处，遇电火花引燃会爆炸“放炮”，因此一般较少采用，仅在要求小间隙、精加工时使用。

电火花成形加工过程中的电蚀产物会不断进入工作液中，为了不影响加工性能，必须加以净化、过滤。具体方法有以下几种：

(1) 自然沉淀法。自然沉淀法速度慢、周期长，仅用于单件小用量或精微加工。

(2) 介质过滤法。介质过滤法常用黄沙、木屑、棉纱头、过滤纸、硅藻土、活性炭等作为过滤介质。这些介质各有优缺点，对于中小型工件且加工用量不大时，一般都能满足过滤要求，可就地取材。其中，过滤纸效率较高，性能较好，已有专用过滤纸装置生产供应。

(3) 高压静电过滤法、离心过滤法等。这些方法技术比较复杂，在实际生产中应用较少。

七、电极的装夹与校正

数控电火花成形加工是将工具电极安装在机床主轴上进行加工，电极装夹的目的是将电极安装在机床的主轴头上。电极校正的目的是使电极的轴线平行于主轴头的轴线，即保证电极与工作台台面垂直，必要时还应保证电极的横截面基准与机床的 X 轴、Y 轴平行。

1. 电极的手动装夹

目前大多数企业的数控电火花成形加工机床采用手动装夹电极的方式。手动装夹电极是指使用通用的电极夹具，由人工完成电极装夹的操作，如图 1-64 所示。由于在实际加工中碰到的电极形状各不相同，加工要求也不一样，因此使用的电极夹具也不同。下面介绍几种常用的电极夹具。

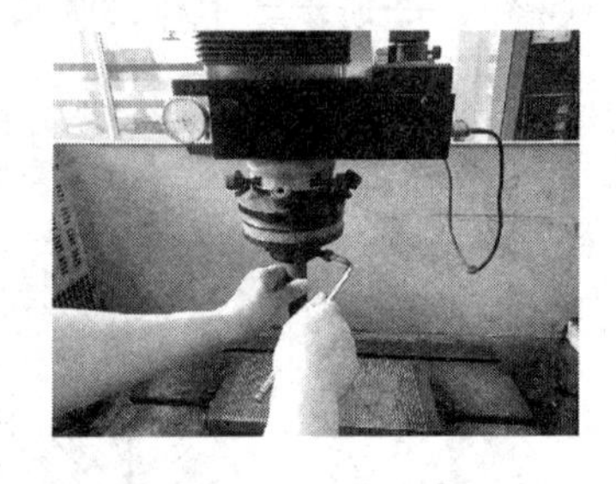

图 1-64 手动装夹电极

图 1-65 所示为采用钻夹头装夹电极，适用于圆柄电极的装夹(电极的直径要在钻夹头装夹范围内)。通常可以在钻夹头上开设冲液孔，在加工时使工作液均匀地沿圆电极淋下来。

如图 1-66 所示为采用 U 形夹头装夹电极，适用于方形电极和片状电极，通过拧紧夹头上的螺钉来夹紧电极。

图 1-67 所示为采用电极柄结构装夹电极，适用于直径较大的圆电极、方电极、长方形电极及几何形状复杂且在电极一端可以钻孔套丝固定的电极。为了保证装夹的电极在加工中不会发生松动，连接柄上应加入垫圈，并用螺母锁紧。若只是将连接柄旋入电极的螺钉孔内，则有可能在加工中发生松动。

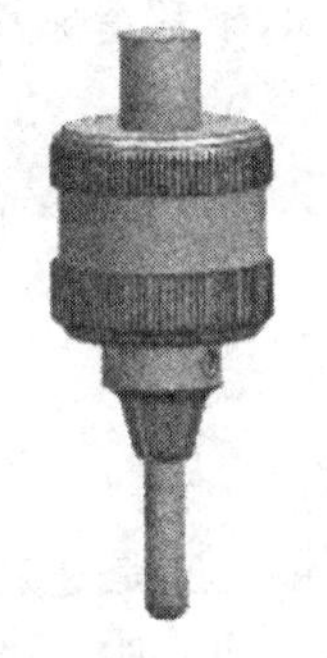

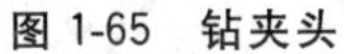

图 1-65　钻夹头

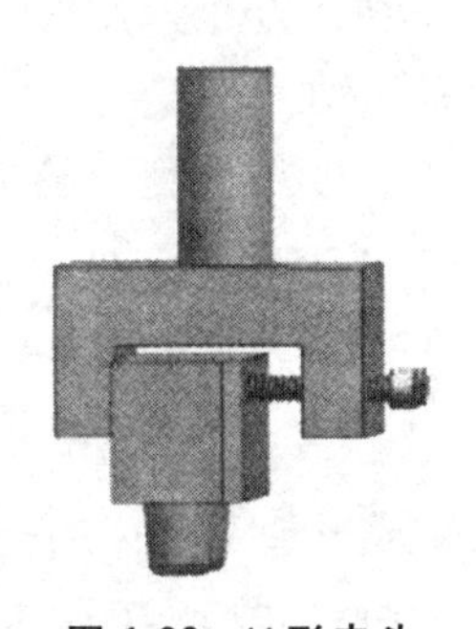

图 1-66　U 形夹头

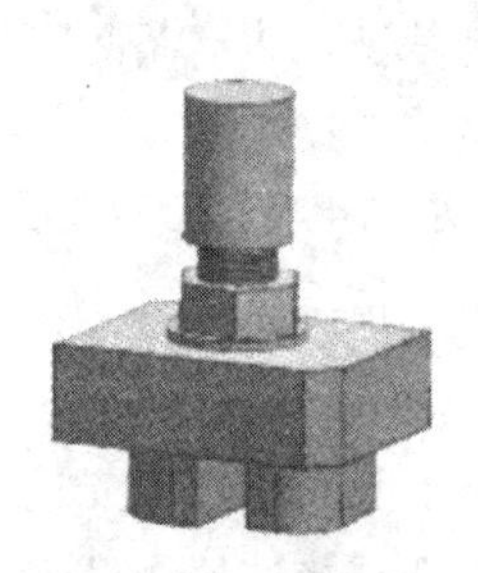

图 1-67　电极柄

图 1-68 所示为采用固定板结构装夹电极，适用于重量较大、面积较大的电极。将电极固定在磨平的固定板上，用螺栓连接、锁紧，通过固定板上粗大的连接柄将电极牢固地装夹在主轴头上。电极上的螺栓孔应与固定板上的螺栓孔位置相对应。

图 1-69 所示为采用活动 H 结构的夹具装夹电极。H 结构夹具通过螺钉 2 和活动装夹块来调节装夹宽度，用螺钉 1 撑紧活动装夹块，使电极被夹紧。该夹具适用于方形电极和片状电极，尤其适用于薄片电极，其夹口面积较大，不会损坏电极的装夹部位，能可靠地进行装夹。

图 1-70 所示为标准的电极平口钳夹具，适用于方形电极和片状电极。装夹原理与使用平口钳装夹工件是一样的，使用起来灵活方便。

图 1-68　固定板

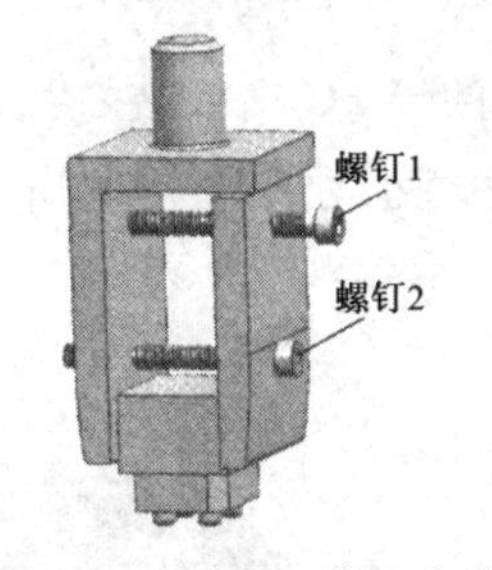

图 1-69　活动 H 结构夹具

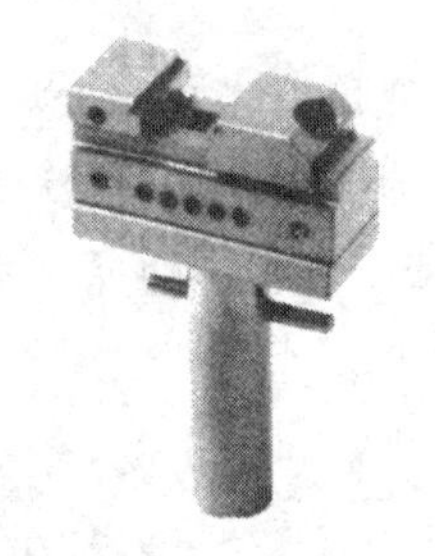

图 1-70　电极平口钳

手动装夹电极时应注意以下几点：

① 装夹电极时，要对电极进行仔细检查。如电极是否有毛刺、脏污物，形状是否正确，有无损伤，是否为所需要加工的电极，另外要分清楚粗加工、精加工电极。

② 装夹电极时要看清楚加工图纸，装夹方向要正确，采用的装夹方式应不会与其他部位发生干涉，便于加工定位。

③ 用螺钉紧固装夹电极时，锁紧螺钉用力要适当，防止用力过大造成电极变形或用力过小而夹不紧、夹不牢。

④ 装夹细长的电极，在满足加工要求的前提下，伸出部分长度尽可能短些，以提高电极的强度。

⑤ 面积、重量较大的电极,由于装夹不牢靠,在加工中出现松动,常常造成废品。因此要求在加工中停机检查电极是否有松动。

⑥ 采用各种装夹方式,都应保证电极与夹具接触良好、导电。一些操作者喜欢用502胶水粘电极,这种方法在加工中很容易因电极发热而掉落,并且有可能会出现电极不导电的情况。

2. 电极的自动装夹

自动装夹电极是先进数控电火花成形加工机床的一项自动功能。它是通过机床的电极自动交换装置(ATC)和配套使用电极专用夹具来完成电极换装的。所有电极由机械手按预定的指令程序自动更换,加工前只需将电极装入ATC刀架上,加工中即可实现自动换装。这样大大减少了加工工时,使整个加工周期缩短。图1-71所示为带有ATC装置的先进数控电火花成形加工机床。

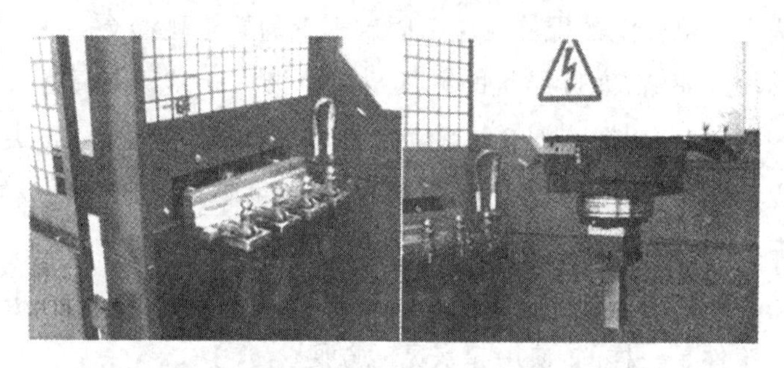

图1-71 带有ATC装置的先进数控电火花成形加工机床

数控电火花成形加工机床的ATC交换装置配套使用快速装夹定位系统,目前,有瑞士的EROWA和瑞典的3R夹具,如图1-72所示。快速装夹定位系统可实现快速装夹、精确定位。快速装夹系统分为手动夹头套装与气动夹头套装等类型,形式多样,可根据需要选用。

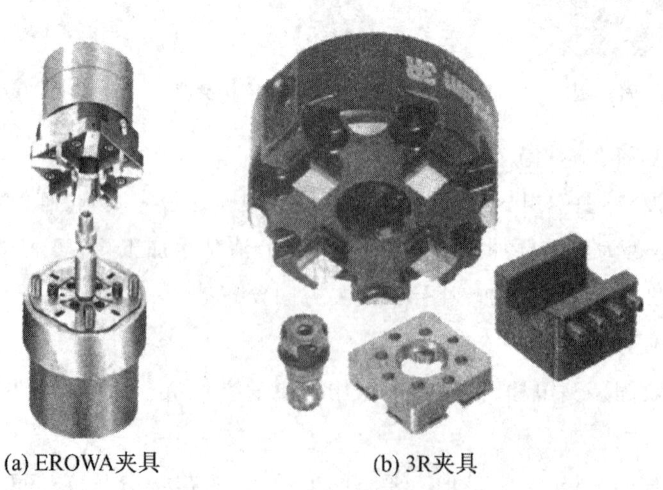

(a) EROWA夹具　　(b) 3R夹具

图1-72 自动装夹夹具

3. 电极的校正

电极装夹好后，必须进行校正才能加工，不仅要调节电极与工件基准面垂直，而且需要在水平面内调节、转动一个角度，使工具电极的截面形状与将要加工的工件型孔或型腔定位的位置一致。电极与工件基准面垂直常用球面铰链来实现，工具电极的截面形状与型孔或型腔的定位靠主轴与工具电极安装面相对转动机构来调节，垂直度与水平转角调节正确后，都应用螺钉夹紧。

电极装夹到主轴上后，必须进行校正，常用的校正方法有以下几种。

(1) 根据电极基准面校正电极。对于侧面有较长直壁面的电极，采用精密角尺和千分表进行校正，如图 1-73 和 1-74 所示。

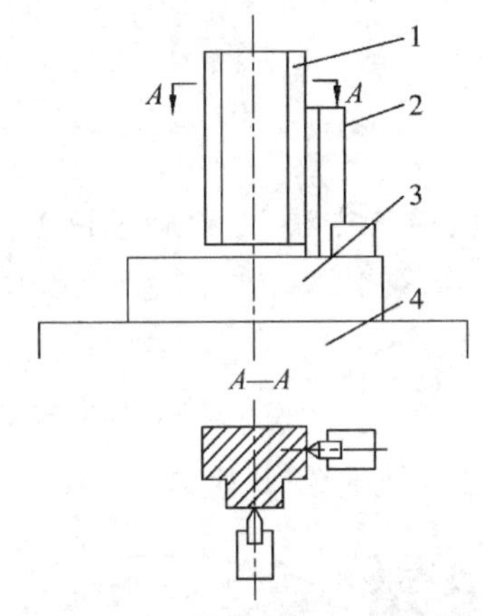

1—电极；2—精密角尺；3—凹模；4—工作台

图 1-73 用精密角尺校正电极垂直度

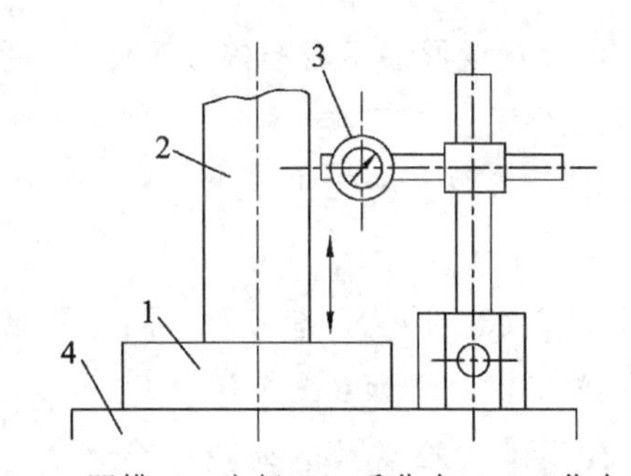

1—凹模；2—电极；3—千分表；4—工作台

图 1-74 用千分表校正电极垂直度

(2) 根据辅助基准面(固定板)校正电极。对于型腔外形不规则，侧面没有直壁面的电极，可按电极(或固定板)的上端面作辅助基准，用千分表检验电极上端面与工作台面的平行度，如图 1-75 所示。

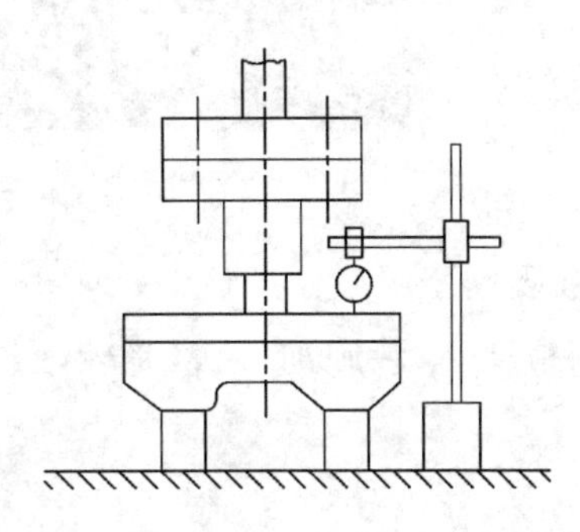

图 1-75 按辅助基准面校正电极

4. 电极的定位

在电火花成形加工中，电极与加工工件之间相对定位的准确程度直接决定加工的精度。做好电极的精确定位主要有三方面内容:电极的装夹与校正、工件的装夹与校正、电极相对于工件的定位。

电火花成形加工工件的装夹与机械切削机床相似,但电火花成形加工中的作用力很小,因此工件更容易装夹。在实际生产中,工件常用压板、磁性吸盘、机用虎钳等固定在机床工作台上,多数用百分表进行校正,使工件的基准面分别与机床的 X、Y 轴平行。

电极相对于工件定位是指将已安装校正好的电极对准工件上的加工位置,以保证加工的孔或型腔在凹模上的位置精度。习惯上将电极相对于工件的定位过程称为找正。电极找正与其他数控机床的定位方法大致相似。

目前生产的大多数电火花成形加工机床都有接触感知功能,通过接触感知功能可较精确地实现电极相对工件的定位。

八、工件的装夹与校正

电火花成形加工需准备好工件,然后选用合理的装夹方法,并正确进行工件校正,方可保证满足加工要求。

1. 工件的装夹方法

工件的形状、大小各异,因此电火花成形加工工件的装夹方法有很多种。通常用磁力吸盘装夹工件,为适应各种不同工件加工的需求,还可以使用其他装夹方法。

1) 用磁力吸盘装夹工件

使用磁力吸盘是电火花成形加工中最常用的装夹方法,适用于装夹安装面为平面的工件或辅助工具。如图 1-76 所示的磁力吸盘使用的是高性能磁钢,利用强磁力来吸附工件,通过吸盘内六角孔中插入的扳手来控制。当扳手处于 OFF 侧时,吸盘表面无磁力,这时可将工件放置于吸盘台面,然后将扳手旋转至 ON 侧,工件就被吸紧于吸盘了。ON/OFF 切换时,磁力面的平面精度不变。磁力吸盘吸夹工件牢靠、精度高、装卸加工快,是较理想的电火花成形加工机床装夹设备。

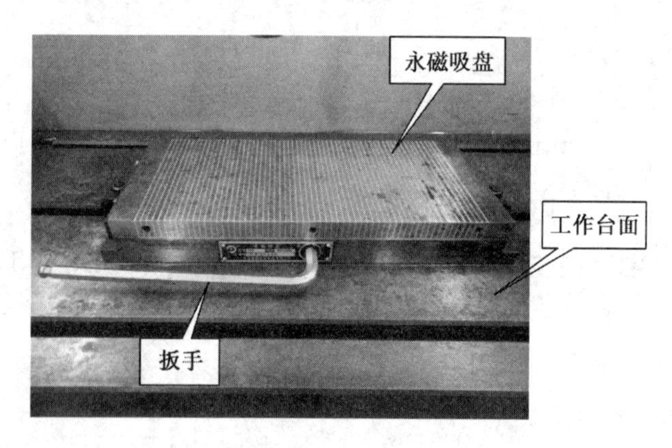

图 1-76 磁力吸盘

2) 用平口钳装夹工件

平口钳通过固定钳口部分对工件进行装夹定位,通过锁紧滑动钳口固定工件。常见的两种平口钳如图 1-77 所示。对于一些因安装面积较小,用磁力吸盘安装不牢靠的工件,或一些特殊形状的工件,可考虑用平口钳进行装夹。

 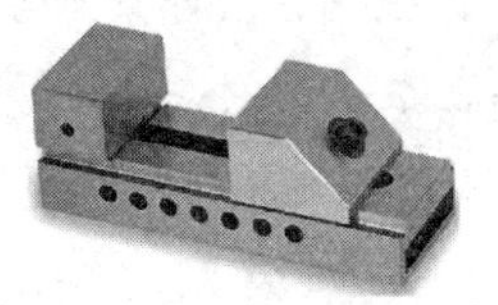

图 1-77　平口钳

3）用压板装夹工件

使用压板与螺栓，将螺母拧紧使工件固定在工作台上，如图 1-78 所示。该方法装夹力强，广泛应用于铣削加工中装夹工件。因为电火花成形加工没有机械加工的切削力，加工中工具电极与工件不接触，宏观作用力很小，所以工件装夹不需要使用很大的装夹力，并且用压板装夹工件的方法比使用磁力吸盘装夹工件要烦琐得多，故该方法使用的情况不太多，主要应用于较大工件的装夹。

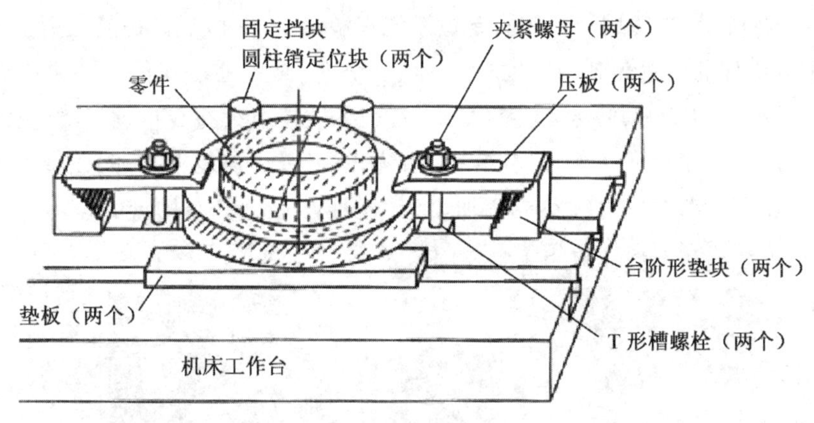

图 1-78　用压板装夹工件

4）用导磁块装夹工件

导磁块需要放置在磁力吸盘台面上来使用，它是通过传递磁力吸盘的磁力来吸附工件的。应注意导磁块磁极线与磁力吸盘磁极线的方向要相同，否则不会产生磁力。对于有些需要悬挂起来进行加工的工件，可以采用导磁块装夹工件。图 1-79 所示为用两个导磁块支撑工件的两端，使加工部位的通孔处于开放状态，这样电火花成形加工的排屑效果好，大幅度提高了加工效率。

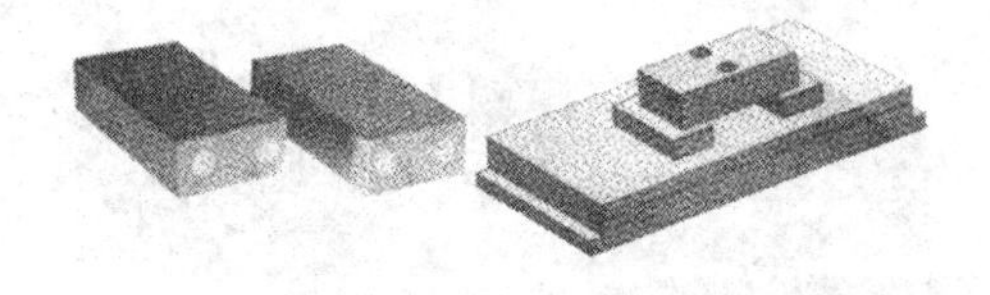

图 1-79　用导磁块装夹工件

5）用斜度工具装夹工件

对于安装面相对加工平面是斜面的工件，装夹要借助具有斜度功能的工具来完成。

图 1-80 所示为使用正弦磁台和角度导磁块装夹工件。

6）用冲子成形器装夹工件

冲子成形器如图 1-81 所示，常用于装夹圆轴形工件，其工具旋转角度功能可进行分度加工。

(a) 正弦磁台装夹工件

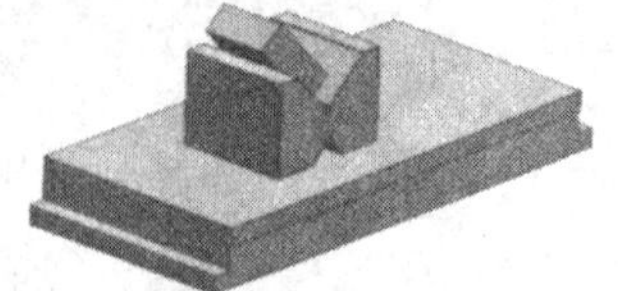

(b) 角度导磁块装夹工件

图 1-80　用斜度工具装夹工件

图 1-81　冲子成形器

7）用快速装夹定位系统装夹工件

如图 1-82 所示，当使用快速装夹定位系统来装夹工件时，工件是装在配备了快速定位系统（装夹工件的装置为托盘）的加工中心上铣削，或者是在其他配备快速装夹定位系统的加工设备（如车床、磨床）上完成的。在进行数控电火花成形加工时，只需要数控电火花成形加工机床也配备快速装夹定位系统，就可以快速装夹工件，并且不需要进行工件校正。在全自动数控电火花成形加工中，还可以实现工件托盘的自动更换。这种快速装夹定位系统在国内主要用于电极的装夹。

(a) 加工中心铣削工件的装夹

(b) 数控电火花成形加工工件的装夹

(c) 托盘装置

图 1-82　用快速装夹定位系统装夹工件

2. 工件的校正

工件装夹完成以后，要对其进行校正。工件校正就是使工件的工艺基准与机床 X、Y 轴的轴线平行，以保证工件的坐标方向与机床的坐标系方向一致。使用校表来校正工件是在实际加工中应用最广泛的校正方法。

工件校正的操作过程如图 1-83 所示，注意将千分表的磁性表座固定在机床主轴侧或床身某一适当位置，保证固定可靠，同时将表架摆放到能方便校正工件的样式；使用手控盒移动相应的轴，使千分表的测头与工件的基准面相接触，直到千分表的指针有指示数值为止（一般指示到 30 的位置即可）；此时，纵向或横向移动机床轴，观察千分表的读数变化，即反映出工件基准面与机床 X、Y 轴的平行度；使用铜棒敲击工件来调整平行度，如果千分表指针变化很大，可以在调整中稍用力敲击，发现变化趋小时，就要耐心地轻轻敲击，并认真观察千分表指针的波动范围，尽可能将误差控制到最小。操作过程中要注意把握好手感，重复进行训练，逐步提高工作效率。

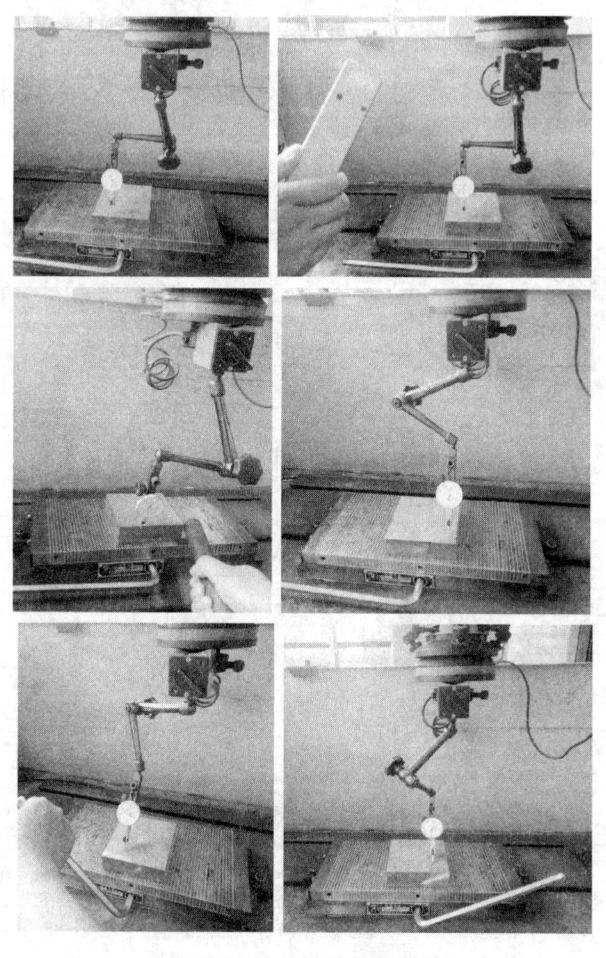

图 1-83　工件校正操作过程

任务二　电火花成形加工基本流程与操作规范

一、电火花成形加工基本流程

数控电火花成形加工操作流程如图 1-84 所示。

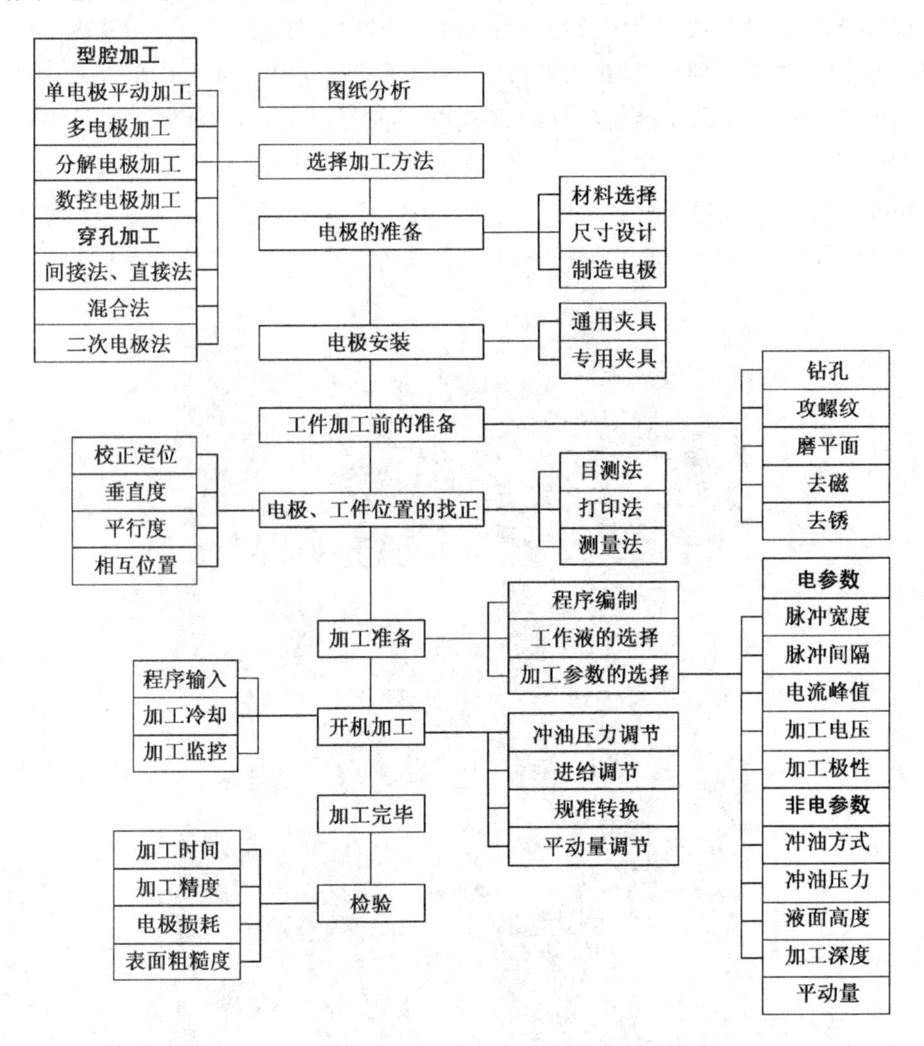

图 1-84　数控电火花成形加工操作流程

由图可知，数控电火花成形加工基本过程如下。

(1) 工艺分析。对零件图进行分析，了解工件的结构特点、材料，明确加工要求。

(2) 选择加工方法。根据加工对象结构特点、工件精度及表面粗糙度等要求和机床功能，选择采用单电极加工、多电极加工、分解电极加工等加工方法。

(3) 选择与放电脉冲有关的参数。根据加工表面粗糙度及精度要求，选择确定与放电脉冲有关的参数。

(4) 选择电极材料。常用工具电极材料可以分为石墨和铜,一般精密、小电极用铜制造,而大的工具电极用石墨制造。

(5) 设计电极。按照图样要求,并根据加工方法和放电脉冲设定有关的参数等设计电极纵、横断面尺寸及公差。

(6) 制造电极。根据电极材料、制造精度、尺寸大小、加工批量、生产周期等选择电极制造方法。

(7) 加工前准备。对工件进行电火花成形加工前的钻孔、攻螺纹、磨平面、去磁、去锈等准备工作。

加工预孔:电火花成形加工前,工件型孔部分要加工预孔,并留适当的电火花成形加工余量,一般每边留余量 0.3～1.5 mm,力求均匀。当加工形状复杂的型孔时,余量要适当增大。凹模采用阶梯电极时,台阶加工应深度一致。型孔有尖角部位时,为减少电火花成形加工角损耗,加工预孔时要尽量做到清角。螺孔、螺纹、销孔均需加工出来。热处理时,淬火硬度一般要求为 58～60 HRC。后再磨光、除锈、去磁。

(8) 热处理安排。对需要淬火处理的型腔,根据精度要求安排热处理工序。

(9) 编制、输入程序。一般采用国际标准 ISO 代码。加工程序是由一系列适应不同深度的工艺和代码所组成。其编程方式有三种:① 自动生成程序系统编程;② 用手动方式进行编程;③ 用半自动生成程序系统进行编程。

(10) 装夹与定位。① 根据工件的尺寸和外形选择确定定位基准;② 准备电极装夹夹具;③ 装夹和校正电极。工件和电极的装夹方法取决于所使用的装夹系统。工作台面设有螺纹孔。电极利用电极柄或电极夹具固定在机床主轴上,用顶丝把夹具或电极柄顶紧,使电极在加工过程中不会产生任何松动。④ 调整电极的角度和轴心线。⑤ 工件定位和夹紧。

(11) 开机加工。选择加工极性,调整机床、保持适当工作液面高度,调节加工参数,保持适当电流,调节进给速度、冲油压力等。随时检查工件稳定情况,正确操作。

(12) 加工结束。检查零件是否符合加工图纸要求,并进行清理工作。

二、电火花成形加工操作规范

电火花成形加工是直接利用电能实现的,工具电极等裸露部分有 100～300 V 的高电压。高频脉冲电源工作时向周围发射一定强度的高频电磁波,人体离得过近,或受辐射时间过长,会影响人体健康。此外电火花成形加工所使用的工作液煤油在常温下也会蒸发,挥发出煤油蒸气,其中含有烷烃、芳烃、环烃和少量烯烃等有机成分,它们虽不是有毒气体,但长期大量吸入人体,也不利于健康。煤油长时间脉冲火花放电,在瞬时局部高温下会分解出氢气、乙炔、乙烯、甲烷,还有少量一氧化碳和大量油雾烟气,遇明火很容易燃烧,引起火灾,吸入人体对呼吸器官和中枢神经也有不同程度的危害,所以人身防触电与安全防火非常重要。

1. 电火花成形加工中的技术安全规程

① 电火花成形加工机床应设置专用地线，使电源箱外壳、床身及其他设备能够可靠接地，防止电气设备绝缘损坏而发生触电。

② 操作人员必须站在耐压 20 kV 以上的绝缘物上进行工作，加工过程中不可触碰工具电极，一般操作人员不得较长时间离开电火花成形加工机床，重要机床每班操作人员不得少于 2 人。当人体部分接触设备的带电部分（与火线相连通的部分），而另一部分接触地线或大地时，就有电流流过人体。根据一般经验，如有大于 10 mA 的交流电，或大于 50 mA 的直流电流过人体时，就有可能危及生命。当电流流过心脏区域，触电伤害最为严重，所以双手触电危险性最大。为了使电流不至于超过上述数值，我国规定的安全电压为 36 V、24 V 及 12 V 三种（视场所潮湿程度而定，一般工厂采用 36 V）。

③ 经常保持电火花成形加工机床电气设备清洁，防止受潮，以免降低绝缘强度而影响机床的正常工作。若电机、电器的绝缘损坏（击穿）或绝缘性能不好（漏电）时，其外壳便会带电。如果人体与带电外壳接触，而又站在没有绝缘的地面上时，这就相当于单线触电，轻则“麻电”，重则有生命危险。为了防止这种触电事故，一方面人体应站在铺有绝缘垫的地面上；另一方面电气设备外壳常采用保护接地措施，一旦发生绝缘击穿漏电，外壳与地短路，使保险丝熔断，保护人体不再接触电源。

④ 添加绝缘工作液介质煤油时，不得混入类似汽油之类的易燃物，防止火花引起火灾。工作液箱要有足够的循环油量，使油温限制在安全范围内。

⑤ 加工时，工作液面要高于工件一定距离（30～100 mm）。如果工作液面过低，加工电流较大，很容易引起火灾。因此，操作人员应经常检查工作液面是否合适。表 1-6 所示为操作不当，易发生火灾的情况。另外，还应注意，在火花放电转变成电弧放电时，电弧放电点局部会因温度过高，工件表面上积炭结焦，愈长愈高，主轴跟着向上回退，直至在空气中放火花而引起火灾。这种情况，液面保护装置也无法防止。为此，除非电火花成形加工机床上装有烟火自动监测和自动灭火装置，否则操作人员不能较长时间离开机床。

⑥ 根据煤油的混浊程度，要及时更换过滤介质，并保持油路畅通。

⑦ 在电火花成形加工车间内，应有排烟换气装置，保持室内空气通风良好而不被污染。

⑧ 机床周围严禁烟火，并应配备适用于油类的灭火器，最好配置自动灭火器。好的自动灭火器具有烟雾、火光、温度感应报警装置，并能够自动灭火，比较安全可靠。若发生火灾，应立即切断电源，并用四氯化碳或二氧化碳灭火器喷灭火苗，防止事故扩大化。

⑨ 电火花成形加工机床的电气设备应设置专人负责，其他人员不得擅自乱动。

⑩ 下班前应关断总电源，关好门窗。

表 1-6　几种意外引发火灾的情况

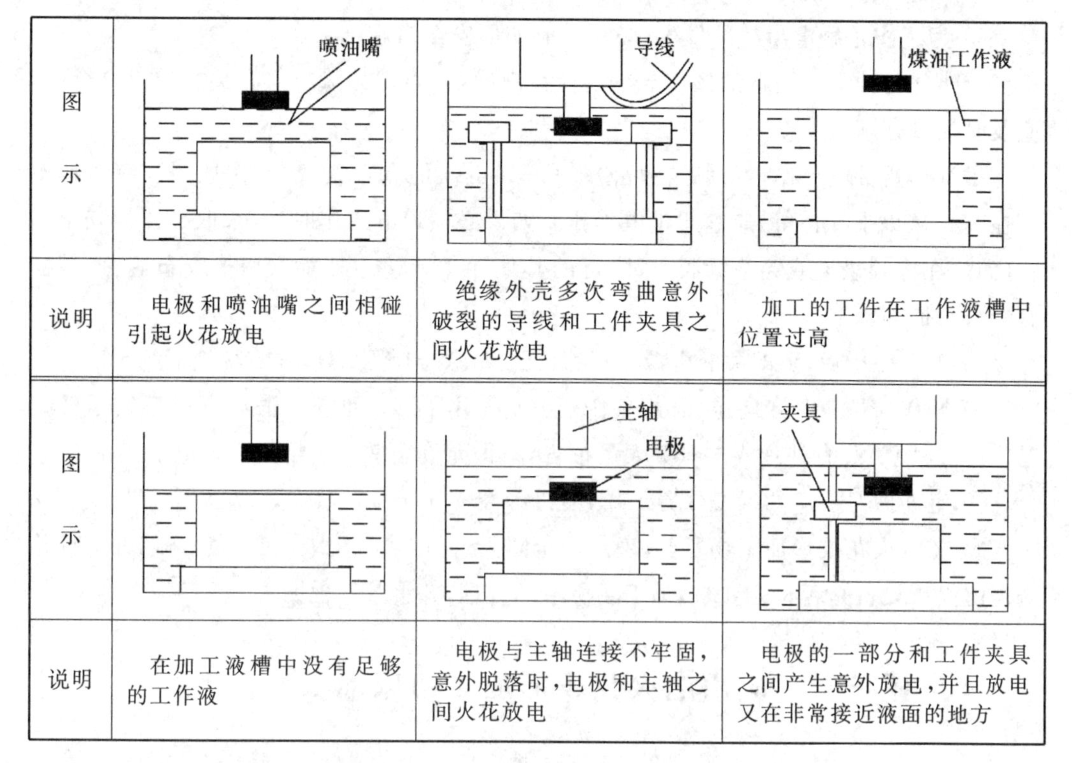

图示	喷油嘴	导线	煤油工作液
说明	电极和喷油嘴之间相碰引起火花放电	绝缘外壳多次弯曲意外破裂的导线和工件夹具之间火花放电	加工的工件在工作液槽中位置过高
图示		主轴 电极	夹具
说明	在加工液槽中没有足够的工作液	电极与主轴连接不牢固，意外脱落时，电极和主轴之间火花放电	电极的一部分和工件夹具之间产生意外放电，并且放电又在非常接近液面的地方

2. 正确执行电火花成形加工安全操作规程

① 应接受有关劳动保护、安全生产的基本知识和现场教育，熟悉安全操作规程的重要意义。

安装电火花成形加工机床之前，应选择好合适的安装和工作环境，需要有抽风排油雾烟气的条件。安装电火花成形加工机床的电源线应符合表 1-7 的规定。

表 1-7　安装电火花成形加工机床的电线截面

机床电容量/(kV·A)	2～9	9～12	12～15	15～21	21～28	28～34
电线截面尺寸/mm^2	5.5	8.0	14.0	22.0	30.0	38.0

② 坚决执行岗位责任制，做好室内外环境安全卫生，保证通道畅通，设备物品要安全放置，认真搞好文明生产。

③ 熟悉所操作机床的结构、原理、性能及用途等方面的知识，按照工艺规程做好加工前的一切准备工作，严格检查工具电极与工件是否都已校正和固定好。

④ 调节好工具电极和工件之间的距离，锁紧工作台面，启动工作液泵，使工作液介质面高于工件加工表面一定距离后，才能启动脉冲电源进行加工。

⑤ 加工过程中，操作人员不能一手触摸工具电极，另一只手触碰机床，这样将有触电危险，严重时还会危及生命。如果操作人员脚下没有铺垫橡胶、塑料等绝缘垫，则在

加工中不能触摸工具电极。

⑥ 为了防止触电事故的发生，必须采取如下安全措施：

应建立各种电气设备的经常与定期检查制度，如出现故障或与有关规定不符合时，应及时加以处理。

尽量不要带电工作，特别是在危险场所（如工作地点很狭窄，工作地周围有对地电压在 250 V 以上导体等）应禁止带电工作。如果必须带电工作时，应采取必要的安全措施（如站在橡胶垫上或穿绝缘胶靴，附近的其他导体或接地处都应用橡胶布遮盖，并需有专人监护等）。

⑦ 加工完毕后，随即关断电源，收拾好工、夹、测、卡等工具，并将场地清扫干净。

⑧ 操作人员应坚守岗位，思想集中，经常采用看、听、闻等方法注意机床的运转情况，发现问题要及时处理或向有关人员报告，不得允许杂散人员擅自进入电加工室。

⑨ 定期做好机床的维修保养工作，使机床经常处于良好状态。

⑩ 在电火花成形加工场所，应确定安全防火人员，实行定人、定岗负责制，并定期检查消防灭火设备是否符合要求，加工场所不准吸烟，并严禁其他明火。

任务三　应用电火花成形加工机床加工冲模型孔

1. 加工零件图

冲模型孔零件的形状及加工要求如图 1-1 所示。

2. 加工工艺路线

根据零件形状和尺寸精度，可选用如表 1-8 所示的加工工艺过程。

表 1-8　零件制作工艺过程

序号	工序名称	工序内容
1	下料	用锯床切下一ϕ150 mm×30 mm 的毛坯
2	车削	车ϕ145 mm、ϕ(70±0.05) mm 到尺寸，尺寸(20±0.1) mm 留磨量
3	钻孔	用钻床钻出 2-ϕ6 mm 孔、4-M12 的螺纹底孔，为提高加工效率及冲油效果，在 R5 的圆心处钻一个ϕ8 mm 的孔
4	钳工	攻出 4-M12 的螺纹
5	热处理	50～55 HRC
6	磨削	磨出粗糙度 Ra 为 0.8 μm 的上表面
7	电火花成形加工	电火花成形加工小端 R 为 3 mm，大端 R 为 5 mm 均布的 16 槽
8	检验	检验各处尺寸、形状位置等是否达到图纸要求

3. 电火花成形加工工艺分析

由图 1-1 可知，需要用电火花成形加工机床加工凹模的各个型孔，且这是一个多孔加工。这种形式零件的加工方法有两种：一种方法是制作多个电极组合成一个整体，对各孔同时进行加工；另一种方法是只做一个电极，对各孔依次进行加工，或做两个电极分别进行粗、精加工，这种加工方法需要制作一个能分度的夹具，或者机床本身具有C轴功能。因图1-1的冲模型孔零件是一个凹模，在使用中还需要与凸模配用，凸、凹模之间还需保证一定的配合间隙，故采用凸模直接加工凹模的方法，并通过选择合适的电规准，能使凸、凹模之间得到最佳配合间隙。加工完成后，切除凸模损耗部分并截取适当的长度作为凸模。因此加工该零件的方法选择组合式电极进行加工比较合理。

4. 电火花成形加工步骤

(1) 电极的设计与制造。

① 电极材料的选择。电极材料选用凸模材料Cr12MoV钢。

② 电极尺寸。如图1-85所示，电极小端尺寸为$R(3\pm0.015)$ mm，大端尺寸为$R(5\pm0.015)$ mm，其两端中心距为6 mm，电极长度尺寸为45 mm。

③ 电极制造。采用成形磨削加工，电极的组合形式如图1-86所示。由图可知，电极组合质量的好坏直接影响冲模型孔零件加工质量的好坏，因此必须对组合电极的装配质量提出较高的技术要求。

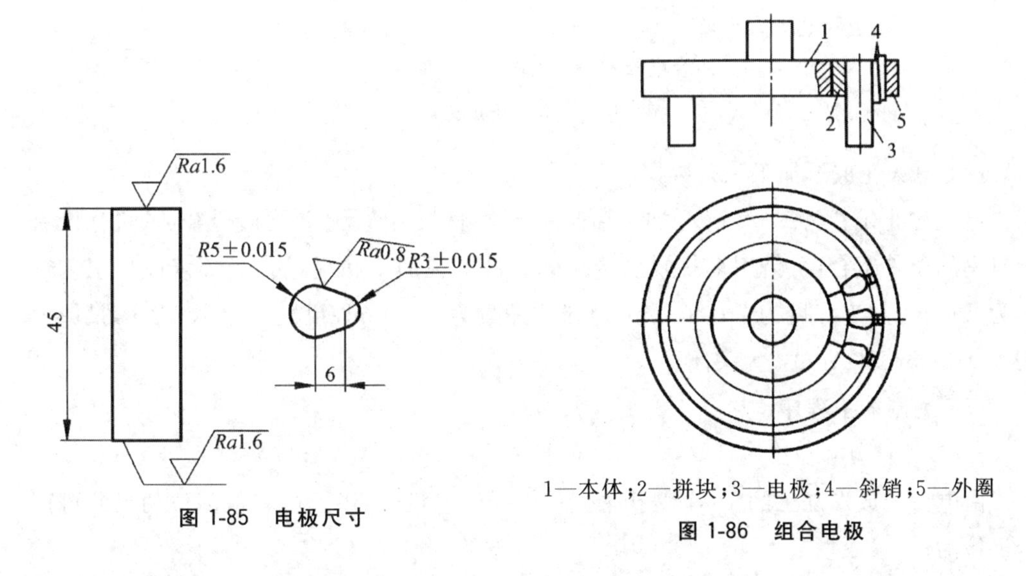

图1-85　电极尺寸

1—本体；2—拼块；3—电极；4—斜销；5—外圈

图1-86　组合电极

(2) 电极的装夹与校正。

在电火花成形加工前还是要进行电极校正。对于如图1-86所示的组合式电极，只需要校正垂直关系。校正方法是将百分表固定在机床上，表的触点接触在电极上，让机床Z轴上下移动(此时要按下“忽略接触感知”键)，将电极的垂直度调整到满足零件加工要求为止。

(3) 工件的装夹与校正。

① 工件的装夹。使用磁力吸盘直接将工件固定在电火花成形加工机床上，将X、Y

方向坐标原点定在工件的中心，利用机床接触感知功能，将 Z 方向的坐标原点定在工件的上表面上。

② 工件的校正。

a. 先将校正块插入电极中，然后再插入工件中，如图 1-87 所示。工件上粗糙度 Ra 为 0.8 μm 的表面朝下；工件下面要有高度一致的垫块若干，既可方便绝缘工作液流动，也可防止工具电极打到磁力吸盘上。

b. 取下校正块。

c. 在电极底部涂上颜料，让电极接触工件，观察电极的轮廓线与工件上的 2-ϕ6 mm 孔重叠是否均匀，否则转动工件直至调整合适为止。

d. 重复 a 步骤，检验执行 c 步骤以后，仔细观察工件的中心是否发生了变化。

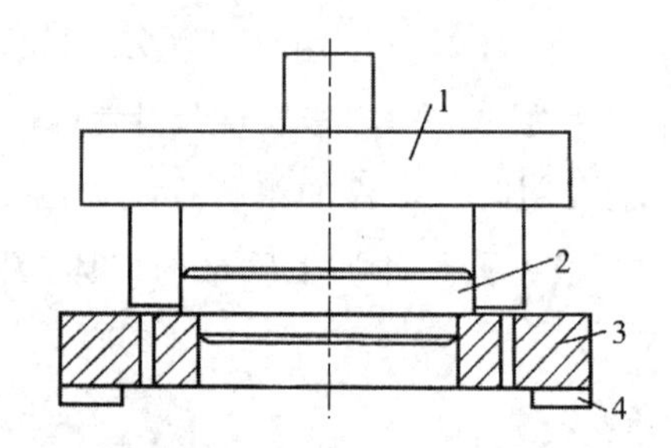

1—组合电极；2—校正块；3—工件；4—垫块

图 1-87　电极校正工件

(4) 电火花成形加工工艺数据。

电极停止位置为 1.00 mm，加工轴向为 $Z-$，材料组合为铜-硬质合金（该机床没有钢打钢的条件组合，可借用铜打硬质合金的条件并视加工状况进行局部修改），工艺选择为低损耗，加工深度为 20.20 mm，电极收缩量为 0.5 mm，粗糙度为 1.6 μm，投影面积为 0.2 cm^2，平动方式为关闭。

(5) 编制加工程序。

5. 零件检验

由电火花成形加工的 16 个型孔采用三坐标测量机进行检测，其他部位的尺寸可用卡尺检测。

任务四　电火花成形加工常见问题与排除

一、电火花穿孔加工

(1) 若采用混合法加工凹模时，其电极与凸模在连接前，应先进行预加工，外形留 1～2 mm 余量；然后用焊锡、黏结剂或螺钉把它们紧固连接；连接后一般采用成形磨削加工。为避免磨削误差，保证电加工后凸、凹模配合均匀，电极与凸模的连接面需选择在凸模的刃口端。

(2) 凹模若有凸角时，其电极就有相对应的内角。在电加工前先要用锯条或扁锉，在腐蚀高度以内加上一条凹槽，以免粗加工时夹角放电集中，蚀除量过多，使粗加工修不到，产生凹模“塌角”，造成工件报废。

(3) 大小电极组装在一起进行电火花穿孔加工时，由于小电极的垂直精度不易保证，加工时又容易引起侧向振动，再加上二次放电等因素，使小电极的加工间隙比大电极的加工间隙要大些。为了防止两者加工间隙相差过大而影响尺寸精度，一般在这种情况下，可将小电极尺寸适当缩小一些，这点在编排工艺及设计电极时，就应预先考虑好。

(4) 加工中要尽量设法避免“放炮”。电火花成形加工时，会产生各种气体，如不及时排出，将集聚在电极下端或油杯内部。当气体积累较多并被电火花引燃时，就会像“放炮”一样冲破阻力排出。这时若工件或工具电极装夹不牢固，就会产生错动，影响加工精度。因此，有些较大电极若要减轻重量钻孔时，应使平的端面朝下，以减少储存气体的空间。另外，还可在油杯侧面开小孔，或采取周期抬刀排气来防止产生“放炮”。

二、电火花型腔加工

1. 加工精度问题

加工精度主要包括“仿形”精度和尺寸精度两个方面。所谓“仿形”精度就是指电火花成形加工后的型腔与加工前工具电极几何形状的相似程度。

(1) 影响“仿形”精度的主要因素有：

① 使用平动头造成的几何形状失真，如很难加工出清角、尖角变圆等。

② 工具电极损耗及“反粘”现象的影响。

③ 电极装夹校正装置的精度和刚性，平动头、主轴头精度和刚性的影响。

④ 电规准选择转换不当，造成电极损耗增大，也影响“仿形”精度。

(2) 影响尺寸精度的因素有：

① 操作者选用的电规准与电极缩小量不匹配，以至加工完成以后，尺寸精度超差。

② 在加工深型腔时，二次放电机会较多，使加工间隙增大，以致侧面不能修光，或者能修光却超出了图样尺寸。

③ 冲油管的设置和导线的架设存在问题，导线与油管产生阻力，使平动头不能正常进行平面圆周运动。

④ 电极制造误差。

⑤ 主轴头、平动头、深度测量装置等机械误差。

2. 表面粗糙度问题

电火花成形加工型腔时，型腔表面会出现尺寸要求达到，但修不光的现象。造成这种现象的原因有以下几方面。

① 电极对工作台的垂直度没有校正好，使电极的一个侧面成了倒斜度，相对应模具侧面的上口修不光。

② 主轴进给时出现扭曲现象，影响了型腔侧表面的修光。

③ 在加工开始前，平动头没有调整到零位，以至于到了预定的偏心量时仍有一面无法修出。

④ 各档电规准转换过快，或者跳规准进行修整，使端面或侧面留下粗加工后的麻点痕迹无法再修复。

⑤ 电极与工件没有装夹牢固，在加工过程中出现错位移动，影响型腔侧面表面粗糙度的修整。因平动量调节过大，加工过程中出现大量碰撞短路，这就使主轴不断上下往返，造成有的面能修复，有的面不能修复。

3. 影响型腔表面质量的“波纹”问题

用平动头修光型腔侧面，在底部圆弧或斜面处易出现“细丝”，如鱼鳞状凸起，这就是“波纹”。“波纹”问题将严重影响型腔加工的表面质量，一般波纹产生的原因如下。

① 电极材料的影响。由于电极材料质量差，如石墨材料颗粒粗、组织疏松、强度差，粗加工后电极表面会产生严重剥落现象（包括疏松性剥落、压层不均匀性剥落、热疲劳破坏剥落、机械性破坏剥落），纯铜材料质量差会产生网状剥落，而电火花成形加工是精确“仿形”加工，经过平动修正反映到工件上，就产生了“波纹”。

② 中、精加工电极损耗大。由于粗加工后电极表面粗糙度值很大，而一般的电火花成形加工电源，中、精加工时电极损耗较大。加工过程中，工件上粗加工的表面平面度会反拷到电极上，于是电极表面产生了高低不平，并反映到工件上，最终就在工件上产生了“波纹”。

③ 冲油、排屑的影响。电火花成形加工时，若冲油孔开设得不合理，排屑情况不良，则电蚀产物会堆积在底部转角处，这样也会助长“波纹”的产生。

④ 电极运动方式的影响。“波纹”的产生并不是平动加工引起的，相反平动运动有利于底面“波纹”的消除，但它对不同角度的斜度或曲面“波纹”仅有不同程度的减少，却无法消除，这是因为平动加工时，电极与工件有一个相对错位量。加工底面错位量大，加工斜面或弧面错位量小，从而导致两种不同的加工效果。

“波纹”的产生既影响了工件表面粗糙度，又降低了加工精度，因此在实际加工中应尽量设法减小或消除“波纹”。

学习要点

(1) 电火花成形加工的基本原理为：把工件和工具电极分别作为两个电极侵入到绝缘工作液介质中，并在两个电极之间施加符合一定条件的脉冲电压；当两个电极之间的距离小到一定程度时，两极之间的工作液介质将会被击穿而产生火花放电；利用火花放电所产生的瞬间局部高温可使工件表层材料熔化和气化，从而使材料得以蚀除，以达到对材料进行所需要的加工之目的。

电火花成形加工的基本原理是本章的学习重点与难点，须充分理解之。只有理解与掌握了，方能正确分析其工艺规律。

(2) 电火花成形加工过程基本上可以分为介质电离击穿、放电热蚀、消电离抛出三个阶段。要实现电火花成形加工必须具备的条件为：工具电极和工件被加工表面之间经常保持严格的控制距离；火花放电必须为瞬时脉冲性放电；火花放电必须在有一定绝缘性能的工作液介质中进行。

(3) 电火花成形加工的优点有：以柔克刚；无夹紧变形和切削力变形；可用主轴简单运动加工形状复杂的工件；加工材料范围广。

电火花成形加工的缺点与局限性有：只适合加工导电材料；加工速度慢；电极损耗会影响加工精度；工件加工表面具有变质层甚至微裂纹等缺陷。

(4) 电火花成形加工常用参数是指与电火花成形加工相关的一组参数，如电流、电压、脉宽、脉间等。这些参数的定义须弄清楚，只有清楚了概念，方能正确选择电参数并能分析其对加工工艺指标的影响。

(5) 电火花成形加工质量的评价指标主要有：加工速度、加工精度、加工表面质量及工具电极相对损耗。这些指标的影响因素有多种，须掌握各种因素对加工工艺指标的影响规律，方能保证加工工件质量，这是本章学习的重点内容。

(6) 电火花成形加工工艺方法有：单电极加工法、多电极加工法、分解电极加工法等。不同的加工法应用场合不同，须根据加工对象、工件精度及表面粗糙度等要求和机床功能，作出恰当的选择。

(7) 工具电极的常用材料为石墨和纯铜。工具电极的常用结构形式有整体式电极、组合式电极和镶拼式电极三种，每种电极结构应用场合也不同，须根据型孔或型腔的尺寸精度、形位精度、表面粗糙度、复杂程度及电极加工工艺性等因素合理确定电极结构形式。

(8) 电火花成形加工的工艺范围主要包括穿孔加工和型腔加工。电火花成形加工机床的基本结构组成包括机床主体、脉冲电源与机床控制系统、工作液循环系统等部分。

自测题

一、填空题

1. 电火花成形加工中常用的电极结构有(　　　　)、(　　　　)和(　　　　)三种类型。

2. 在电火花成形加工过程中，应根据不同的加工条件合理选择加工极性。当采用窄脉冲精加工时，应选用(　　　　)极性加工；当采用宽脉冲粗加工时，应选用(　　　　)极性加工。

3. 电火花成形加工是将电极形状(　　　　)到工件上的一种工艺方法。

4. 在电火花成形加工中，常用的电极材料有(　　　　　)和(　　　　　)。

5. 电火花成形加工的加工斜度是由于(　　　　　)产生的。

6. 电火花成形加工机床主轴自动进给调节系统的任务是保持一定的(　　　　　)。

7. 电火花成形加工是靠(　　　　　　)来去除金属材料的，其特点是不受材料硬度限制。

8. 电火花加工中，一般用于加工金属等(　　　　　)材料。但在一定条件下也可以加工(　　　　　)和(　　　　　)材料。

9. 电火花加工是瞬时的(　　　　　)，放电的持续时间一般为(　　　　　)。

10. 电火花型腔加工的工艺方法有(　　　　)、(　　　　)、(　　　　)、简单电极数控创成法等。

11. 在电火花加工中，已加工表面上由于(　　　　)的介入而再次进行的一种非正常放电是(　　　　)，对工件的影响反映在深度方向(　　　　)和(　　　　)等方面，从而影响电火花成形加工的形状精度。

12. 电火花成形加工要求采用的电源为(　　　　　)电源。

13. 电火花加工是在具有一定(　　　　　)性能的液体中，利用两极之间脉冲性火花放电时的(　　　　)现象，对材料进行加工。

二、判断题

1. 电子轰击和离子轰击无疑是影响电火花加工极性效应的重要因素。　(　　)

2. 在电火花加工过程中，无论是正极还是负极，都会受到不同程度的电腐蚀。　(　　)

3. 电火花成形加工在实际应用中可以加工通孔和盲孔。　(　　)

4. 脉冲宽度及脉冲能量越大，则电火花加工的放电间隙越小。　(　　)

5. 在电火花成形加工中，冲油的排屑效果不如抽油好。　(　　)

6. 电火花加工实现了“以柔克刚”的效果，加工过程中工具电极与工件之间无明显的机械切削力作用，因此可以不用考虑所用机床的强度和刚度。　(　　)

7. 电火花加工与传统的切削加工不同，属于“不接触加工”。正常电火花加工时，工件与工具电极之间有一个合适的放电间隙，可通过工具电极的机床自动伺服进给系统予以维持。　(　　)

8. 电火花加工型腔时，在相同条件下，工具电极上不同部位的损耗不同，与工件接触面积越大，损耗也越大，因此端面损耗＞棱边损耗＞尖角损耗。　(　　)

9. 峰值电流增大将降低被加工工件表面粗糙度和增加工具电极损耗。　（　）

10. 电火花加工过程中会不断产生气体、金属屑末和炭黑等，如不及时排除，则加工很难稳定地进行。　（　）

11. 在电参数选定的条件下，采用不同的工具电极材料与加工极性，加工速度也大不相同。　（　）

12. 当脉冲能量相同时，被加工金属的熔点、沸点、比热容、熔化热、汽化热越高，单位时间内电蚀量越少，越容易实现电火花加工。　（　）

13. 从提高生产率和减小工具电极损耗角度来看，极性效应越显著越好，所以电火花加工一般都采用单向直流脉冲电源。　（　）

14. 电规准是电火花加工中所选用的一组电脉冲参数。　（　）

15. 电火花加工是非接触性加工（工具电极和工件不接触），所以加工后的工件表面无残余应力。　（　）

16. 等脉冲电源是指每个脉冲在介质击穿后所释放的单个脉冲能量相等，对于矩形波等脉冲电源，每个脉冲放电持续时间相同。　（　）

17. 电火花成形加工时，工件的尖角和凹角很难精确地复制到工件上。　（　）

18. 电火花成形加工时，工具电极在长度方向损耗后无法得到补偿，需要更换工具电极。　（　）

三、选择题

1. 在电火花成形加工过程中，下列说法正确的有（　）。

A. 正极蚀除量大，负极蚀除量小

B. 正极蚀除量小，负极蚀除量大

C. 采用宽脉冲加工时，正极的蚀除速度大于负极的蚀除速度

D. 采用窄脉冲加工时，正极的蚀除速度大于负极的蚀除速度

2. 电火花成形加工的符号是（　）。

A. EDM　　B. WEDM　　C. ECDM　　D. ECAM

3. DK7132 代表电火花成形加工机床工作台的宽度是（　）。

A. 32 mm　　B. 320 mm　　C. 3 200 mm　　D. 32 000 mm

4. 对于电火花成形加工工具电极材料的要求，下列说法不正确的是（　）。

A. 硬度大　　B. 导热性好　　C. 熔点高　　D. 沸点高

5. 为了保障人身安全，在正常情况下，电气设备的安全电压规定为（　）。

A. 42 V　　B. 36 V　　C. 24 V　　D. 12 V

6. 电火花加工时，两极之间的电压一般为（　）。

A. 10～30 V　　B. 100～500 V　　C. 60～300 V　　D. 0～240 V

7. 下列各项中对电火花成形加工精度影响最小的是（　）。

A. 放电间隙　　B. 加工斜度　　C. 工具电极损耗　　D. 工具电极直径

8. 电火花成形加工中利用炭黑膜补偿作用可以降低工具电极损耗，必须采用(　　)。

A. 负极性加工　B. 正极性加工　C. 单极性加工　D. 多极性加工

9. 电火花成形精加工中所采用的工作液为(　　)。

A. 机油　B. 水基工作液　C. 溶液　D. 煤油

10. 下面有关单工具电极直接成形法的叙述中，不正确的是(　　)。

A. 需要重复装夹　B. 不需要平动头

C. 加工精度不高　D. 表面质量很好

11. 电火花成形加工的表面变质层包括(　　)。

A. 熔化凝固层　B. 热影响层　C. 基体金属层　D. 气化层

12. 对于形状复杂，制造困难的电极应采用(　　)结构形式。

A. 整体电极　B. 组合电极　C. 镶拼式电极　D. 以上都不是

13. 模具电火花穿孔加工常用的工艺方法有(　　)。

A. 直接加工法　B. 混合加工法

C. 间接加工法　D. 单电极平动加工法

14. 模具电火花穿孔加工常用的电极结构形式有(　　)。

A. 整体式　B. 多电极式　C. 镶拼式　D. 组合式

15. 电火花成形加工中存在吸附效应，它主要影响(　　)。

A. 工件的可加工性　B. 生产率

C. 加工表面的变质层结构　D. 工具电极的损耗

四、问答题

1. 电火花成形加工正常进行的基本条件是什么？加工系统中为什么必须有自动进给调节系统？

2. 如图 1-88 所示，当通有较大电流的闸刀开关在开、闭瞬间，一般会在触点间产生强烈电火花，并把接触表面烧毛或烧蚀成粗糙不平的凹坑，为何出现这种现象？若把闸刀开关放入真空环境，则开闭时还会冒火花吗？为何？

图 1-88　闸刀开关

3. 电火花加工机床主要由哪几部分组成？各部分的重要功能是什么？

4. 什么是电火花加工中的极性效应？在生产中如何充分利用极性效应？

5. 采用电火花加工模具型腔时，在电极设计中，需要考虑设计排气孔和冲油孔，为什么？

项目二　落料冲孔模凸凹模的数控电火花快速走丝线切割加工

学习目标

(1) 理解电火花快速走丝线切割加工方法的原理、特点与应用。

(2) 掌握电火花快速走丝线切割加工方法的基本工艺规律与工艺过程。

(3) 熟悉数控电火花快速走丝线切割加工机床的组成及各部分功用。

(4) 能够合理编制电火花快速走丝线切割加工程序、选择电火花快速走丝线切割加工工艺和参数，正确使用数控电火花快速走丝线切割加工机床加工零件。

内容描述

加工如图 2-1 所示的落料冲孔模的凸凹模零件。零件毛坯材料为 Cr12，热处理54～58 HRC。零件的主要尺寸为：外圆柱面直径为$\phi 119.8_{-0.025}^{\ 0}$ mm，厚度为 40 mm，4-M10 螺钉孔，2-ϕ10 定位销孔；2 个方孔尺寸为 $10.2_{\ 0}^{+0.02}$ mm×$10.2_{\ 0}^{+0.02}$ mm，方孔上部深 10 mm，下部深 30 mm；2 个圆孔尺寸为$\phi 10.2_{\ 0}^{+0.02}$ mm；2 个方孔和 2 个圆孔中心所在直径为ϕ50 mm 圆的中心线相对于基准 A 的同轴度公差为ϕ0.08 mm；方孔 $10.2_{\ 0}^{+0.02}$ mm×$10.2_{\ 0}^{+0.02}$ mm 和圆孔$\phi 10.2_{\ 0}^{+0.02}$ mm 的内表面粗糙度为 Ra0.8 μm，工件上下表面和圆柱面的表面粗糙度为 Ra0.8 μm，其余被加工表面的表面粗糙度均为 Ra3.2 μm。

任务分析

由项目内容可知，零件主体形状由回转面构成，零件毛坯材料导电，2 个尺寸为 10.2 mm 的方孔为一个台阶通孔，台阶孔上部深度为 10 mm，下部深度尺寸较大，深达 30 mm；方孔四角的倒圆半径为 R2.1 mm，2 个ϕ10.2 mm 的圆孔为圆柱通孔，孔深达到 40 mm；2 个方孔和 2 个圆孔分别呈上下、左右对称分布在直径为ϕ50 mm 的圆周上，方孔和圆孔的内表面粗糙度要求高，达到 Ra0.8 μm。因此根据 2 个方孔、2 个圆孔的结构特点与加工要求，选用数控电火花快速走丝线切割加工比较合适，既容易实现加工，又能保证加工精度要求。凸凹模零件的其他各部分结构采用传统的车削、铣削、磨削等加工方式较好，不仅加工效率高，而且容易保证加工尺寸与精度要求。

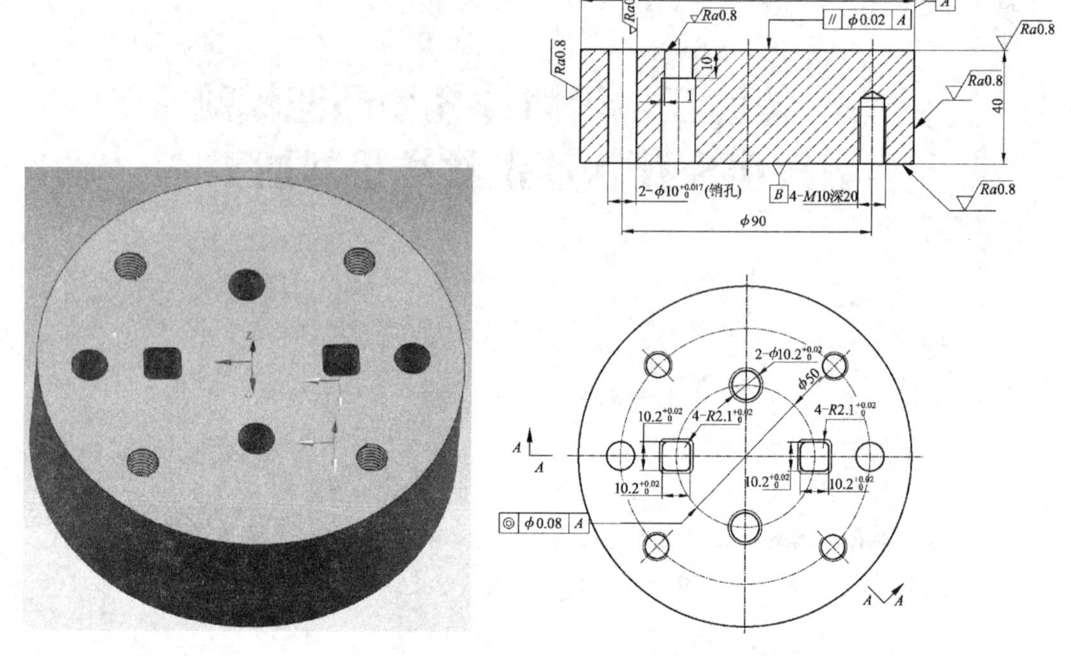

图 2-1　凸凹模零件二维与三维图样

任务一　电火花快速走丝线切割加工技术认知

电火花线切割加工(Wire cut Electro-discharge Machine,简称 WEDM)是利用脉冲式电火花对导电材料进行各种成形(或者半成形)加工的方法。这种加工方法自 20 世纪 50 年代末产生以来获得了极其迅速的发展,已逐步成为一种高精度和高自动化的加工方法,在模具制造、成形刀具加工、难加工材料和精密复杂零件的加工等方面得到了广泛应用。目前,电火花线切割加工机床已经占电加工机床的 60%以上。

一、电火花快速走丝线切割加工的基本原理、特点及应用

1. 电火花快速走丝线切割加工的基本原理

电火花线切割加工的原理与电火花成形加工基本相同,但加工方式不同。电火花线切割加工是采用连续移动的细金属丝(一般为钼丝或铜丝)作为工具电极,利用线电极与工件之间产生的脉冲火花放电来腐蚀工件。如图 2-2 所示,一般工件 6 接脉冲电源 5 的正极,电极丝 4 接脉冲电源 5 的负极;当脉冲电源 5 供给一个脉冲时,在工件 6 和电极丝 4 之间产生很强的脉冲电场,使工件 6 和电极丝 4 之间的绝缘介质被电离击穿,产生一次脉冲火花放电;在放电通道的中心温度瞬时可以达到 10000 ℃以上,高温使得放电附近的金属瞬间熔化甚至汽化,高温也使得工件 6 和电极丝 4 之间的工作液介质产生部分汽化,这些汽化后的工作液和金属蒸气瞬间迅速膨胀,并具有爆炸特性。这种热

膨胀和局部爆炸作用，使金属材料以熔化和汽化的方式抛出，从而实现对工件材料进行电腐蚀切割加工。在机床数控系统的控制下，工作台带动工件在 XY 平面内按预定轨迹运动，从而切割出所需要的工件形状。电极丝在储丝筒 1 的作用下进行正反向交替移动，并在工件 6 和电极丝 4 之间不断由工作液泵浇注工作液介质。

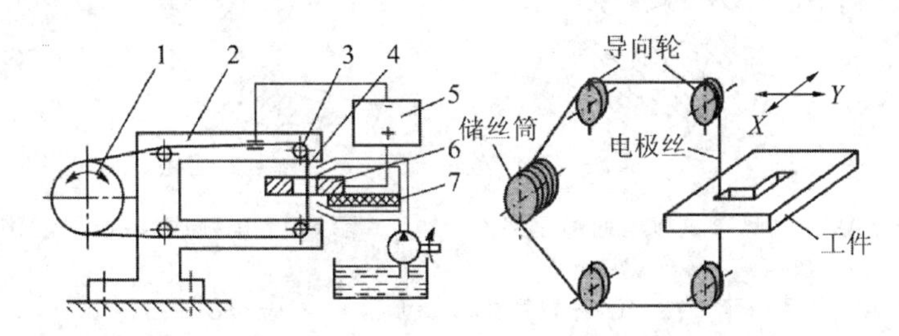

1—储丝筒；2—丝架；3—导向轮；4—电极丝；5—脉冲电源；6—工件；7—绝缘底板

图 2-2　电火花快速走丝线切割加工原理示意图

2. 电火花线切割加工的机理过程

1）电火花线切割加工放电间隙的构成

图 2-3 为电火花线切割加工的一个截面图。由图可知，当接脉冲电源负极的电极丝表面与接脉冲电源正极的工件侧面之间的距离达到能正常放电时，这个距离就称为电火花线切割加工的放电间隙。加工过程中电极丝表面与工件侧面之间时刻都充满了绝缘工作液，源源不断地为加工提供工作液介质。

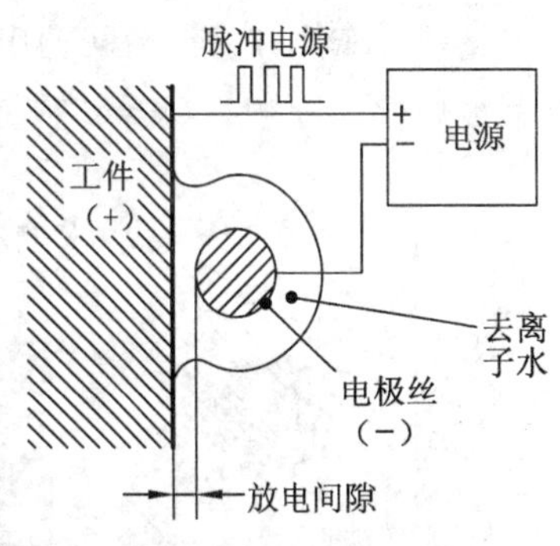

图 2-3　电火花线切割加工放电间隙的构成示意图

2）电火花线切割加工的微观机理过程

在电火花线切割加工时，一次电火花放电中，材料蚀除的微观机理过程基本上可以分为如下 4 个阶段。

(1) 形成放电通道。如图 2-4 所示，接脉冲电源负极的电极丝与接脉冲电源正极的工件之间形成放电通道。由于击穿前后，电极丝和工件的微观表面总是凹凸不平的，电极丝和工件之间离得最近的凸点处的电场强度最高，其间的工作液电阻值较低而最先被击穿，电离成带负电的电子和带正电的正离子，形成放电通道，产生电火花。

(2) 电弧成长、金属熔解、汽化。如图 2-5 所示，在电场的作用下，依据同性相斥、异性相吸的原则，放电通道内负电子高速奔向阳极，正离子奔向阴极，通道电阻急剧降低，电流急剧增大，因通道截面很小，通道中的电流密度很大。电子与离子高速流动时相互碰撞，通道中放出大量热，同时阳极金属表面受到电子流高速轰击，阴极表面受到离子流轰击，动能转化为热能，整个放电通道形成一个 10000 ℃以上的瞬时热源，通道周围的工作液一部分汽化为蒸气，另一部分高温分解为游离碳氢化合物等气体析出，热源作用区的局部电极丝及工件表面材料被熔化和汽化。

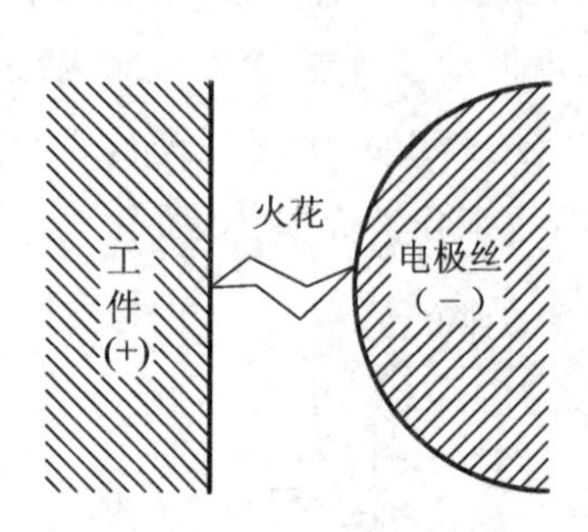

图 2-4 工件与电极丝之间形成放电通道示意图

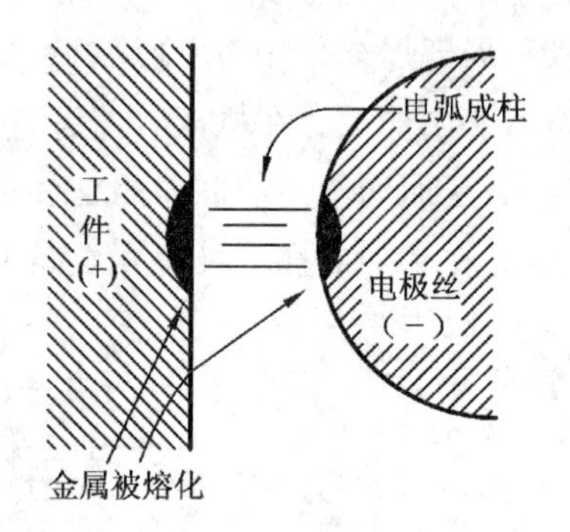

图 2-5 电弧成长、金属熔化与汽化示意图

(3) 爆炸、电极材料抛出。由于放电加热过程非常短促，一般为 $10^{-7}\sim10^{-4}$ s，因此金属的熔化、汽化及工作液介质的汽化都具有爆炸的特点，爆炸力把熔化的金属以及金属蒸气、工作液蒸气抛进工作液中冷却，如图 2-6 所示。

(4) 冷却、排屑、极间消电离。如图 2-7 所示，当到脉间时，电离的工作液开始复合，而被熔化蚀除的金属冷却变成加工屑由工作液带走，等待下一次脉冲放电的到来。

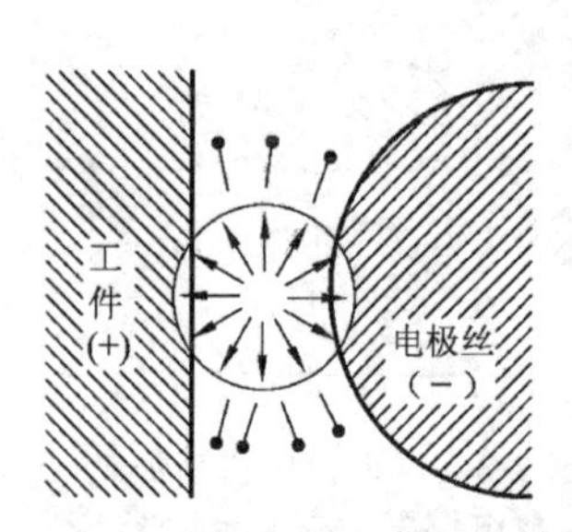

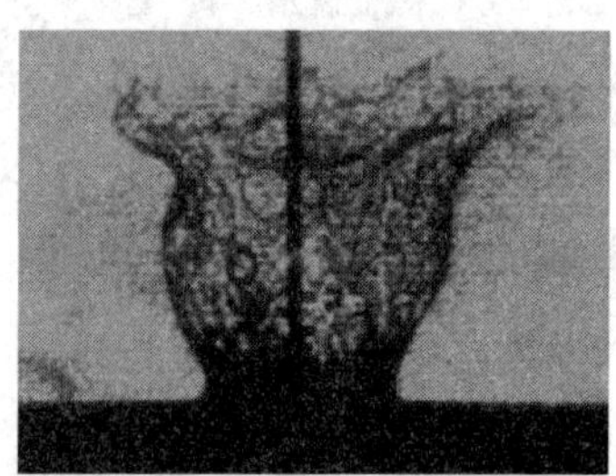

图 2-6 爆炸、电极材料抛出示意图

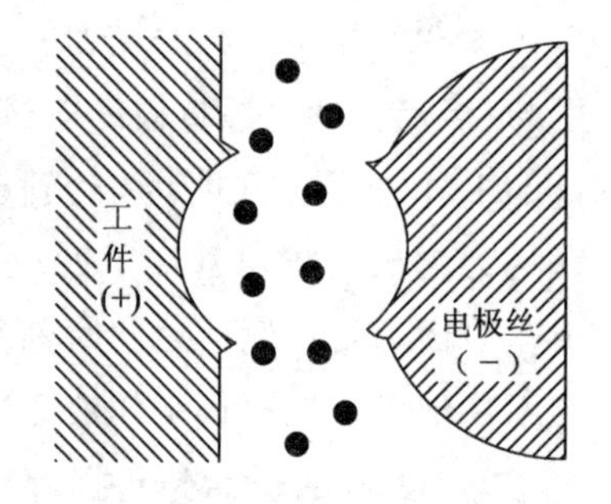

图 2-7 冷却、排屑与消电离示意图

3. 电火花线切割加工与电火花成形加工的异同

电火花线切割加工过程的工艺和机理与电火花成形加工既有共同之处，又有不同之处。

1) 两者的共同点

(1) 电火花线切割加工的电压、电流波形与电火花成形加工基本相似。

(2) 电火花线切割加工的加工机理、生产率、表面粗糙度等工艺规律，材料的可加工性等也都与电火花成形加工基本相似，可以加工硬质合金等一切导电材料。

2) 两者的不同点

(1) 电火花线切割加工以很细的金属丝为工具电极，可加工微细异形孔、窄缝和复杂形状的工件，但不能加工盲孔。

(2) 电火花线切割加工无须专门制造特定形状的工具电极，大大降低了工具电极的设计和制造费用，靠数控技术实现复杂的切割轨迹，缩短了生产准备时间与加工周期，这不仅对新产品的试制很有意义，也提高了大批量生产的速度和柔性。

(3) 电火花线切割加工因采用移动的电极丝进行，单位长度电极丝损耗较少，对加工精度的影响小。但电极丝直径较小，脉冲宽度、平均电流等不能太大，加工工艺参数的范围较小，属于中、精正极性电火花加工，工件常接脉冲电源正极。

(4) 电火花线切割加工进行轮廓加工时所需加工的余量小，因此能有效地节约贵重材料。

(5) 电火花线切割加工是采用乳化液或去离子水为工作液，不易引燃起火，能实现安全无人运转。由于工作液的电阻率远比煤油小，因而在断路状态下仍有明显的电解电流，电解效应有益于改善加工工件的表面粗糙度。

(6) 电火花线切割加工的电极丝与工件之间存在着“疏松接触”式轻压放电现象。当柔性电极丝与工件接近到通常认可的放电间隙(8～10 μm)时，并没有发生放电现象，如图 2-8a 所示；只有当工件将电极丝顶弯，偏移 0.04～0.07 μm 时，两极间的放电率达到 98%，如图 2-8b 所示；当工件将电极丝顶弯，偏移距离达到 0.1 mm 时，两极间出现短路，无放电现象，如图 2-8c 所示。

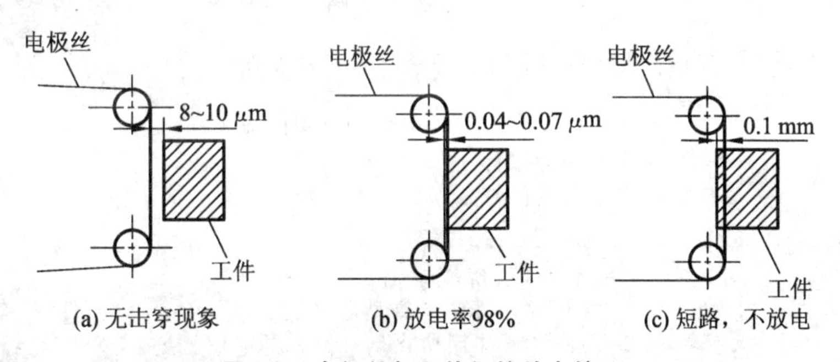

图 2-8　电极丝与工件间的放电情况

(7) 电火花线切割加工依靠数控系统的线径偏移补偿功能使冲模加工的凸凹模间隙可以任意调节。利用四轴联动可以加工上下面异形体、形状扭曲曲面体、变锥度和球形体等零件。

(8) 电火花线切割加工一般没有稳定电弧放电状态。因为电极丝与工件始终有相对运动，尤其是电火花快速走丝线切割加工，因此电火花线切割加工的间隙状态可以认为是由正常火花放电、断路和短路三种状态组成，但往往在单个脉冲内有多种放电状态，存在“微断路”“微短路”现象。

(9) 电火花线切割加工可加工形状复杂的零件，只要能编制加工程序就可以进行加工，因而很适合小批量零件和试制品的生产加工，加工周期短，应用灵活。

4. 电火花线切割加工的应用

电火花线切割加工目前主要用于冲模、挤压模、拉深模、塑料模、电火花成形加工用工具电极、各种复杂零件和新产品试制、精密零件的加工等。具体应用如表 2-1 所示。

表 2-1 电火花线切割加工的具体应用

序号	加工类别	应用	加工零件图片
1	多种二维和三维形状的零件加工	① 试制品及零件加工。这些零件往往品种多、数量少、可变因素多。可加工各种型孔、型面、特殊齿轮等。在新产品开发过程中需要单件的样品，使用电火花线切割加工可直接加工出零件。例如，试制切割特殊微电动机硅钢片定转子铁心，由于不需另行设计制造模具，故可大大缩短制造周期，降低成本。又如，在冲压生产且未制造落料模时，先用电火花线切割加工的试样进行成形等后续加工，得到验证后再制造落料模 ② 轮廓量规和刀具加工。例如，各种卡板量具、凸轮、样板及模板的加工，成形车刀的加工成形等 ③ 微细加工。加工微细孔、任意曲线、窄缝、窄槽、异形槽等，例如异形孔喷丝板、射流元件、激光器件、电子器件等微孔与窄缝等 ④ 薄形零件的加工。可将多片薄件叠在一起加工 ⑤ 锥度零件的加工。可以加工出“天圆地方”等上下异形面零件 ⑥ 工艺美术字和图案的加工	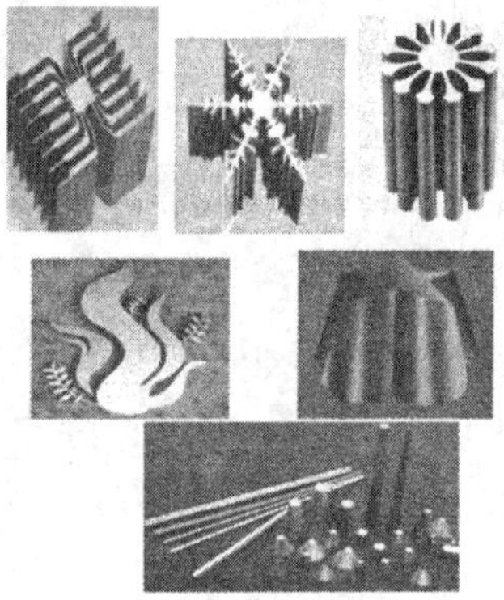
2	模具加工	主要应用于冲模、挤压模、粉末冶金模、塑料模、冷拔模、弯曲模、镶拼型腔模、拉丝模等的加工。其中，冲模所占的比例最大。例如，加工冲模通过编程时调整不同的间隙补偿量，只需一次编程就可以切割出凸模、凸模固定板、凹模及卸料板等。模具配合间隙、加工精度通常都能达到 0.01～0.02 mm(电火花快速走丝线切割加工机床)和 0.002～0.005 mm(电火花慢速走丝线切割加工机床)的要求	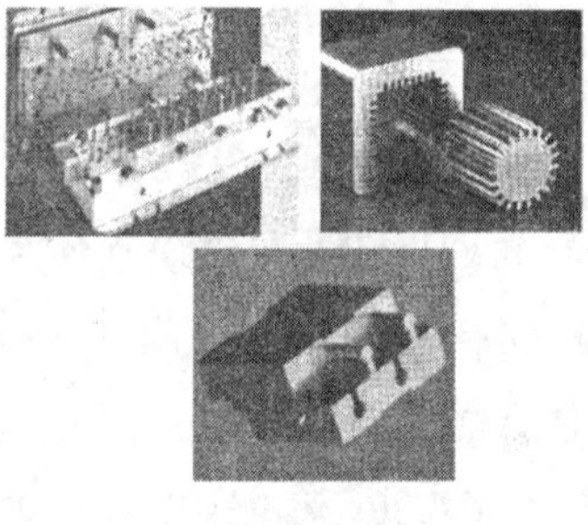
3	特殊材料加工	① 高硬度、高熔点、高强度、高脆性、高黏度金属材料的加工。例如，聚晶金刚石、硬质合金、钛合金、导电陶瓷等，这些材料使用机械加工的方法几乎是不可能的，而用电火花线切割加工方法能既经济又方便地完成 ② 贵重金属的加工。例如，金、锛、铼、铌等，用电火花线切割加工方法可最大限度地节省材料 ③ 稀土金属的加工。例如，已广泛应用于电子、电动机等行业的永磁材料钕铁硼的加工	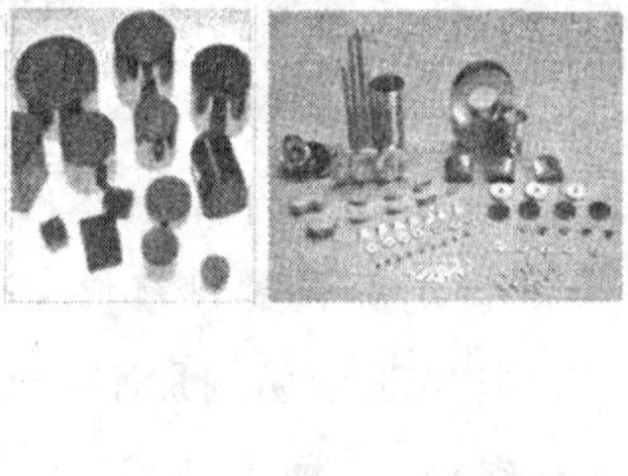

续表

序号	加工类别	应用	加工零件图片
4	电火花成形加工用工具电极的加工	利用电火花线切割加工与其他机械加工配合制作电火花成形加工用的铜、铜钨合金、银钨合金电极是比较经济的一种方法。它可以制作形状复杂的精密微细电极、带锥度上下异形的复杂电极，配合机械加工清除刀具圆角得到尖角、尖棱的电极等	

二、电火花线切割加工设备

1. 电火花线切割加工机床的型号

电火花线切割加工机床型号的编制是根据《金属切削机床型号编制方法(GB/T 15375—2008)》规定进行的，机床型号由汉语拼音字母和阿拉伯数字组成，分别表示机床的类别、特性和反映机床技术特征的基本参数。以型号 DK7716 数控电火花线切割加工机床为例，型号中各字母与数字含义如图 2-9 所示。

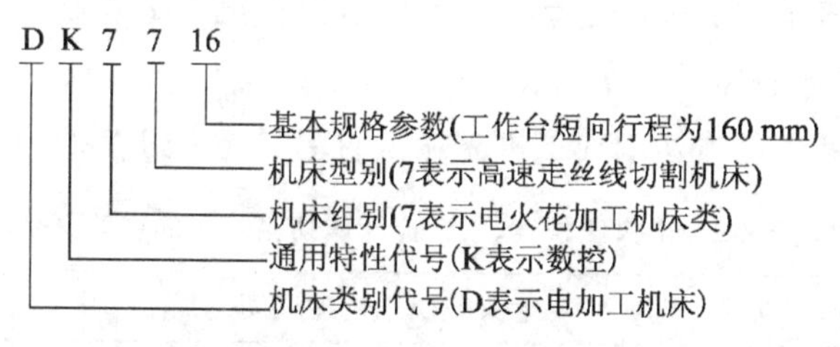

图 2-9　机床型号示例

2. 电火花线切割加工机床的分类

电火花线切割加工机床可以按多种方法进行分类。通常按照电极丝运行速度不同，电火花线切割加工机床可分为电火花慢速走丝(或称低速走丝)线切割加工机床(WEDM-LS)与电火花快速走丝(或称高速走丝)线切割加工机床(WEDM-HS)。

(1) 电火花慢速走丝线切割加工机床(WEDM-LS)。电火花慢速走丝线切割加工机床走丝速度一般低于 0.2 m/s，是国外生产和使用的主要机种。常采用黄铜丝(有时也采用纯铜、钨、钼和各种合金的涂覆线)作为电极丝，其电极丝直径一般为 0.03～0.35 mm。工作时，电极丝仅从一个方向通过加工间隙，不重复使用，避免了因电极丝的损耗而降低加工精度。同时，由于其具有电极丝张力调节机构，电极丝走丝速度慢，机床及电极丝的振动小，因此，加工过程平稳、均匀、抖动小，保证了电火花慢速走丝线切割加工机床加工的高精度性。电火花慢速走丝线切割加工机床属于精密加工机床，为了达到高精度加工的要求，常进行多次切割，一般为 2～4 次。

电火花慢速走丝线切割加工机床一般采用去离子水作为工作液，生产率较高，不存在引起火灾的危险。

电火花慢速走丝线切割加工机床由于采用了自动穿丝、自适应控制等技术，因而已实现无人操作，但电火花慢速走丝线切割加工机床目前的造价及加工成本均比电火花快速走丝线切割加工机床高得多。

(2) 电火花快速走丝线切割加工机床(WEDM-HS)。电火花快速走丝线切割加工机床的电极丝做快速往复运动，一般走丝速度为 8～10 m/s；电极丝可以重复使用，加工速度较慢；电火花快速走丝线切割加工容易造成电极丝抖动和反向时停顿，致使加工质量下降。它是我国生产和使用的主要机床品种，也是我国独创的电火花线切割加工模式。电火花快速走丝线切割加工机床的电极丝运行速度快，而且是双向往返循环运行，即成千上万次地反复通过加工间隙，直至断丝为止。电极丝材料常用直径为 0.1～0.3 mm 的钼丝，有时也用钨丝或钨钼丝；工作液通常采用乳化液。电极丝的快速运动能将工作液带进狭窄的加工间隙，以保持加工间隙的“清洁”状态，有利于电火花线切割加工速度的提高。

相对来说，电火花快速走丝线切割加工机床结构简单、价格便宜、生产成本低，但由于运行速度快，工作时机床振动较大，导丝和导向轮的损耗快，给提高加工精度带来较大困难。另外，电极丝在加工反复运行中的放电损耗也是不容忽视的，因而电火花快速走丝线切割加工机床的加工精度和表面粗糙度不如电火花慢速走丝线切割加工机床。

电火花快、慢速走丝线切割加工机床加工的主要区别如表 2-2 所示。

表 2-2　电火花快速、慢速走丝线切割加工的主要区别

序号	比较项目	电火花快速走丝线切割加工	电火花慢速走丝线切割加工
1	走丝速度	7～11 m/s	0.2～15 m/min
2	走丝方式	往复运行	单向运行
3	工作液	线切割乳化液、水基工作液	去离子水、煤油
4	电极丝材料	钼丝、钨钼合金	黄铜、镀锌黄铜、钼丝
5	电极丝使用	电极丝重复使用	电极丝一次性使用
6	脉冲电源	晶体管脉冲电源，开路电压为 80～100 V	晶体管脉冲电源，*RC* 电源，开路电压为 70～300 V
7	放电间隙	0.01 mm 左右	0.01～0.02 mm
8	切割速度/(mm^2/min)	20～160	20～240
9	最大切割速度/(mm^2/min)	266	500
10	表面粗糙度值 Ra/μm	<2.5	<0.8
11	最佳表面粗糙度值 Ra/μm	0.8	0.2
12	最高切割速度下表面粗糙度值 Ra/μm	6.3	1.6
13	加工精度/mm	±0.01～±0.02	±0.005～±0.01

续表

序号	比较项目	电火花快速走丝线切割加工	电火花慢速走丝线切割加工
14	最高加工精度/mm	±0.005	±0.001～±0.002
15	电极丝损耗/mm	每加工(3～10)×10^4 mm^2，丝径损耗0.01	不计
16	重复精度/mm	±0.01	±0.002
17	最大切割厚度/mm	800	400

3. 电火花快速走丝线切割加工机床结构

电火花快速走丝线切割加工机床主要由机床本体、脉冲电源、数控进给控制系统、工作液循环系统和机床附件等几部分组成，如图2-10所示。

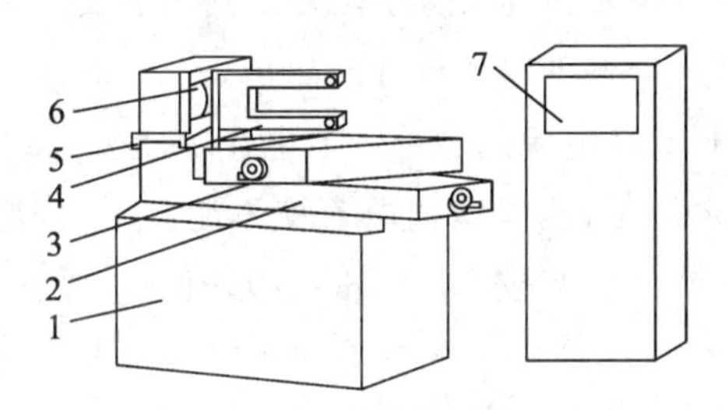

1—床身；2—下滑板；3—上滑板；4—丝架；5—走丝溜板；6—卷丝筒；7—电源及控制柜

图2-10　电火花快速走丝线切割加工机床的组成

1) 机床本体

机床本体主要由床身、工作台、走丝机构和丝架组成。

(1) 床身。床身是支撑和固定工作台、走丝机构等的基体。因此，要求床身应有一定的刚度和强度，一般采用箱体式结构的铸铁件。床身内部安装有机床电气系统、脉冲电源、工作液循环系统等元器件。

(2) 工作台。不论是哪种控制方式，电火花线切割加工机床最终都是通过坐标工作台与电极丝的相对运动来完成零件加工的，机床的精度将直接影响工件的加工精度。坐标工作台应具有很高的坐标精度和运动精度，而且要求运动灵敏、轻巧。一般都采用十字形滑板、滚珠导轨，传动丝杠和螺母之间必须消除间隙，以保证滑板的运动精度和灵敏度。

(3) 走丝机构。在电火花线切割加工时，走丝机构使电极丝以一定的速度运动并保持一定的张力。在电火花快速走丝线切割加工机床上，最常见的走丝机构是单滚筒式。电极丝绕在卷丝筒上，并由卷丝筒做周期性的正反旋转，以使电极丝做快速往复运动。卷丝筒轴向往复运动的换向及行程长短由无触点接近开关及其撞杆控制，调整撞杆的位置即可调节行程的长短。在运动过程中，电极丝由丝架支撑，并依靠导轮保持电极丝与工作台垂直或倾斜一定的几何角度(锥度切割时)。

这种形式走丝机构的优点是结构简单、维护方便，因而应用广泛；其缺点是绕丝长度小，电动机正反转起动频繁，电极丝张力不可调。

(4) 丝架。运丝系统除包含上述元件外，还包括丝架。丝架有固定式、升降式和偏移式等类型。丝架的主要作用是在电极丝快速移动时对电极丝起支撑作用，并使电极丝工作部分与工作台平面保持垂直。丝架应有足够的刚度和强度，工作时不应出现振动和变形。

2) 脉冲电源

电火花线切割加工机床的脉冲电源通常又称为高频电源，是数控电火花线切割加工机床的主要组成部分，也是影响电火花线切割加工工艺指标的主要因素之一。电火花线切割加工的脉冲电源与电火花成形加工的脉冲电源在原理上相同，不过受加工表面粗糙度和电极丝允许承载电流的限制，对其又有特殊的要求。电火花线切割加工属于中、精加工，一般采用某一电规准将工件加工成形。

受电极丝直径的限制，脉冲电源的脉冲峰值电流不能太大。与此相反，由于工件具有一定的厚度，要维持稳定加工，放电峰值电流就不能太小，否则加工过程将不稳定或者根本无法加工。脉冲电源的脉宽较窄(2～60 μs)，对于单个脉冲能量，平均电流一般较小(1～5 A)，所以电火花线切割加工总是采用正极性加工。脉冲电源的形式和品种很多，主要有晶体管矩形波脉冲电源、高频分组脉冲电源、阶梯波脉冲电源和并联电容型脉冲电源等，电火花快、慢速走丝线切割加工机床的脉冲电源也有所不同。

3) 控制系统

控制系统是进行电火花线切割加工的重要组成环节，是机床工作的指挥中心。控制系统的技术水平、稳定性、可靠性、控制精度及自动化程度等直接影响工件的加工工艺指标和工人的劳动强度。

控制系统的功能是：在电火花线切割加工过程中，根据工件的形状和尺寸要求自动控制电极丝相对于工件的运动轨迹和进给速度，实现对工件的形状和尺寸加工。

控制系统在电火花线切割加工过程中起着重要作用，主要功能体现在以下两个方面。

① 轨迹控制。控制系统能精确地控制电极丝相对于工件的运动轨迹，使零件获得所需的形状和尺寸。

② 加工控制。控制系统能根据放电间隙大小与放电状态控制进给速度，使之与工件材料的蚀除速度相平衡，保持正常的稳定切割加工。加工控制主要包括对伺服进给速度、电源装置、走丝机构、工作液系统以及其他机床操作的控制。此外，失效安全及自动诊断功能也是加工控制的重要方面。

目前，电火花线切割加工机床的轨迹控制系统普遍采用数字程序控制，并已发展到微型计算机直接控制阶段。数字程序控制方式与靠模仿形和光点跟踪控制不同，它不需要制作精密的模板或描绘精确的放大图，而是根据图样形状尺寸，经编程后用计算机

进行直接控制加工。因此，只要机床的进给精度比较高，就可以加工出高精度的零件，而且生产准备时间短，机床占地面积小。目前，电火花快速走丝线切割加工机床的控制系统大多采用直流或交流伺服电动机加码盘的半闭环控制系统，也有一些超精密电火花线切割加工机床上采用了光栅位置反馈的全闭环数控系统。

(1) 工作台伺服进给运动的实现

数控电火花线切割加工机床之所以能够切割复杂的工件轮廓，是因为工件在工作台的带动下，能够相对于固定位置的电极丝走出较复杂的图形，而工作台复杂移动的实现完全要借助于数控系统的伺服进给信号的产生和机床纵横伺服电机对这些进给运动信号的严格执行。

如图 2-11 所示为 X、Y 向滑板的伺服驱动结构原理图。数控系统及其伺服驱动系统根据加工 NC 程序的指令要求，分别向 X、Y 两个伺服电机不断地输送驱动脉冲信号；两个伺服电机则分别根据各自接收到的驱动脉冲的个数产生各自所需要的伺服进给转动；最后由滚珠丝杠螺母副将转动变换为 X 向和 Y 向的直线移动，而复杂的图形曲线轮廓就是由这些一个个的 X 向和 Y 向的微小伺服进给运动所形成的。

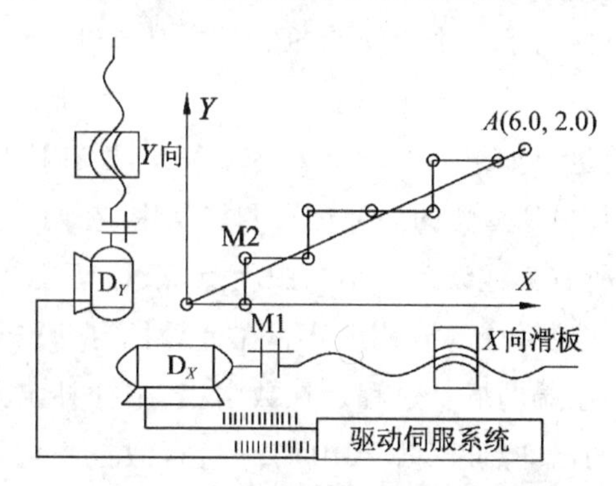

图 2-11　X、Y 向滑板的伺服驱动结构原理

(2) 步进电机与脉冲当量

数控加工机床所采用的控制电机都是步进电动机，即它们每接受一个驱动数控系统提供的驱动脉冲，就会产生一个相应的微小转动，再由丝杠螺母副转换成工作台的直线移动。

数控机床的工作台每接受一个驱动脉冲，所产生的最小移动量称为该数控机床的脉冲当量。

目前的数控电加工机床的脉冲当量可以达到每个脉冲 0.001 mm，甚至更小。这就意味着，机床工作台如果要沿 X 方向移动 10 mm，X 方向的步进电机则要从数控系统接受 10000 个驱动脉冲并加以执行。

(3) 数控系统的插补控制

数控系统对曲线的插补控制过程如图 2-12 所示。对曲线 AB 的插补控制由曲线的起点 A 开始，在向终点 B 运动的过程中，数控系统对所移动的每一步都要进行快速的判断和计算。以最为简单的逐点比较法插补为例,数控系统每向前输出一个驱动脉冲,都要做以下4个步骤的工作,称为逐点比较法的4个工作节拍。

第1拍为“偏差判断”。数控系统首先要对第一个驱动脉冲的输出对象进行判断,即分析判断该脉冲应该输送给 X 步进电机还是给 Y 步进电机,才能使运动误差最小,这要根据由当前点 A 到圆弧终点 B 的 X 和 Y 两个方向的投影大小的比较来判断。由图2-12可知,圆弧 AB 的 X 方向投影长度要大于其 Y 方向投影,故系统判定,第1个驱动脉冲应该分配给 X 步进电机。该过程习惯上被称为“偏差判断”,是逐点比较法的4个工作节拍的第1拍。

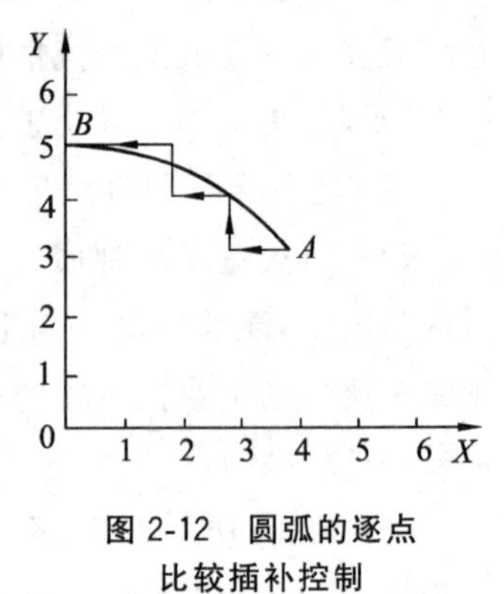

图2-12 圆弧的逐点比较插补控制

第2拍为“工作进给”。根据第1拍的判断结果,X 步进电机向 $-X$ 方向前进一步。同时,数控系统对当前的新坐标位置进行一次累进计算,求得新点的坐标值。

第3拍为“偏差计算”。数控系统对新点的当前位置相对于曲线的理想位置(理论位置)的误差进行计算,以便对下一个驱动脉冲的分配对象进行新的分析判断。

第4拍为“终点判断”。数控系统每向前走一步,都要判断是否已经运动到终点,是否需要继续进行计算和前进。如果已经满足了终点条件,插补控制工作即可结束。

由此,数控系统在进行 AB 圆弧的插补运算和控制中,在两个已知点 A、B 坐标的基础上,逐步求出运动中的所有其他误差最小的中间点,该移动控制过程为插补控制。在插补过程中的计算,称为数控系统的插补运算。在计算机自动控制理论中,把计算机的上述运算和控制过程称为系统的插补过程。在数学上,把插补定义为“计算机根据给定的数学函数,在理论曲线的已知点间(若干中间点)进行数据密化处理的过程”。这里的所谓密化处理,是指对所有中间点坐标的分析与计算。

4)工作液循环系统

工作液循环系统与过滤装置是电火花线切割加工机床不可缺少的一部分,主要包括工作液箱、工作液泵、流量控制阀、进液管、回液管和过滤网罩等。工作液的作用是及时地从加工区域中排除电蚀产物,使电极丝与工件间的介质迅速恢复绝缘状态,保证火花放电不会变为连续的电弧放电,并连续充分地供给清洁的工作液,以保证脉冲放电过程稳定而顺利地进行。此外,工作液还有另外两个作用:一方面有助于压缩放电通道,使能量更加集中,提高电蚀能力;另一方面可以冷却受热的电极丝,防止放电产生的热量扩散到不必要的地方,有助于保证工件表面质量和提高电蚀能力。

在电火花线切割加工中,工作液对切割速度、表面粗糙度、加工精度和生产率等加工工艺指标的影响很大。因此,工作液应具有一定的介电能力、较好的消电离能力,渗透性好,稳定性好,还应有较好的洗涤性能、防腐蚀性能,对人体无危害等。

电火花慢速走丝线切割加工机床大多采用去离子水作为工作液,只有在特殊精加工时才采用绝缘性能较高的煤油。电火花快速走丝线切割加工机床使用的工作液是专用乳化液。乳化液种类繁多,可根据相关资料来正确选用。

三、电火花线切割加工程序编制

数控电火花线切割加工机床的控制系统是按照人的“指令”去控制机床加工的。因此,必须事先把要电火花线切割加工的图形,用机器所能接受的“语言”编排成“指令”。这项工作称为数控电火花线切割加工编程,简称编程。

编程方法分为手工编程和自动编程。手工编程是从事电火花线切割加工工作者的基本要求,它能使你比较清楚地了解编程过程并读懂电火花线切割加工程序。

电火花线切割加工机床所用的程序格式主要有3B、4B、ISO和EIA等,下面介绍目前使用最为广泛的3B、4B和ISO格式的编程方法。

1. 3B代码编程

1) 编程方法

3B代码编程格式是数控电火花线切割加工机床上最常用的程序格式,在该程序格式中无间隙补偿,但可通过机床的数控装置或一些自动编程软件,自动实现间隙补偿。3B代码的编程书写格式如表2-3所示。

表2-3　3B程序格式

B	X	B	Y	B	J	G	Z
分割符	X坐标值	分割符	Y坐标值	分割符	计数长度	计数方向	加工指令

其中,B为分割符号,用来区分和隔离X、Y和J等数码,B后的数字若为0,则可以不写。

X、Y为直线的终点或圆弧起点的坐标值,编程时均取绝对值,以μm为单位。

J为加工线段的计数长度,单位为μm。以前编程应写满六位数,不足六位时前面补零,如计数长度为1000 μm,则应写成001000。现在的机床基本上可以不用补零了。

G为加工线段的计数方向,分G_x或G_y,即确定按X方向还是Y方向计数。工作台在该方向每走1 μm即计数累减1,当累减到计数长度$J=0$时,这段程序加工完毕。

Z为加工指令,分为直线L与圆弧R两大类。

例如:B1000　B2000　B2000　G_y　L_2。

(1) 坐标系与坐标值X、Y的确定

平面坐标系是这样规定的:面对机床操作台,工作台平面为坐标系平面,左右方向为X轴,且向右为正;前后方向为Y轴,前方为正。编程时,采用相对坐标系,即坐标系的原点随程序段的不同而变化。

加工直线时,以该直线的起点为坐标系的原点,X、Y取该直线终点坐标的绝对值,单位为μm。

加工圆弧时，以该圆弧的圆心为坐标系的原点，X、Y 取该圆弧起点坐标的绝对值，单位为 μm。

(2) 计数方向 G 的确定

不管是加工直线还是圆弧，计数方向均按终点的位置来确定。

加工直线时，以要加工直线的起点为坐标原点，建立直角坐标系。若直线终点坐标(X,Y)位置落在如图 2-13a 所示的 45°阴影区域内，计数方向取 $G=G_y$；若直线终点落在阴影区域之外，计数方向取 $G=G_x$；若直线终点刚好落在 45°线上，计数方向取 $G=G_y$ 或 $G=G_x$ 均可。

加工圆弧时，以要加工圆弧的圆心为坐标原点，建立直角坐标系。若圆弧终点坐标(X,Y)位置落在如图 2-13b 所示的 45°阴影区域内，计数方向取 $G=G_x$；若圆弧终点落在阴影区域之外，计数方向取 $G=G_y$；若圆弧终点刚好落在 45°线上，计数方向取 $G=G_y$ 或 $G=G_x$ 均可。

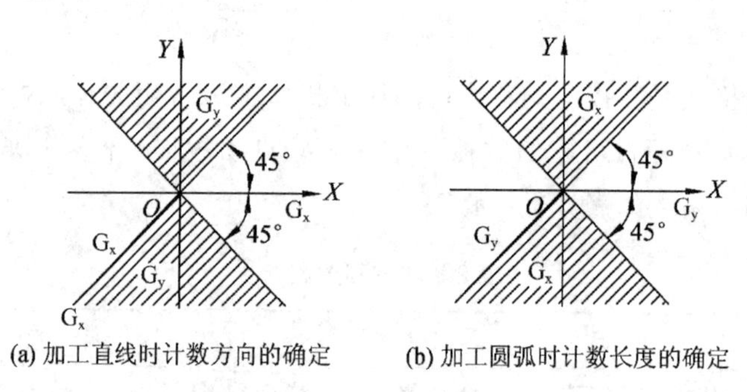

(a) 加工直线时计数方向的确定　(b) 加工圆弧时计数长度的确定

图 2-13　计数方向的确定

(3) 计数长度 J 的确定

计数长度是在计数方向的基础上确定的。计数长度是指被加工的直线或圆弧在计数方向坐标轴上投影的绝对值总和，单位为 μm。

例如：在图 2-14a 中，加工直线 OA 时，计数方向取 G_x，计数长度为 OB，数值等于 A 点的 X 坐标值；在图 2-14b 中，加工半径为 500 的圆弧 MN 时，计数方向取 G_x，计数长度为 $500\times3=1500$，即圆弧 MN 中三段 90°圆弧在 X 轴上投影的绝对值总和。

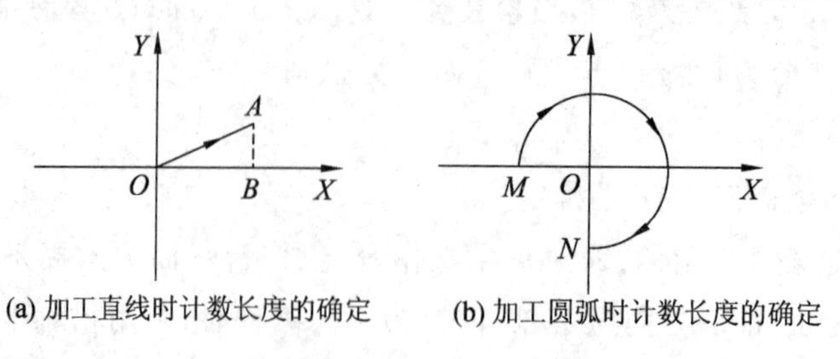

(a) 加工直线时计数长度的确定　(b) 加工圆弧时计数长度的确定

图 2-14　计数长度的确定

(4) 加工指令 Z 的确定

加工方向指令 Z 分为直线加工 L 和圆弧加工 R 两大类，共 12 种指令。

加工直线时有四种加工指令，分别为 L_1、L_2、L_3、L_4。如图 2-15a 所示，当直线在第Ⅰ象限(注:包含 X 轴而不包含 Y 轴)时，加工指令记作 L_1；当直线在第Ⅱ象限(注:包含 Y 轴而不包含 X 轴)时，加工指令记作 L_2；当直线在第Ⅲ象限(注:包含 X 轴而不包含 Y 轴)时，加工指令记作 L_3；当直线在第Ⅳ象限(注:包含 Y 轴而不包含 X 轴)时，加工指令记作 L_4。

加工顺时针圆弧有四种加工指令，分别为 SR_1、SR_2、SR_3、SR_4。如图 2-15b 所示，当圆弧起点在第Ⅰ象限(注:包含 Y 轴而不包含 X 轴)时，加工指令记作 SR_1；当圆弧起点在第Ⅱ象限(注:包含 X 轴而不包含 Y 轴)时，加工指令记作 SR_2；当圆弧起点在第Ⅲ象限(注:包含 Y 轴而不包含 X 轴)时，加工指令记作 SR_3；当圆弧起点在第Ⅳ象限(注:包含 X 轴而不包含 Y 轴)时，加工指令记作 SR_4。

加工逆时针圆弧有四种加工指令，分别为 NR_1、NR_2、NR_3、NR_4。如图 2-15b 所示，当圆弧起点在第Ⅰ象限(注:包含 X 轴而不包含 Y 轴)时，加工指令记作 NR_1；当圆弧起点在第Ⅱ象限(注:包含 Y 轴而不包含 X 轴)时，加工指令记作 NR_2；当圆弧起点在第Ⅲ象限(注:包含 X 轴而不包含 Y 轴)时，加工指令记作 NR_3；当圆弧起点在第Ⅳ象限(注:包含 Y 轴而不包含 X 轴)时，加工指令记作 NR_4。

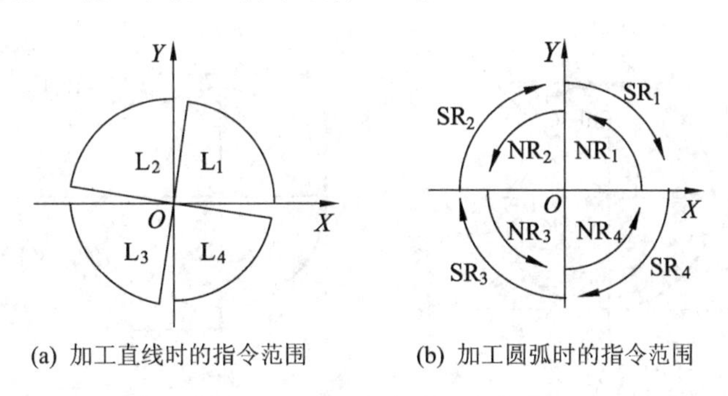

图 2-15　加工指令的确定范围

2) 3B 编程举例

例 2.1　电火花快速走丝线切割加工如图 2-16 所示的圆弧 AB，加工起点为 $A(0.707,0.707)$，终点为 $B(-0.707,0.707)$，试编制其 3B 程序。

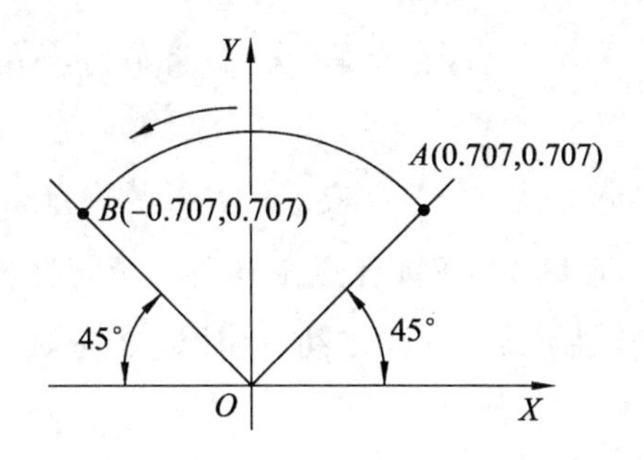

图 2-16　跨 1、2 象限的圆弧插补

解　本例为圆弧加工，X，Y 应表达圆弧起点坐标值的绝对值。本圆弧起点 A 坐标为(0.707，0.707)，故 X、Y 程序字应分别为 707、707。

本例的计数方向由终点 B 坐落位置决定。由于点 B 正好落在 45°线上，故计数方向可取 G_x，也可取 G_y。为方便下一步的计算，这里直接取 G_x。

计数长度 J 值为

$$707+707=1414\ \mu m$$

加工指令 Z：圆弧插补由起点 A(0.707，0.707)开始，从第Ⅰ象限逆时针向第Ⅱ象限进给，因此，加工指令代码为 NR_1。

其圆弧 AB 的 3B 加工程序为：B707　B707　B1414　G_x　NR_1

由于本例的终点 B 恰好落在了 45°线上，故计数方向也可取 G_y，这时的计数长度要取圆弧 AB 的 Y 方向投影值 585 μm。

其 3B 加工程序为

B707　B707　B586　G_y　NR_1

例 2.2　请写出电火花快速走丝线切割加工如图 2-17 所示圆弧段的 3B 格式程序代码。

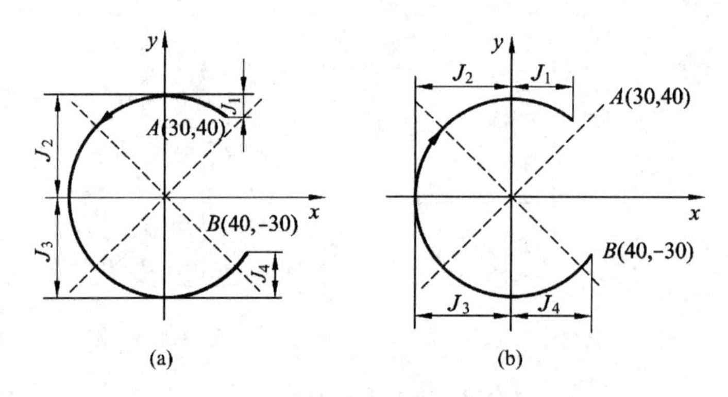

图 2-17　跨 4 个象限的圆弧插补

解　图 2-17a 中，起点为 A，在第Ⅰ象限，且圆弧走向为逆时针，则加工指令为 NR_1；又终点为 B，在第Ⅳ象限的 X 轴和 135°直线之间，则计数方向为 G_y，因此，计数长度计算时，将圆弧均向 Y 轴投影并求和，则有

$$J=J_1+J_2+J_3+J_4=10000+50000+50000+20000=130000$$

故其 3B 程序为

B30000　B40000　B130000　G_y　NR_1

图 2-17b 中，起点为 B，在第Ⅳ象限，且圆弧走向为顺时针，则加工指令为 SR_4。又终点为 A，在第Ⅰ象限的 Y 轴和 45°直线之间，则计数方向取 G_x，因此，计数长度计算时，将圆弧均向 X 轴投影并求和，则有

$$J=J_1+J_2+J_3+J_4=30000+50000+50000+40000=170000$$

故其3B程序为

B40000　B30000　B170000　G_x　SR_4

例2.3　设要电火花快速走丝线切割加工如图2-18所示的凸模零件，该图形由5条直线和一条圆弧组成，试编制其3B加工程序。

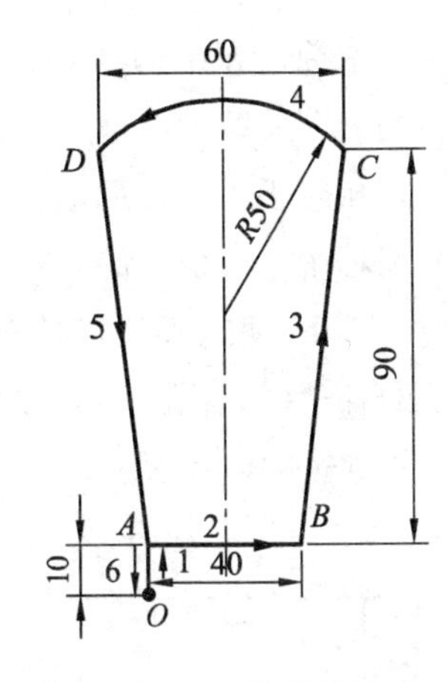

图2-18　凸模零件图样

解　① 加工起刀线OA。坐标原点取在点O，OA与Y轴重合，终点A的坐标绝对值是$X=0$，$Y=10000$，故其3B加工程序为

B0　B10000　B10000　G_y　L_2

② 加工直线AB。坐标原点取在点A，AB与X轴正向重合，终点B的坐标绝对值是$X=40000$，$Y=0$，故其3B加工程序为

B40000　B0　B40000　G_x　L_1

③ 加工斜线BC。坐标原点取在点B，终点C的坐标绝对值是$X=10000$，$Y=90000$，故其3B加工程序为

B10000　B90000　B90000　G_y　L_1

④ 加工圆弧CD。坐标原点取在圆心O，这时圆弧起点C的坐标绝对值可用勾股定律算得$X=30000$，$Y=40000$，故其3B加工程序为

B30000　B40000　B60000　G_x　NR_1

⑤ 加工斜线DA。坐标原点取在点D，终点A的坐标绝对值为$X=10000$，$Y=90000$，故其3B加工程序为

B10000　B90000　B90000　G_y　L_4

⑥ 加工退刀线AO。坐标原点取在点A，AO与Y轴重合，终点O的坐标绝对值是$X=0$，$Y=10000$，故其3B加工程序为

B0　B10000　B10000　G_y　L_4

3）有公差尺寸的编程计算方法

大量统计表明，加工后的实际尺寸大部分是在公差带的中值附近。因此，对标注有公差的尺寸，应采用中值尺寸编程。中值尺寸的计算公式为

$$中值尺寸=基本尺寸+\frac{上偏差+下偏差}{2}$$

例2.4　槽$32^{+0.04}_{+0.02}$的中值尺寸为

$$32+\left(\frac{0.04+0.02}{2}\right)=32.03$$

例2.5　半径为$10^{\ 0}_{-0.02}$的中值尺寸为

$$10+\left(\frac{0-0.02}{2}\right)=9.99$$

2. 4B代码编程

1）编程方法

前面介绍的3B程序格式中，没有考虑到电极丝直径和放电间隙对加工尺寸的影响。若要兼顾电极丝直径和放电间隙对加工轮廓精度的影响，则需要额外计算出电极丝相对于工件轮廓的偏移补偿值，并重新计算加工路径上各个偏移点的坐标位置，这给编程带来了很大的计算工作量。而4B程序格式具有间隙补偿功能，能够在编程路径的基础上，使电极丝相对于编程图形自动地向工件轮廓的外侧或内侧偏移一个提前设定的补偿值，省去了大量的偏移坐标计算工作量，弥补了3B程序格式的不足。4B程序格式如表2-4所示。

表2-4　4B程序格式

B	X	B	Y	B	J	B	R	G	D或DD	Z
分隔符	X坐标值	分隔符	Y坐标值	分隔符	计数长度	分隔符	圆弧半径	计数方向	凹凸曲线	加工指令

由表2-4可知，与3B程序格式相比，4B程序格式多了2个参数。

(1) 圆弧半径R。R通常是图形尺寸已知的圆弧半径。若加工图形中出现尖角时，取圆弧半径R大于间隙补偿量f的圆弧过渡。

(2) 曲线形式D或DD。D表示加工曲线为凸圆弧曲线，DD表示加工曲线为凹圆弧曲线。

与3B程序格式相比，4B程序格式还具有间隙补偿功能。由电极丝半径和放电间隙等所决定的偏移补偿量f不是出现在程序中，而是单独送进数控装置，由数控装置偏移计算来实现，从而使加工中的补偿值选择具有更大的灵活性，并可随时根据电极丝的情况和放电间隙的大小进行灵活的调整。

在补偿过程中，一般把圆弧半径增大称为正补偿，圆弧半径减小称为负补偿。如图2-19所示，当输入凸圆弧DE加工程序以后，机床能自动把它变成$D'E'$程序（正补偿）或变为$D''E''$程序（负补偿）。补偿过程中直线段尺寸不变，只要改变图形中的圆弧段加工程序，就可以得到不同尺寸零件$D'E'F'G'H'I'$和$D''E''F''G''H''I''$。4B格式程序可满足模具零件的一些配合要求，在同一加工程序的基础上能完成凸模、凹模、卸料板等加工。

2）间隙补偿程序的引入、引出程序段

利用间隙补偿功能，可以用特殊的编程方式来编制不加过渡圆弧的引入、引出程序段。若图形的第一条加工程序加工的是斜线，引入程序段指定的引入线段必须与该斜线垂直；若是圆弧，引入程序段指定的引入线段应沿圆弧的径向进行，如图2-20所示的引入线段OA。数控装置将引入、引出程序段的计数长度J修改为$J-f$，这样就能方便地实现引入、引出程序段沿规定方向增加或减少f进行自动补偿。实际编程时，在引入、引出程序段中可以不考虑间隙补偿量f。

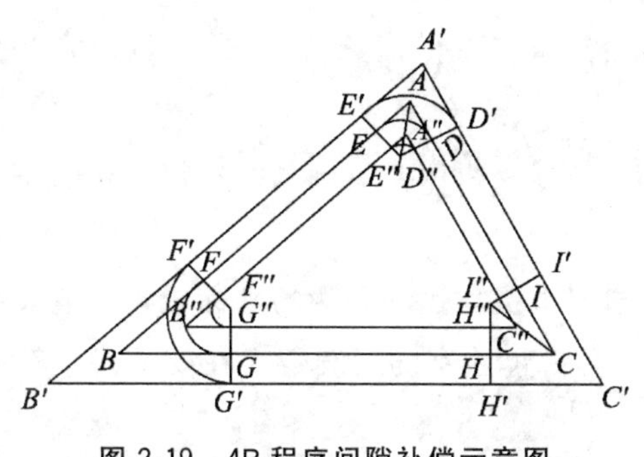

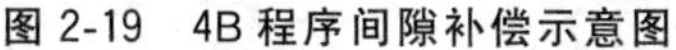
图 2-19　4B 程序间隙补偿示意图

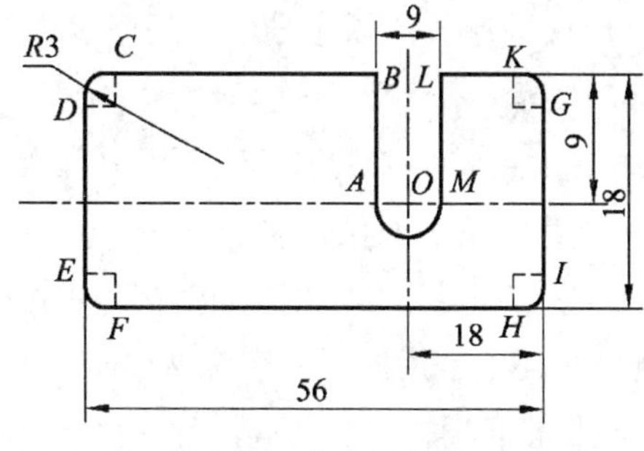

图 2-20　凸模平均尺寸

3. ISO 代码编程

1）程序段格式和程序格式

（1）程序段格式

程序段是由程序段号、各种程序字和程序段结束符 3 部分组成。例如：

N050　G90　G01　X20000　Y50000；

其中，N050 为程序段号，是该语句的标号；最后的分号“；”是段的结束符号，表明段的结束；其余的字表达了本段的主要内容，是程序段的主体。

在这种程序段中，大多数程序字具有自保持作用，或者称为字的续效功能，即程序段中的某个字一旦被指令，就始终有效，直到该字的作用被同组的其他字冲销掉为止。也就是说，如果一个程序段中的某个字已经在前一个程序段中出现过，则它在后面的程序段中就可以省略不写。

字是组成程序段的基本单元，一般是由一个英文字母加若干位十进制数字组成的（如 X8000）。这个英文字母成为地址字符，不同的地址字符表示的功能也不一样，如表 2-5所示。

表 2-5　地址字符表

功能	地址	意义
顺序号	N	程序段号
准备功能	G	指令动作方式
尺寸字	X、Y、Z	坐标轴移动指令
	A、B、C、U、V	附加轴移动指令
	I、J、K	圆心指令
锥度参数字	W、H、S	锥度参数指令
进给速度	F	进给速度指令
刀具速度	T	刀具编号指令（切削加工）
辅助功能	M	机床开/关及程序调用指令
补偿字	D	间隙及电极丝补偿指令

① 顺序号。顺序号位于程序段之首，表示程序的序号，后续数字 2～4 位，如 N03、N0010 等。

② 准备功能 G。准备功能 G(简称 G 功能)是建立机床或控制系统工作方式的一种指令，其后续有两位正整数，即 G00～G99。

③ 尺寸字。尺寸字在程序段中主要用来指定电极丝运动到达的坐标位置。电火花线切割加工常用的尺寸字有 X、Y、U、V、A、I、J 等。尺寸字的后续数字在要求代数符号时应加正负号，单位为 μm。

④ 辅助功能 M。辅助功能也称 M 功能，用来指示机床的一些辅助功能，主要是完成机床辅助装置的接通或断开动作，其后续有两位数字，即 M00～M99。

(2) 程序格式

一个完整的加工程序是由程序名、程序主体(若干程序段)和程序结束指令组成，例如：

```
P10
N01 G92 X0 Y0;
N02 G01 X5000 Y5000;
N03 G01 X2500 Y5000;
N04 G01 X2500 Y2500;
N05 G01 X0 Y0;
N06 M02;
```

① 程序名。程序名由文件名和扩展名组成。程序的文件名可以用字母和数字表示，最多可用 8 个字符，如 P10，但文件名不能重复。扩展名最多用 3 个字母表示，如 P10. CUT。

② 程序主体。程序的主体由若干程序段组成，如上面加工程序中 N01～N05 段。在程序的主体中又分为主程序和子程序。将一段重复出现的、单独组成的程序称为子程序。子程序取出命名后单独储存，即可重复调用。子程序常应用在某个工件上有几个相同型面的加工中。调用子程序所用的程序，称为主程序。

③ 程序结束指令 M02。M02 安排在程序的最后，单列一段。当数控系统执行到 M02 程序段时，就会自动停止进给并使数控系统复位。

2) ISO 代码及其编程

表 2-6 是数控电火花线切割加工机床常用的 ISO 代码。

表 2-6　数控电火花线切割加工机床常用 ISO 代码

代码	功能	代码	功能
G00	快速点定位	G55	加工坐标系 2
G01	直线插补	G56	加工坐标系 3
G02	顺时针圆弧插补	G57	加工坐标系 4
G03	逆时针圆弧插补	G58	加工坐标系 5
G05	*X* 轴镜像	G59	加工坐标系 6
G06	*Y* 轴镜像	G80	接触感知
G07	*X*、*Y* 轴交换	G82	半程移动
G08	*X* 轴镜像，*Y* 轴镜像	G84	微弱放电找正
G09	*X* 轴镜像，*X*、*Y* 轴交换	G90	绝对坐标
G10	*Y* 轴镜像，*X*、*Y* 轴交换	G91	相对坐标
G11	*X* 轴镜像，*Y* 轴镜像，*X*、*Y* 轴交换	G92	定起点
G12	消除镜像	M00	程序暂停
G40	取消间隙补偿	M02	程序结束
G41	左偏间隙补偿　*D* 偏移量	M05	接触感知解除
G42	右偏间隙补偿　*D* 偏移量	M96	主程序调用文件程序
G50	消除锥度	M97	主程序调用文件结束
G51	左偏锥度　*A* 角度值	W	下导轮到工作台面高度
G52	右偏锥度　*A* 角度值	H	工件厚度
G54	加工坐标系 1	S	工作台面到上导轮高度

（1）快速点定位指令 G00。快速点定位是指在电火花线切割加工机床没有脉冲放电的情况下，以快速定位的控制方式迅速移动到指定位置点。G00 只能够严格地定位到指定点，而对运动时的运动轨迹却不具备有效控制的功能，其程序段格式为

G00 X____ Y____；

如图 2-21 所示为由起点 *A* 快速定位到线段终点 *B* 的程序段格式为

G00 X20000　Y15000；

这里的 *X*、*Y* 是终点的两个方向上的坐标值，其单位是 μm。

注意　如果程序段中有了 G01 或 G02 指令，则 G00 指令无效。另外需要特别指明的是，不同的数控系统对 G00 的具体执行路线是不同的。如图 2-22 所示，有些系统直接由 *A* 点移动到 *B* 点；而有些系统是首先沿 45°方向先移动到 *C* 点，然后再执行 *CB* 段的移动；还有部分旧系统是首先沿 *X* 方向移动到 *D* 点，再运动到 *B* 点。因此，在对机床 G00 运动方式不明了的情况下，编程时需要考虑移动的安全性。

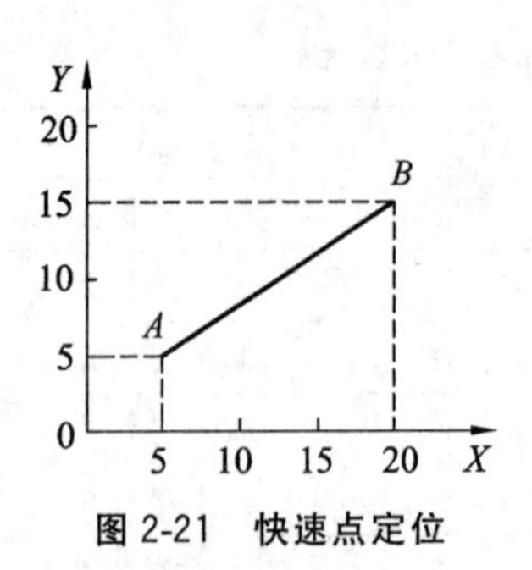

图 2-21　快速点定位

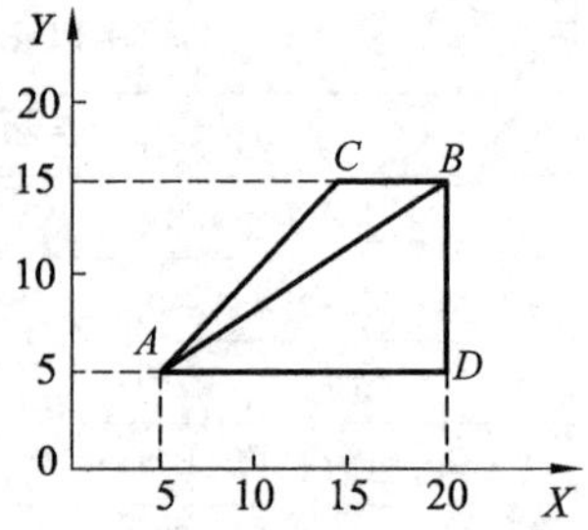

图 2-22　快速点定位的不同执行方式

(2) 直线插补指令 G01。直线插补指令可使机床在各个坐标平面内加工任意斜率直线轮廓或用直线段逼近的曲线轮廓，其程序段格式为

G01 X ____ Y ____；

图 2-23 所示的直线插补的程序段格式为

G92　X20000　Y20000；

G01　X60000　Y60000；

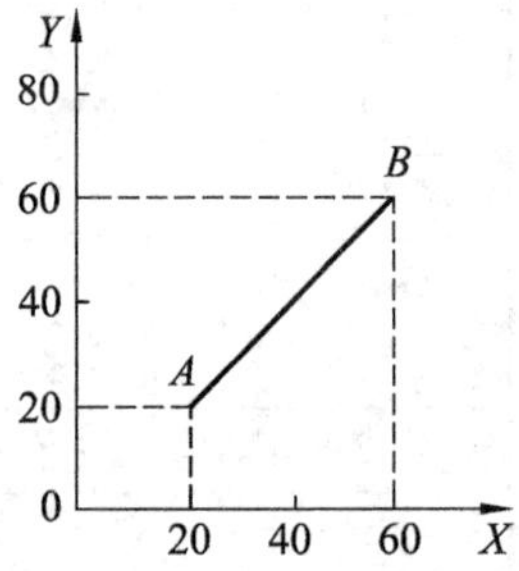

图 2-23　直线插补

目前，可加工锥度的数控电火花线切割加工机床具有 X、Y 坐标轴及 U、V 附加轴工作台，其程序段格式为

G01 X ____ Y ____ U ____ V ____ ；

(3) 圆弧插补指令 G02/G03。G02 为顺时针圆弧插补指令，G03 为逆时针圆弧插补指令，其程序段格式为

G02 X ____ Y ____ I ____ J ____ ；

G03 X ____ Y ____ I ____ J ____ ；

其中，X、Y 表示圆弧插补的终点坐标；I、J 分别表示圆心相对圆弧起点在 X、Y 方向上的增量尺寸。

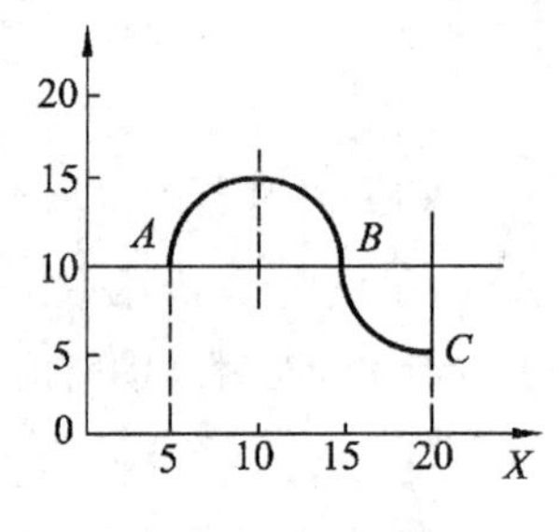

图 2-24　圆弧插补

图 2-24 所示的圆弧插补的程序段格式为

G92 X5000 Y10000；　　　　　　起切点 A

G02 X15000 Y10000　I5000 J0；　AB 段圆弧

G03 X20000 Y5000　I5000 J0；　BC 段圆弧

注意　圆弧插补中，判断顺时针和逆时针圆弧时的视线方向遵守数控机床坐标系设置时的视线规则，即视线应迎着第三垂直坐标轴的方向看。具体来说，本例视线应正对着 Z 轴方向，由上向下看工件的加工平面。

(4) G90、G91、G92 指令。G90 为绝对尺寸指令，表示该程序中的编程尺寸是按绝对尺寸给定的，即移动指令终点坐标值 X、Y 都是以工件坐标系原点(程序的零点)为基准来计算的。

G91 为增量尺寸指令，表示程序段中的编程尺寸是按增量尺寸给定的，即坐标值均以前一个坐标位置作为起点来计算下一点位置值。3B、4B 程序格式均按此方法计算坐

标点。

G92 为定义起点坐标指令。G92 指令中的坐标值为加工程序起点的坐标值，其程序段格式为

G92 X____ Y____ ；

(5) 镜像及交换指令 G05、G06、G07、G08、G09、G10、G11、G12。

图 2-25 所示为一种模具零件，它具有典型的对称特征。

G05 为 X 轴镜像，其函数关系式为 $X=-X$，图 2-25 所示的 AB 段曲线与 BC 段曲线为左右对称。

G06 为 Y 轴镜像，其函数关系式为 $Y=-Y$，图 2-25 所示的 AB 段曲线与 DA 段曲线为上下对称。

G07 为 X、Y 轴交换，其函数关系式为：$X=Y$，$Y=X$，如图 2-26 所示。

G08 为 X 轴镜像、Y 轴镜像，其函数关系式为 $X=-X$，$Y=-Y$，即 G08＝G05＋G06，图 2-25 所示的 AB 段曲线与 CD 段曲线的关系。

G09 为 X 轴镜像，X、Y 轴交换，即 G09＝G05＋G07。

G10 为 Y 轴镜像，X、Y 轴交换，即 G10＝G06＋G07。

G11 为 X 轴镜像，Y 轴镜像，X、Y 轴交换，即 G11＝G05＋G06＋G07。

G12 为消除镜像，每个程序用镜像指令后都要加上此指令，消除镜像后程序段的含义与原程序相同。

利用上述对称和交换指令，可以很方便地生成具有对称性的图形结构。

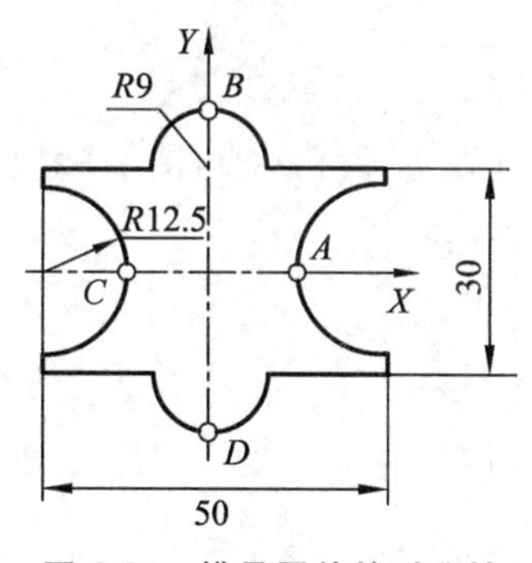

图 2-25　模具零件的对称性

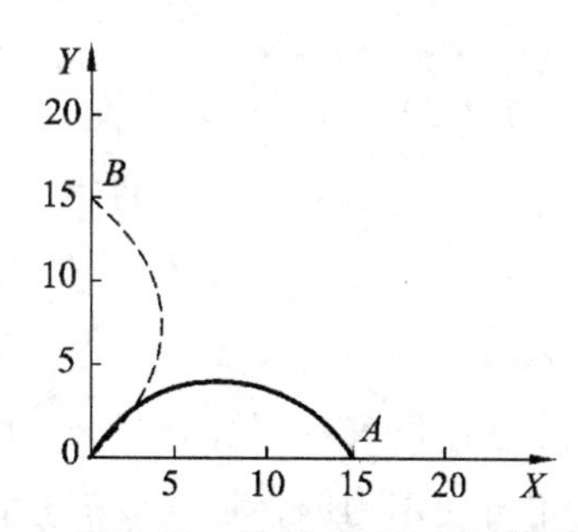

图 2-26　关于 X、Y 轴交换

(6) 间隙补偿指令 G40、G41、G42。在数控电火花线切割加工中，因数控装置所控制的是电极丝中心的行走轨迹，而实际加工轮廓却是由丝径外围和被切金属间产生电蚀作用而形成的。故实际加工得到的轮廓轨迹和电极丝中心轨迹有一定的偏移，这一偏移就是编程加工中必须考虑的补偿量，其数值大小为电极丝半径与电火花放电间隙之和，即 $D=d$(电极丝直径)$/2+\delta$(单边放电间隙)，如图 2-27 所示。

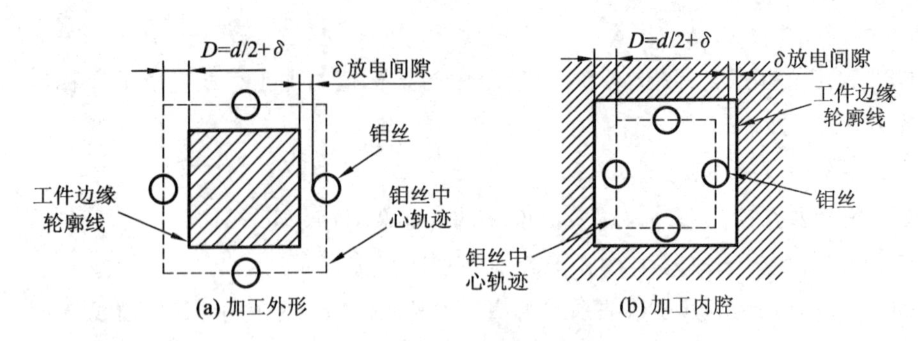

图 2-27　尺寸补偿指令含义

G41 为左偏移补偿指令，即顺着电极丝前进的方向看，电极丝处在加工工件图形的左边，如图 2-28 所示；G42 为右偏移补偿指令，即顺着电极丝前进的方向看，电极丝处在加工工件图形的右边，如图 2-28 所示。

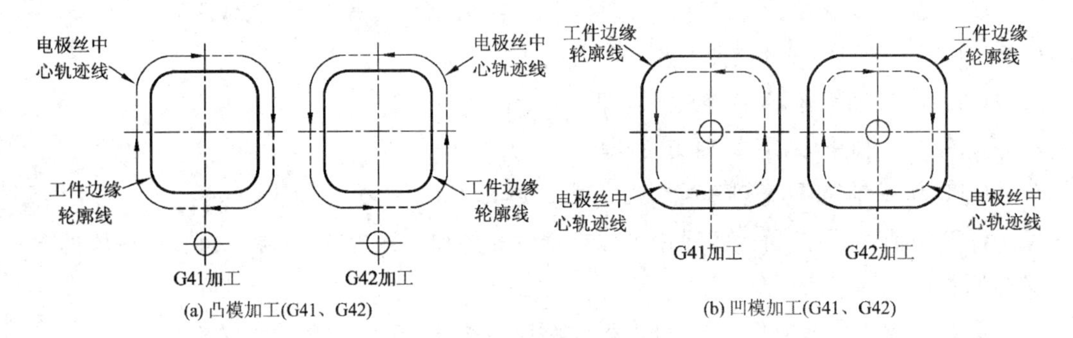

图 2-28　间隙补偿指令

补偿程序段编程格式为

G41/G42　D____；　(注：此程序段须安排在进刀线之前，即实际应用中须在进刀线之前就设定补偿)

……

G40；　(注：此程序段须单独占一行，并放置于退刀线之前)

程序段中的 D 表示间隙补偿量，单位是 μm，在使用完 G41 或 G42 后，要及时地使用 G40 将不再使用的偏移补偿值消除掉。

(7) 锥度加工指令 G50、G51、G52。在目前的一些数控电火花线切割加工机床上，锥度加工都是通过装在上导轮部位的 U、V 附加轴工作台实现的。加工时，控制系统驱动 U、V 附加轴工作台，使上导轮相对于 X、Y 坐标轴工作台移动，以获得所要求的锥角，用此方法可以解决凹模的漏料问题。

G51 为锥度左偏指令，即沿走丝方向看，电极丝向左偏离。顺时针加工时，锥度左偏加工的工件为上大下小，如图 2-29a 所示；逆时针加工时，锥度左偏加工的工件为上小下大，如图 2-29c 所示。

G52 为锥度右偏指令，即沿走丝方向看，电极丝向右偏离。用此指令顺时针加工

时，工件为上小下大，如图 2-29b 所示；逆时针加工时，工件为上大下小，如图 2-29d 所示。

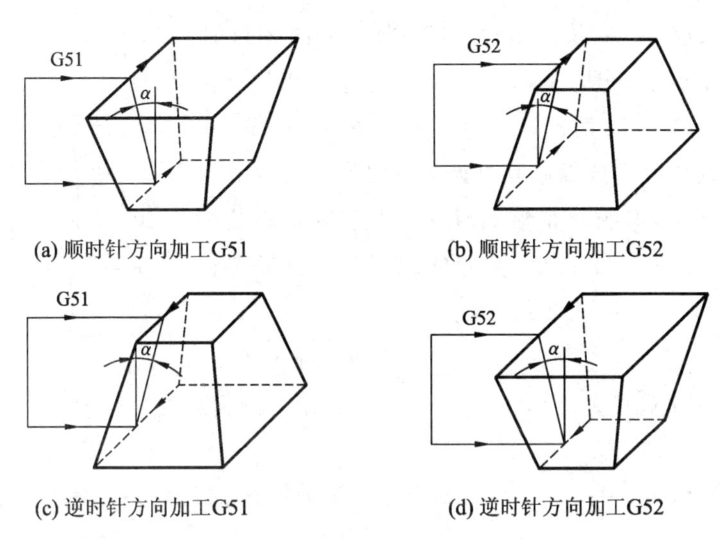

(a) 顺时针方向加工G51　(b) 顺时针方向加工G52

(c) 逆时针方向加工G51　(d) 逆时针方向加工G52

图 2-29　锥度加工指令

锥度加工程序段格式为

G51/G52　A ____；　（注：此程序段须安排在进刀线之前，即应用中须在进刀线之前就设定锥度）

……

G50；　（注：此程序段须单独占一行，并放置于退刀线之前）

程序段中的 A 表示锥度值；每次使用完 G51、G52 指令后，要及时使用 G50 取消倾斜角度 A 中存储的值。

对于 *U*、*V* 工作台装在上导轮部位的数控电火花线切割加工机床，为保证凹模刃口的正确方向，应将刃口基准面朝下安装，如图 2-30 所示；以工作台面为编程基准面，凹模刃口平面紧贴着工作台面安装，电极丝在凹模孔内的右侧；逆时针加工时，沿着电极丝的前进方向看，上导轮带动电极丝向右倾斜可以切割出上大下小的刃口，此时使用的就是锥度右偏指令 G52。

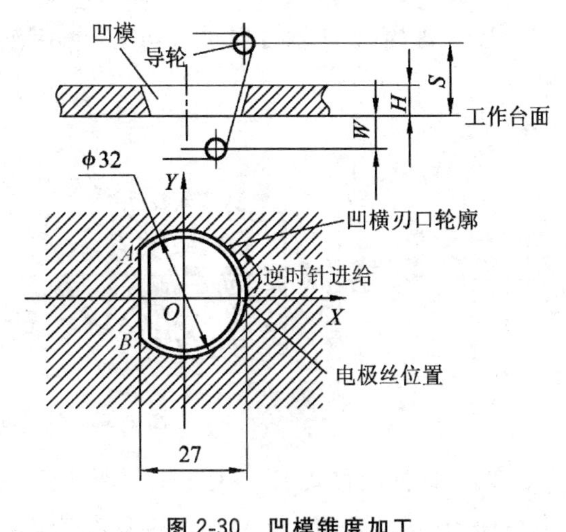

图 2-30　凹模锥度加工

正式加工前还需要输入工件及工作台参数指令 *W*、*H*、*S*，其含义分别为

W——下导轮中心至工作台面的距离，单位为 mm。

H——工件厚度，单位为 mm。

S——工作台面至上导轮中心的距

离，单位为 mm。

3) ISO 代码编程举例

例 2.6 数控电火花快速走丝线切割加工如图 2-31 所示的凸模零件，切割起点为坐标原点 O，补偿量=钼丝半径+放电间隙=0.1 mm，切割顺序为 $O \to A \to B \to C \to D \to A \to O$，请用相对坐标方式编制其电火花线切割加工程序。

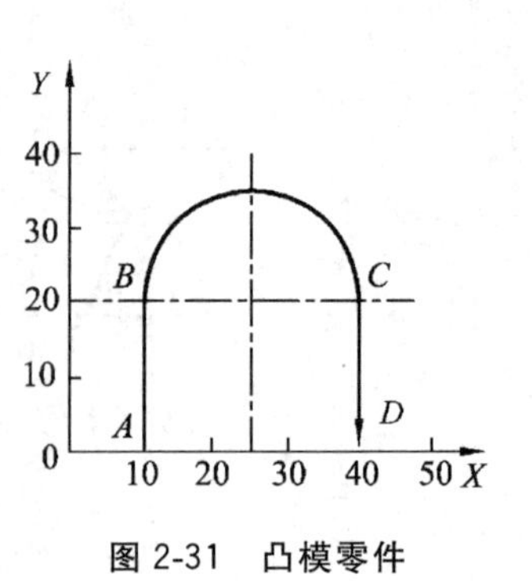

图 2-31 凸模零件

解 由题可知，电极丝是沿顺时针方向切割实心凸模零件的，故补偿使用 G41 指令，其完整的相对坐标加工程序如下：

P20	取程序名
N01 G91 G92 X0 Y0;	设定切割起点为坐标原点 O，相对坐标方式编程
N02 G41 D100;	进刀线之前设定左偏移补偿，补偿值为 100 μm
N03 G01 X10000 Y0;	设定进刀线 $O \to A$
N04 G01 X0 Y20000;	直线插补 $A \to B$
N05 G02 X30000 Y0 I15000 J0;	顺时针圆弧插补 $B \to C$
N06 G01 X0 Y-20000;	直线插补 $C \to D$
N07 G01 X-30000 Y0;	直线插补 $D \to A$
N08 G40;	退刀线之前取消偏移补偿
N09 G01 X-10000 Y0;	退刀线 $A \to O$
N10 M02;	程序结束

例 2.7 用数控电火花快速走丝线切割加工机床加工如图 2-32 所示的带锥度的凸模零件（锥度为 3°）。已知钼丝直径为 ϕ0.2 mm，单边放电间隙为 0.01 mm，切割起点为坐标原点，按箭头所示方向进行切割，请用绝对坐标方式编制其 ISO 电火花线切割加工程序。

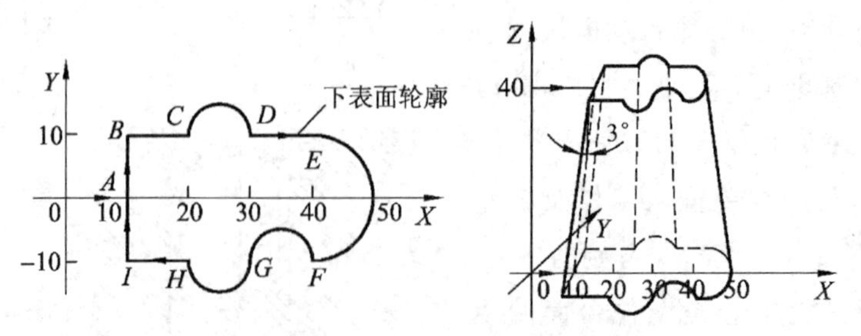

图 2-32 带锥度的凸模零件

解 依据题目要求，本题程序需要应用补偿和锥度加工指令，因零件为实心件，切割方向为顺时针方向，故采用左偏移补偿指令 G41。同时该零件为带 3°锥角且形状为上小下大，需应用锥度右偏指令 G52，编程时以零件下表面为编程参考面，其完整的绝对坐标加工程序如下：

P30	取程序名
N0010 G90 G92 X0 Y0；	定义切割起点为坐标原点 O，绝对坐标方式编程
N0020 G41 D110；	进刀线之前设定左偏移补偿，补偿值为 110 μm
N0030 G52 A3；	进刀线之前设定锥度右偏指令，锥角为 3°
N0040 G01 X10000 Y0；	设定进刀线 $O\rightarrow A$
N0050 G01 X10000 Y10000；	直线插补 $A\rightarrow B$
N0060 G01 X20000 Y10000；	直线插补 $B\rightarrow C$
N0070 G02 X30000 Y10000 I5000 J0；	顺时针圆弧插补 $C\rightarrow D$
N0080 G01 X40000 Y0；	直线插补 $D\rightarrow E$
N0090 G02 X40000 Y-10000 I0 J-10000；	顺时针圆弧插补 $E\rightarrow F$
N0100 G03 X30000 Y-10000 I-5000 J0；	逆时针圆弧插补 $F\rightarrow G$
N0110 G02 X20000 Y-10000 I-5000 J0；	顺时针圆弧插补 $G\rightarrow H$
N0120 G01 X10000 Y-10000；	直线插补 $H\rightarrow I$
N0130 G01 X10000 Y0；	直线插补 $I\rightarrow A$
N0140 G40；	退刀线之前取消偏移补偿
N0150 G50；	退刀线之前取消锥度
N0160 G01 X0 Y0；	退刀线 $A\rightarrow O$
N0170 M02；	程序结束

4. 自动编程

手工编程比较烦琐，利用计算机进行自动编程是必然趋势。自动编程使用专用的数控语言及各种输入手段，向计算机输入必要的形状和尺寸数据；再利用专门的应用软件即可求得各交、切点坐标及编写数控加工程序所需的数据，编写出数控加工程序；并可由打印机打出加工程序单，由穿孔机穿出数控纸带，或直接将程序传输给电火花线切割加工机床。

目前，我国数控电火花快速走丝线切割加工机床加工的自动编程系统有三类。

(1) 语言式自动编程。它是根据编程语言进行编程的，程序简练，但事先需记忆大量的编程语言、语句，比较适合专业编程人员。

(2) 人机对话式自动编程。根据菜单采用人机对话来编程，简单易学，但比较烦琐。

(3) 图形交互式自动编程。为了使编程人员免除记忆枯燥烦琐的编程语言等麻烦，我国科研人员开发出了 YH、CAXA 等绘图式编程技术。只需根据待加工的零件图形，按照机械作图的步骤，在计算机屏幕上绘出零件图形，计算机内部的软件即可自动转换成 3B 或 ISO 代码电火花线切割加工程序，非常简捷方便，得到了广泛的应用。

对一些毛笔字体或熊猫、大象等工艺美术品复杂曲线图案的编程，可以用数字化仪靠描图法把图形直接输入计算机，或用扫描仪直接对图形扫描输入计算机，处理成“一笔画”，再经过内部的软件处理，编译成电火花线切割加工程序。图 2-33 所示就是利用扫描仪直接输入图形经编程切割出的工件图形。

图 2-33　利用扫描仪直接输入图形经编程切割出的工件图形

四、数控电火花线切割加工的工艺指标与影响因素

数控电火花线切割加工一般是作为工件精加工中的一道工序进行的。要达到零件的加工要求，就应该熟悉数控电火花线切割加工的工艺规律，以及各项参数对加工工艺指标的影响。衡量电火花线切割加工的工艺指标主要有切割速度、切割精度、切割表面粗糙度等。为了获得较高的加工工艺指标，就必须了解各项参数对工艺指标的影响规律，以及各项工艺指标的相互影响。

1. 数控电火花线切割加工的主要工艺指标

数控电火花线切割加工的主要工艺指标有切割速度、加工精度、表面粗糙度和电极丝损耗量，它们用于对数控电火花线切割加工的过程、加工的效果进行综合评价。

(1) 切割速度。在保证一定表面粗糙度的切割条件下，单位时间内电极丝中心线在工件上切割的面积总和称为切割速度，单位为 mm^2/min；也有以电极丝沿图形加工轨迹的进给速度作为电火花线切割加工的切割速度，单位为 mm/min。

最高切割速度是指在不计切割方向和表面粗糙度等条件下，机床所能达到的最大切割速度。电火花快速走丝线切割加工速度一般为 40～120 mm^2/min，它与加工电流大小有关。为了在不同脉冲电源、不同加工电流下比较切割效果，将每安培电流的切割速度称为切割效率，一般切割效率为 20 $mm^2/(min \cdot A)$。

(2) 加工精度。加工精度是指加工后工件的尺寸精度、形状精度(如直线度、平面度、圆度等)和位置精度(如平行度、垂直度、倾斜度等)的总称。加工精度是一项综合指标，它包括切割轨迹的控制精度、机械传动精度、工件装夹定位精度及脉冲电源参数的波动，电极丝的直径误差、损耗与抖动，工作液脏污程度的变化和加工操作者的熟练程度等对加工精度的影响。

电火花快速走丝线切割加工的可控精度一般为 0.01～0.025 mm，电火花慢速走丝线切割加工的可控精度一般为0.002～0.005 mm。

(3) 表面粗糙度。电火花快速走丝线切割加工的表面粗糙度 Ra 一般为6.3～2.5 μm，最佳表面粗糙度 Ra 也只有1 μm左右。电火花慢速走丝线切割加工的表面粗糙度一般为 Ra1.25 μm，最佳表面粗糙度可达 Ra0.2 μm。

(4) 电极丝损耗量。对于电火花快速走丝线切割加工机床，电极丝损耗量用电极丝在切割面积达10000 mm^2 后电极丝直径的减少量表示，一般减小量不应大于0.01 mm；对于电火花慢速走丝线切割加工机床，因电极丝是一次性使用的，故电极丝损耗量可以忽略不计。

2. 电参数对工艺指标的影响

目前，数控电火花线切割加工中广泛应用的脉冲电源波形是矩形波。现以矩形波脉冲电源为例说明电参数对数控电火花线切割加工工艺指标的影响。

在数控电火花线切割加工中，电参数的设置通常需要在保证工件表面质量、尺寸精度的前提下，尽量提高加工效率。

1) 脉冲宽度 t_i 对工艺指标的影响

在一定的工艺条件下，脉宽 t_i 增加，切割速度会加快，工件表面粗糙度值也随之增大。这是因为增大脉宽时，单个脉冲放电能量会增加，电蚀痕迹会变大。同时，随着脉宽的增加，正离子对电极丝的撞击作用加强，使接脉冲电源负极的电极丝损耗也变大。

脉宽 t_i 增加的初期，加工速度增加较快，但随着脉宽 t_i 的进一步增大，加工速度增加趋于平缓，这是因为单个脉冲放电时间过长，会使局部温度升高，形成对侧边的加工量增大，热量散发快，加工稳定性变差，从而影响加工速度，表面粗糙度值变化趋势也一样，如图2-34所示。一般取脉宽 t_i 为2～60 μs，当脉宽 t_i 大于40 μs后，加工速度提高不多，但电极丝损耗增大。

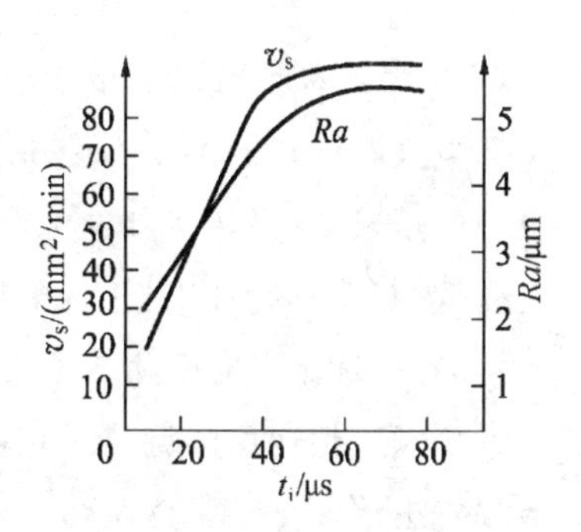

图2-34　脉宽 t_i 与加工速度、表面粗糙度的关系曲线

2) 脉冲间隔 t_o 对工艺指标的影响

在特定的工艺条件下，减小脉间 t_o，提高了脉冲频率，增大了平均电流，从而提高了电火花线切割加工速度，但表面粗糙度值增大不多。这表明 t_o 对加工速度影响较大，对表面粗糙度值影响较小。但 t_o 不能过小，否则消电离不充分，电蚀产物来不及排除，使加工变得不稳定，容易造成工件烧伤或断丝。若脉间 t_o 值过大，会降低电火花线切割加工速度，严重时导致放电不能连续，使加工变得不稳定，如图2-35所示。

一般情况下，对于难加工、厚度大、排屑不利的工件，脉间选得要大一些，一般为脉宽的5～8倍；对于加工性能好、厚度比较薄的工件，脉间可选取为脉宽的3～5倍。t_o 选取主要考虑加工稳定性、防短路、排屑好。在满足加工要求的前提下，通常减小 t_o 值以获得较高的加工速度。

3) 峰值电流$\hat{i}_s$对工艺指标的影响

峰值电流是决定单个脉冲能量的主要因素之一。峰值电流增大，单个脉冲能量增加，所以电蚀痕迹增大，故电火花线切割加工速度提高，但表面粗糙度值增大，如图 2-36 所示。增大峰值电流不仅使工件电腐蚀痕迹变大，而且使电极丝损耗加大，甚至容易断丝，加工精度下降。粗加工及切割厚工件时应取较大的放电峰值电流，精加工时应取较小的放电峰值电流。放电峰值电流不能无限增大，当其达到一定临界值时，若再继续增大峰值电流，则电火花线切割加工的稳定性变差，加工速度明显下降，甚至断丝。一般放电峰值电流小于 40 A，平均电流小于 5 A。

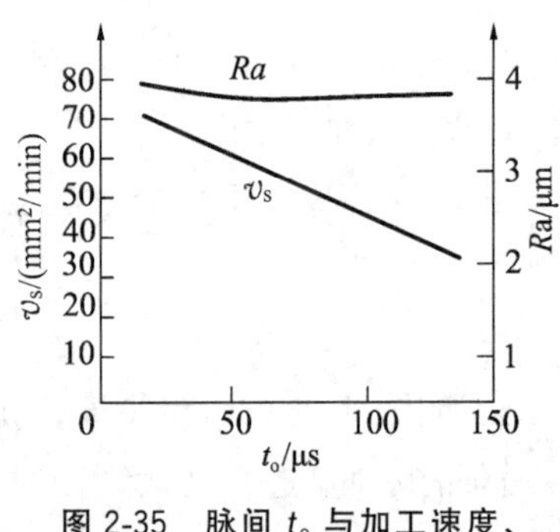

图 2-35　脉间 t_o 与加工速度、表面粗糙度的关系曲线

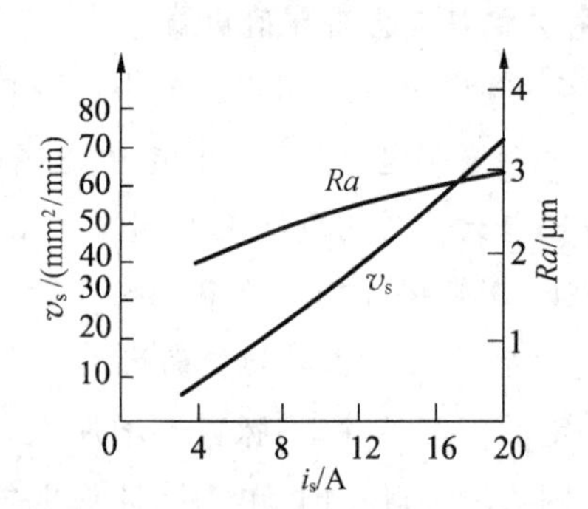

图 2-36　峰值电流与加工速度、表面粗糙度的关系曲线

4) 电源极性对工艺指标的影响

电火花线切割加工因使用脉冲宽度较窄，所以通常采用正极性加工，即工件接脉冲电源的正极，电极丝接脉冲电源的负极。若极性反过来接，将会使电火花线切割加工速度变低，甚至不能加工，并且电极丝损耗增大。

5) 变频进给速度对工艺指标的影响

变频进给速度的调节对切割速度、加工精度和表面加工质量的影响很大。因此，调节预置进给速度应紧密跟踪工件的蚀除速度，以保持加工间隙恒定在最佳值上。

最佳的变频进给速度应当使有效放电状态的比例尽量大，开路和短路状态的比例尽量小。此时，电火花线切割加工速度达到加工条件下的最大值，相应的加工精度和表面质量也最好。

若变频进给速度超过工件的蚀除速度，将会出现频繁的短路现象，切割速度反而降低，表面粗糙度值也会变大，上、下端面切口呈焦黄色，断丝频率增大；反之，若变频进给速度大大落后于工件的蚀除速度，两极间将偏于开路，直接影响切割速度。同时，由于加工间隙较大，在间隙中电极丝的振动会造成时而开路、时而短路，这也会影响加工表面的粗糙度值。

3. 非电参数对工艺指标的影响

非电参数包括电极丝、工作液、工件材料及厚度等，这些因素都对电火花线切割加工工艺指标有影响。

1）电极丝材料、直径、走丝速度、张力等对工艺指标的影响

（1）电极丝材料对工艺指标的影响

电火花快速走丝线切割加工的电极丝是快速往复运行的，在加工过程中反复使用。电极丝材料不同，对切割速度等工艺指标的影响也不同。它的热物理特性对工艺指标有重要的影响。电极丝应有良好的耐蚀性，并具有良好的导电性，以提高加工速度和加工精度；电极丝应具有较高的熔点，以利于大电流的加工；电极丝还应具有较高的抗拉强度和直线度，以利于提高使用寿命。

一般情况下，电火花快速走丝线切割加工常用的电极丝材料有钼丝、钨丝、钨钼丝等。钨丝抗拉强度高，直径为ϕ0.03～ϕ0.1 mm，可获得较高的加工速度，但放电后丝质变脆，容易断丝，一般用于窄缝的精加工，价格也较高；钼丝抗拉强度高，韧性好，丝质不易变脆，不易断丝；钨钼丝加工效果较前两种都要好，它具有钨、钼两者的优点，所以当前电火花快速走丝线切割加工机床大多选用钨钼丝或钼丝作为电极丝。

（2）电极丝直径对工艺指标的影响

电极丝直径的选择应依据切缝的宽窄、工件的厚度、拐角的大小来进行选取。

若加工带尖角、窄缝的小型工件，则可以选取较细的电极丝，使加工精度提高。缺点是在加工时，峰值电流不能大，否则容易造成断丝，使加工效率降低。

若加工大厚度工件或切割速度要求较快时，应选取较粗的电极丝。较粗的电极丝抗拉强度大，能承受的加工电流大，同时切口较宽，放电产生的电蚀产物容易排除，使加工变得更加稳定，从而提高了加工速度，但加工精度和表面粗糙度下降。电极丝直径过大时，切口过宽，需要蚀除的材料增多，导致切割速度下降，而且难以加工出内尖角的工件。目前，最常用的电极丝直径有ϕ0.18 mm、ϕ0.20 mm，根据工件情况也可选用ϕ0.15 mm、ϕ0.12 mm。

（3）电极丝张力对工艺指标的影响

电极丝张力对工艺指标的影响如图2-37所示。在切割起始阶段，随着电极丝张力的增大，切割速度加快。这是因为张力增大时，电极丝的振幅变小，切缝宽度变窄，进给速度加快。

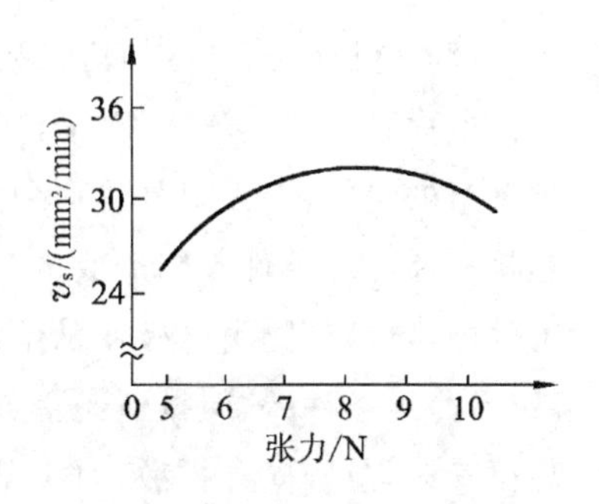

图2-37　电极丝张力与切割速度的关系曲线

若电极丝张力过小，则一方面电极丝抖动厉害，会频繁出现短路现象，使加工不稳定，加工精度不高；另一方面，电极丝张力过小使电极丝在加工过程中受放电压力作用而产生弯曲变形严重，导致电极丝切割轨迹落后并偏移工件轮廓，即出现加工滞后现象，从而造成形状和尺寸误差，如切割较厚的圆柱时会出现腰鼓形状，严重时电极丝在快速运转过程中会跳出导轮槽，造成断丝等故障。若电极丝张力过大，切割速度不仅不继续上升，反而容

易断丝。电极丝断丝的机械原因主要是受电极丝本身抗拉强度的限制。因此,在多次电火花线切割加工中,往往在初加工时,将电极丝的张力稍微调小,以保证不断丝;在精加工时,将电极丝的张力稍微调大,以减小电极丝抖动的幅度,从而提高加工精度。

(4) 走丝速度对工艺指标的影响

对于电火花快速走丝线切割加工机床,在一定的范围内,随着电极丝走丝速度(常简称丝速)的提高,有利于电极丝把工作液快速及大量地带入切缝中,有利于放电通道的消电离和电蚀产物的排除,减少短路机会,保持放电加工稳定,从而提高切割速度,如图 2-38 所示;但走丝速度过快,将使电极丝的振动加大,降低加工精度和切割速度,表面质量也将恶化,并且容易断丝。

对于电火花慢速走丝线切割加工机床来说,同样也是走丝速度加快,切割速度增大。因为电火花慢速走丝线切割加工机床的电极丝的丝速范围约为零点几毫米每秒到几百毫米每秒。这种走丝方式比较平稳、均匀,电极丝抖动小,故加工出的零件表面粗糙度好,加工精度高;但走丝速度慢会导致电蚀产物不能及时被带出放电间隙,易造成短路及不稳定放电现象。提高电极丝走丝速度,工作液容易被带入放电间隙,电蚀产物也容易排出间隙之外,故改善了间隙状态,进而可提高切割速度。但在一定的工艺条件下,当走丝速度达到某一值后,切割速度就趋向稳定,如图 2-39 所示。

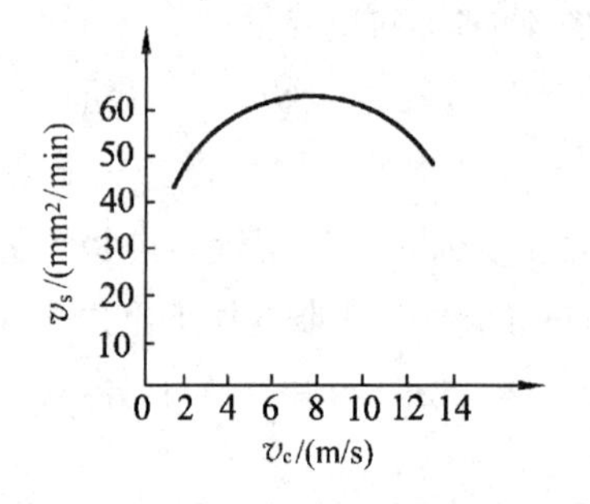

图 2-38 快速走丝丝速对切割速度的影响

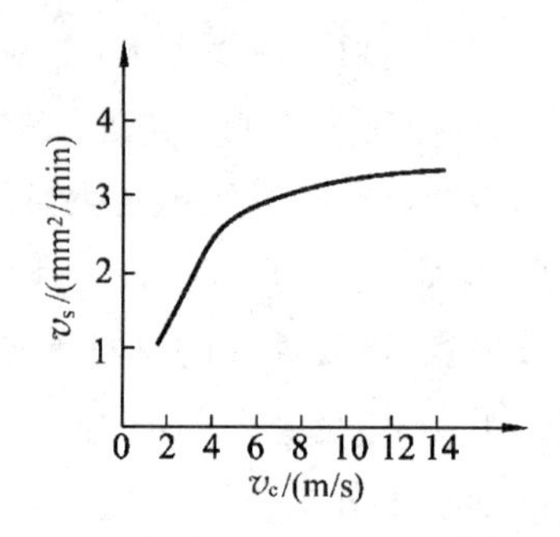

图 2-39 慢速走丝丝速对切割速度的影响

(5) 电极丝往复运动对工艺指标的影响

电火花快速走丝线切割加工时,加工工件表面往往出现黑白交错相间的条纹,电极丝进口处呈黑色,出口处呈白色,如图 2-40a 所示。条纹的出现与电极丝的运动有关,这是排屑和冷却条件不同造成的。电极丝从上向下运动时,工作液由电极丝从上部带入工件内,电蚀产物由电极丝从下部带出。这时,上部工作液充分,冷却条件好;下部工作液少,冷却条件差,但排屑条件比上部好。工作液在放电间隙里受高温热裂分解,形成高压气体,急剧向外扩散,对上部电蚀产物的排除造成困难。这时,放电产生的炭黑等物质将凝聚附着在上部加工表面,使之呈黑色;在下部,排屑条件好,工作液少,电蚀产物中炭黑较少,而且放电常常是在气体中发生的,因此下部加工表面呈白色。同理,当电极丝从下向上运动时,下部呈黑色,上部呈白色。这样,经过电火花线切割加工的表面就形成黑白交错相间的条纹,这是往复走丝的工艺特性之一。

加工表面两端出现黑白交错相间的条纹，使工件加工表面两端的表面质量比中部稍有下降。当电极丝较短、卷丝筒换向周期较短或者切割较厚工件时，如果进给速度和脉冲间隔调整不当，尽管加工结果看上去似乎没有条纹，实际上条纹却很密而且相互重叠。

电极丝往复运动还会造成斜度。电极丝上下运动时，电极丝进口处与出口处的切口宽窄不同，如图 2-40b 所示。宽口是电极丝的入口处，窄口是电极丝的出口处。故当电极丝往复运动时，在同一切割表面中，电极丝进口与出口的高低不同，这对加工精度和表面粗糙度是有影响的。图 2-40c 所示为切缝剖面示意图。由图可知，电极丝的切口不是直壁缝，而是两端小、中间大的鼓形缝。这也是往复走丝的工艺特性之一。

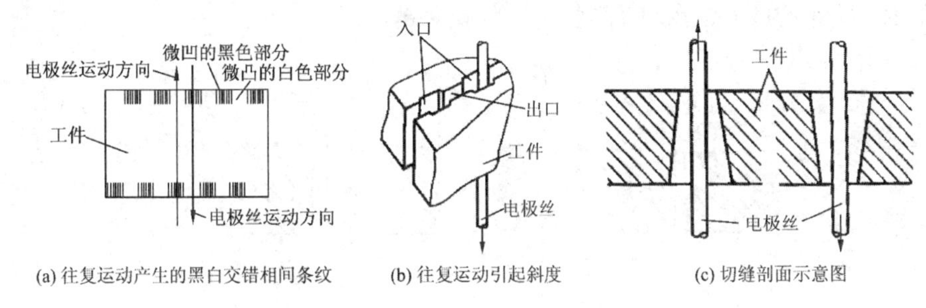

(a) 往复运动产生的黑白交错相间条纹　(b) 往复运动引起斜度　(c) 切缝剖面示意图

图 2-40　电极丝往复运动造成的影响

对电火花慢速走丝线切割加工，上述不利于加工表面质量的因素可以克服。一般电火花慢速走丝线切割加工无须换向，加之便于维持放电间隙中的工作液和电蚀产物的大致均匀，所以可以避免产生黑白交错相间的条纹。同时，由于电火花慢速走丝线切割加工机床电极丝运行速度较低，走丝运动稳定，因此不易产生较大的机械振动，从而避免了加工面的波纹。

2）工作液对工艺指标的影响

在相同的工艺条件下，采用不同的工作液可以得到不同的切割速度和表面粗糙度。电火花线切割加工的切割速度与工作液的介电系数、流动性、洗涤性能等因素有关。电火花快速走丝线切割加工机床的工作液有煤油、去离子水、乳化液、洗涤剂液、酒精溶液等。由于煤油、酒精溶液作为工作液时加工速度低，易燃烧，现已很少采用。目前，电火花快速走丝线切割加工机床广泛采用的工作液是乳化液，电火花慢速走丝线切割加工机床采用的工作液是去离子水和煤油。

工作液的注入方式和注入方向对电火花线切割加工精度有较大影响。工作液的注入方式有浸泡式、喷入式和浸泡喷入复合式。在浸泡式注入方法中，电火花线切割加工区域流动性差，加工不稳定，放电间隙大小不均匀，很难获得理想的加工精度；喷入式注入方法是目前国产电火花快速走丝线切割加工机床应用最广的一种，因为工作液以喷入这种方式强迫注入工作区域，放电间隙里的工作液流动更快，加工较稳定。但是，由于工作液喷入式难免带进一些空气，故不时发生气体介质放电，其蚀除特性与液体介质放电不同,从而影响加工精度。相较于浸泡式,喷入式优点明显,所以大多数电火花快速走丝线切割加工机床采用喷入式。在精密电火花线切割加工中,电火花慢速走丝线切割加工普遍采用浸泡喷入复合式的工作液注入方式,它既体现了喷入式的优点,又避免了喷入式带进空气的隐患。

工作液的喷入方向分为单向和双向两种。无论采用哪种喷入方向,在电火花线切割加工中,因为切口狭小,放电区域液体介质的介电系数不均匀,所以放电间隙也不均匀,并且导致加工面不平、加工精度不高。若采用单向喷入工作液,入口处工作液纯净,出口处工作液杂质较多,这样就会产生加工斜度,如图 2-41a 所示;若采用双向喷入工作液,则上下入口处的工作液较为纯净,中间部位杂质较多,介电系数较低,这样会产生鼓形切割面,如图 2-41b 所示,工件越厚,这种现象越明显。

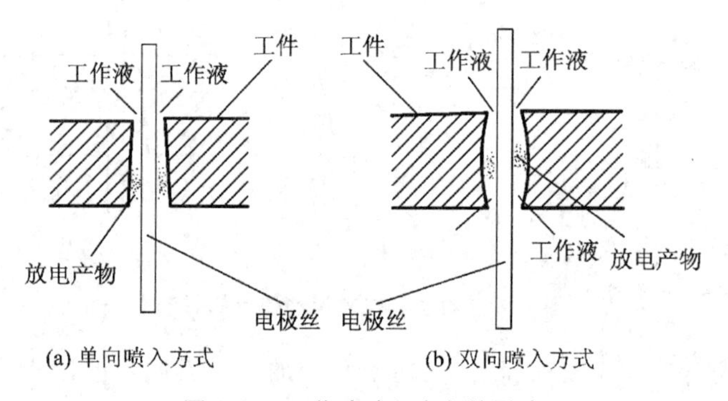

(a) 单向喷入方式　　(b) 双向喷入方式

图 2-41　工作液喷入方向的影响

3）工件材料及厚度对工艺指标的影响

(1) 工件材料对工艺指标的影响

在工艺条件大体相同的情况下,工件材料不同,其熔点、汽化点、热导率等均不同,因此切割速度和加工效果也会有较大差异。铜的切割速度高于钢,钢高于铜钨合金,铜钨合金高于硬质合金。一般电火花快速走丝线切割加工机床在采用乳化液进行加工时,不同材料影响如下:

① 加工铜、铝、淬火钢时,加工过程比较稳定,切割速度高。

② 加工不锈钢、磁钢、未淬火钢时,切割速度较低,表面粗糙度值较大。

③ 加工硬质合金时,加工速度较低,但加工过程稳定,表面粗糙度值较小。

(2) 工件厚度对工艺指标的影响

工件厚度对工作液进入和流出加工区域及电蚀产物的排除、通道的消电离等都有较大的影响。同时,电火花通道压力对电极丝抖动的抑制作用也与工件厚度有关。因此,工件厚度对电火花线切割加工稳定性和加工速度必然产生相应的影响。若工件薄,则工作液容易进入和充满放电间隙,对排屑和消电离有利,加工稳定性好。但工件太薄,对固定丝架来说,电极丝从工件两端面到导轮的距离大,易发生抖动,对加工精度和表面质量带来不利影响,且脉冲利用率低,切割速度下降。若工件厚,则工作液难以进

入和充满放电间隙，这样对排屑和消电离不利，加工稳定性差，但电极丝不易抖动，对提高加工精度和表面质量有利。因此，在一定的工艺条件下，切割速度将随工件厚度的增加而增加，达到某一最大值后反而下降，这是因为工件厚度过大时，排屑条件变差。图2-42a所示为电火花快速走丝线切割加工时工件厚度对切割速度的影响曲线；图2-42b所示为电火花慢速走丝线切割加工时工件厚度对切割速度的影响曲线。

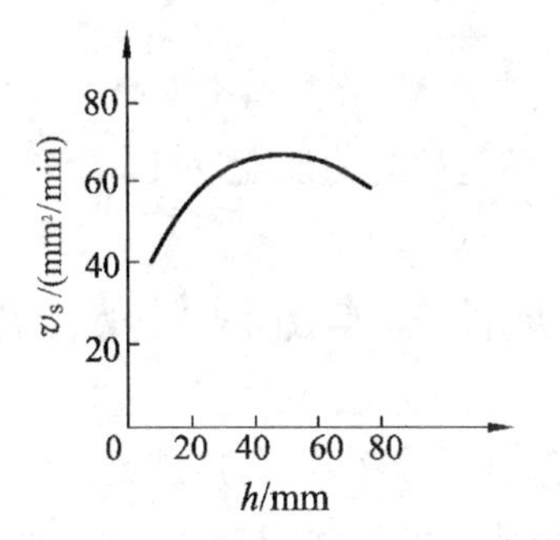

(a) 快速走丝时工件厚度对切割速度的影响

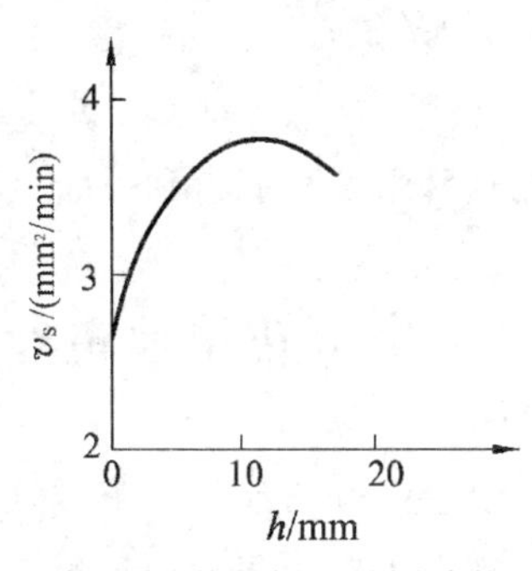

(b) 慢速走丝时工件厚度对切割速度的影响

图2-42　工件厚度对切割速度的影响

4）进给速度对工艺指标的影响

（1）进给速度对切割速度的影响

在电火花线切割加工时，工件不断地被蚀除，即有一个蚀除速度；另一方面，为了电火花线切割加工的正常进行，电极丝必须向前进给，即有一个进给速度。正常加工时，蚀除速度大致等于进给速度，从而使放电间隙维持在一个正常的范围内，这样电火花线切割加工能连续进行下去。

蚀除速度与设备的性能、工件的材料、电参数、非电参数等有关，但一旦对某一工件进行加工时，它就可以看成是一个常量。在国产的电火花快速走丝线切割加工机床中，有很多机床的进给速度需要人工调节，它又是一个随时可变的可调节参数。

正常的电火花线切割加工就要保证进给速度与蚀除速度大致相等，使进给均匀平稳。若进给速度高于蚀除速度（即过跟踪），则放电间隙会越来越小，以致产生短路。当出现短路时，电极丝马上会产生短路而快速回退。当回退到一定距离时，电极丝又以大于蚀除速度的进给速度向前进给，又产生短路、回退。这样频繁地发生短路现象，一方面会造成加工的不稳定，另一方面还会造成断丝。若进给速度低于蚀除速度（即欠跟踪），则电极丝与工件之间的距离会越来越大，造成开路。这样会使工件蚀除过程暂时停顿，整个切割速度自然会大大降低。由此可见，在电火花线切割加工中，进给速度的调节虽然本身不具有提高切割速度的能力，但它能影响电火花线切割加工的稳定性。

（2）进给速度对工件表面质量的影响

进给速度调节不当，不但会造成频繁的短路、开路，而且还会影响加工工件的表面粗糙度，致使出现不稳定条纹，或者出现表面烧蚀现象。下面分4种情况进行讨论。

① 进给速度过高。这时工件蚀除速度低于进给速度，会频繁出现短路，造成加工不稳定，平均切割速度降低，加工表面发焦，呈褐色，工件的上、下端面均有过烧现象。

② 进给速度过低。这时工件蚀除速度大于进给速度，会经常出现开路，导致加工不能连续进行，加工表面也发焦，呈淡褐色，工件的上、下端面也有过烧现象。

③ 进给速度稍低。这时工件蚀除速度略高于进给速度，加工表面较粗、较白，两端面有黑白相间的条纹。

④ 进给速度适宜。这时工件蚀除速度与进给速度相匹配，加工表面细而亮，丝纹均匀。因此，在这种情况下能得到表面粗糙度较好、精度较高的加工效果。

任务二　电火花快速走丝线切割加工基本流程与操作规范

有了好的机床、好的控制系统、好的电源及合理的程序，不一定就能加工出好的工件，还必须重视电火花线切割加工时的工艺技术、技巧及操作规范。因此，做好加工前的准备工作，合理地安排好加工工艺路线，合理地选择加工参数，熟悉相关操作规范等都是高效率地加工出合格产品的重要环节。

一、电火花快速走丝线切割加工基本流程

数控电火花线切割加工通常作为零件的精加工工序，一般放在机加工工序和热处理工序之后，最终使零件达到图样要求的尺寸精度、形位精度和表面粗糙度等工艺指标。数控电火花线切割加工包括数控电火花快速走丝线切割加工和数控电火花慢速走丝线切割加工两种技术，它们加工模具或零件的过程基本相同，如图 2-43 所示。

1. 图纸审核与技术分析

零件在加工制造前，需对图样进行分析和审核。根据零件特点、加工要求来确定合理的加工工艺，是保证零件加工质量的第一步。在考虑选用电火花线切割加工时，应根据现有加工设备的情况，考虑这种工艺方法的可行性，如下列情况就不能实现电火花线切割加工。

① 窄缝小于电极丝直径加放电间隙的工件；

② 图形内角不允许有 R 角或内角要求的 R 角比电极丝直径还要小的工件；

③ 非导电材料的工件；

④ 厚度超过丝架跨距的工件；

⑤ 加工长度超过机床 X、Y 拖板的有效行程长度，且精度要求较高的工件。

在符合电火花线切割加工工艺的条件下，应根据零件的加工要求，如表面质量、尺寸精度要求，决定选用数控电火花快速走丝线切割加工机床还是数控电火花慢速走丝线切割加工机床来进行加工。对于尺寸精度、表面粗糙度要求很高的零件，应采用数控电火花慢速走丝线切割加工机床来完成。

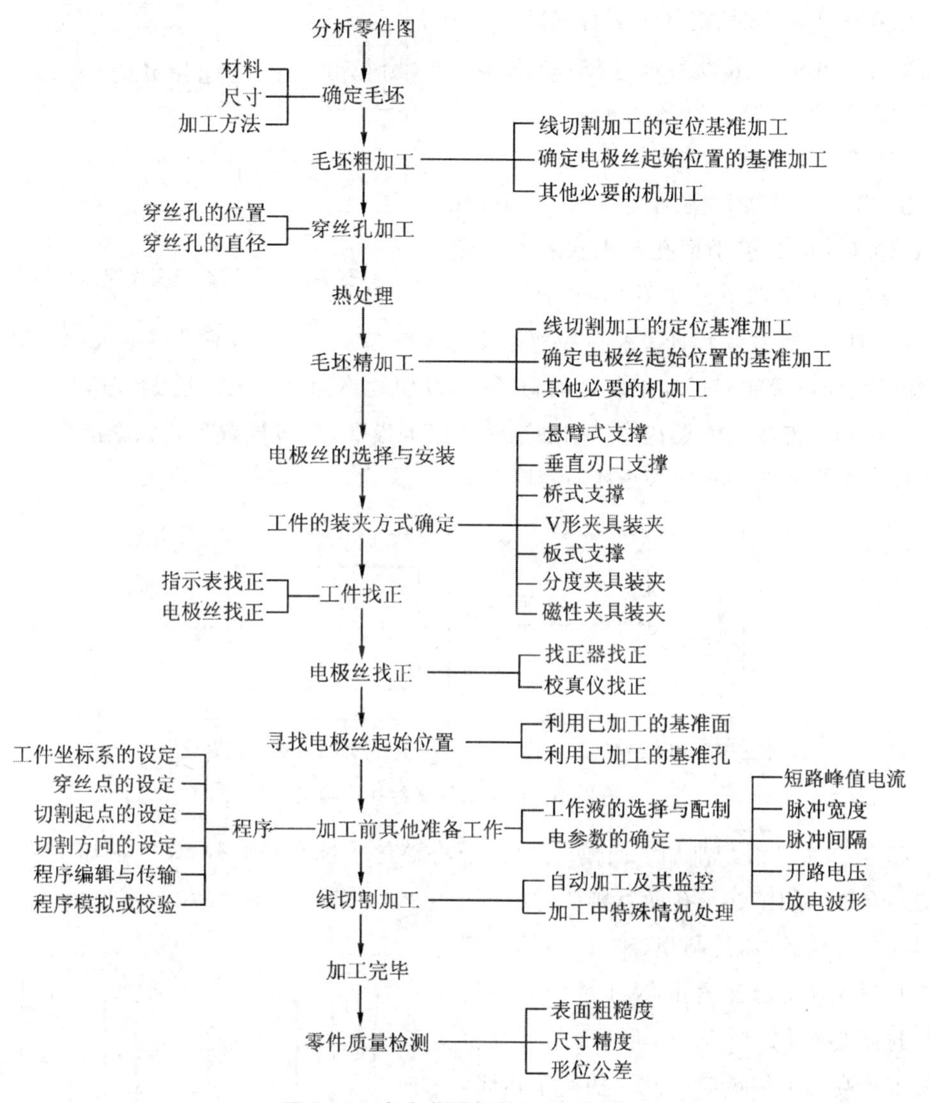

图 2-43　电火花线切割加工过程图

2. 加工前的预备工作

1）合理选择工件材料

为了减少电火花线切割加工造成的工件变形，应该选择锻造性能好、渗透性好、热处理变形小的材料，工件材料应按技术要求进行规范的热处理。

2）穿丝孔的确定

（1）加工穿丝孔的目的

在使用电火花线切割加工凹形类封闭零件时，为了保证零件的完整性，必须在电火花线切割加工前预先加工出穿丝孔；凸形类零件的电火花线切割加工也有必要预先加工穿丝孔。坯件材料在切断时，会破坏材料内部应力的平衡状态而造成材料的变形，影响加工精度，严重时切缝会夹住或拉断电极丝，使加工无法进行，从而造成工件报废。

当采用穿丝孔切割时，毛坯材料保持完整，不仅有效地防止夹丝和断丝的发生，还提高了零件的加工精度，如图 2-44 所示。

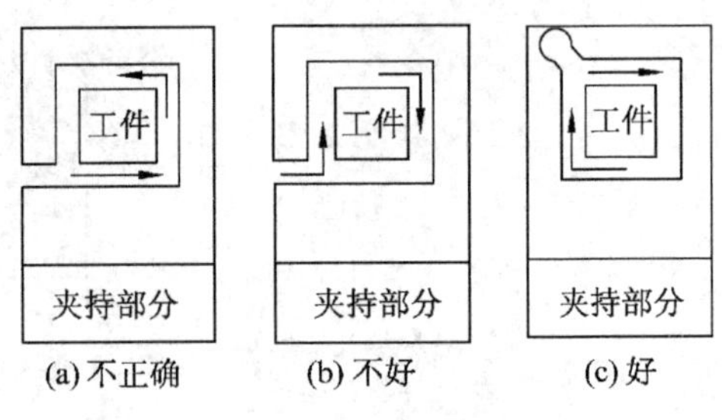

(a) 不正确　(b) 不好　(c) 好

图 2-44　切割凸模有无穿丝孔的比较

(2) 穿丝孔确定的原则

① 当电火花线切割加工带有封闭型孔的凹模工件时，对于小型孔的电火花线切割加工，穿丝孔可设置在小型孔的中心位置，如图 2-45a 所示，这样编程计算和电极丝定位都比较方便。对于大型孔的电火花线切割加工，穿丝孔应设置在靠近加工轨迹的边角处，以便运算简便，缩短切入行程，如图 2-45b 所示。在同一工件上电火花线切割加工两个以上模孔时，应设置各自独立的穿丝孔，不可仅设一个穿丝孔一次切割出所有模孔。

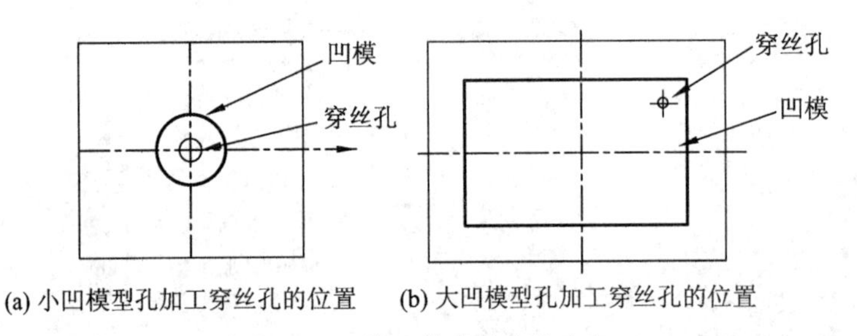

(a) 小凹模型孔加工穿丝孔的位置　(b) 大凹模型孔加工穿丝孔的位置

图 2-45　凹模工件穿丝孔的确定

② 当电火花线切割加工凸模外形时，应将穿丝孔选在型面外，设置在加工起点处。一般不允许不加工穿丝孔而直接从材料侧面切入，如图 2-46a 所示，这样残余应力将从切口处向外释放，易使凸模变形。凸模切割时最好预先加工出穿丝孔，从工件内对凸模进行封闭切割，如图 2-46b 所示，尤其是精度要求较高的工件更应如此。切割窄槽时，穿丝孔应选在图形最宽处，不允许穿丝孔与切割轨迹相交。电火花线切割加工大型凸模时，可沿加工轨迹设置多个穿丝孔，以便断丝时能够就近重新穿丝继续切割。

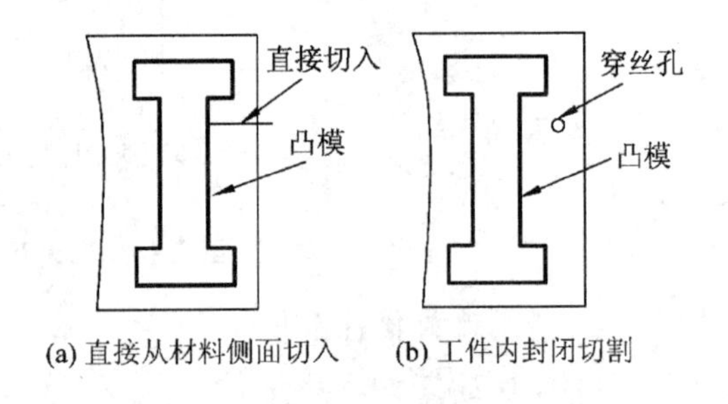

(a) 直接从材料侧面切入　(b) 工件内封闭切割

图 2-46　凸模工件穿丝孔的确定

③ 穿丝孔的直径大小要适宜（一般为 $\phi 2 \sim \phi 8$ mm），否则加工较困难。若由于零件加工轨迹等方面的原因导致穿丝孔的直径必须很小，则在打穿丝孔时要小心，尽量避免打歪或尽可能减少穿丝孔深度。图 2-47a为直接用打孔机打孔，操作较困难；图 2-47b 是在不影响使用的情况下，将底部

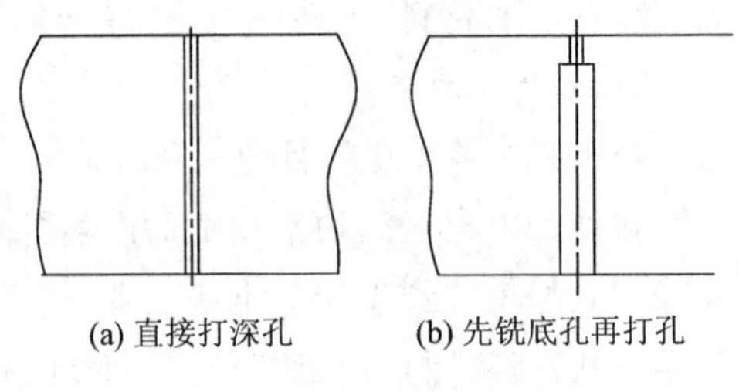
(a) 直接打深孔　(b) 先铣底孔再打孔

图 2-47　穿丝孔深度

先铣削出较大的底孔来减少穿丝孔的深度,从而降低打孔的难度,这种方法在加工塑料模顶杆孔等零件时常用。穿丝孔加工完后,一定要注意清理孔内飞边毛刺,避免加工时产生短路而导致加工不能正常进行。

④ 穿丝孔位置与加工零件轮廓的最小距离和工件厚度有关,工件越厚,则穿丝孔位置与工件轮廓的最小距离越大(一般不小于 3 mm)。在实际生产中穿丝孔有可能打歪,如图 2-48a 所示,若穿丝孔与工件轮廓的最小距离过小,则可能导致工件报废;若穿丝孔与工件轮廓的最小距离过大,如图 2-48b 所示,则会增加线切割行程,浪费时间。

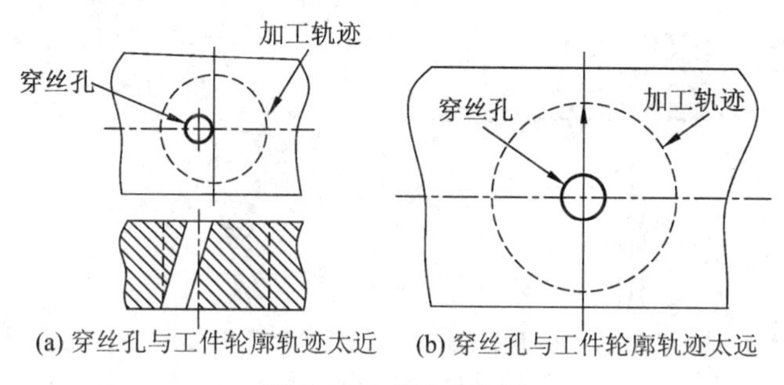

(a) 穿丝孔与工件轮廓轨迹太近　(b) 穿丝孔与工件轮廓轨迹太远

图 2-48　穿丝孔位置

3) 电火花线切割加工路径的合理确定

电火花线切割加工路径的合理与否关系到工件变形的大小。因此优化加工路径有利于提高电火花线切割加工的质量与效率。电火花线切割加工路径的安排应避免工件在加工过程中应力变形的影响,并遵循以下原则:

(1) 加工起点的确定

① 一般情况下,最好将加工起点安排在靠近夹持端,工件与其夹持部分分离的电火花线切割段安排在加工路径的末端,暂停点设置在靠近坯件夹持端部位。

② 加工路径的起始点应选择在工件表面较为平坦、对工作性能影响较小的部位。对于精度要求较高的工件,最好将加工起始点取在坯件上预制的穿丝孔中,不可从坯件外部直接切入,以免引起工件切开处发生变形。

(2) 进刀点的确定

① 从加工起点至进刀点路径要短,如图 2-49 所示。

② 进刀点从工艺角度考虑,放在棱边处为好。

③ 进刀点应避开有尺寸精度要求的地方,如图 2-50 所示。

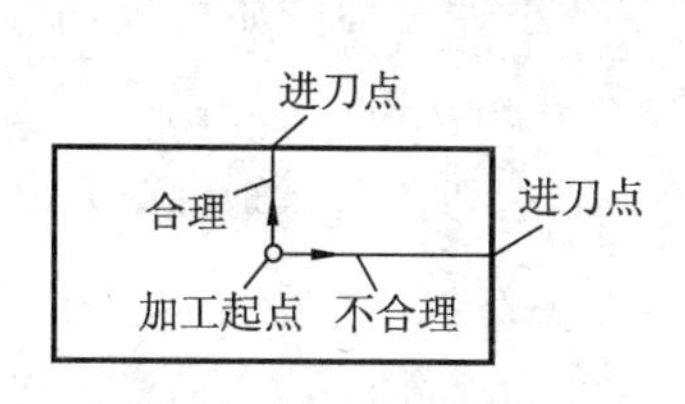

图 2-49　进刀点路径要短

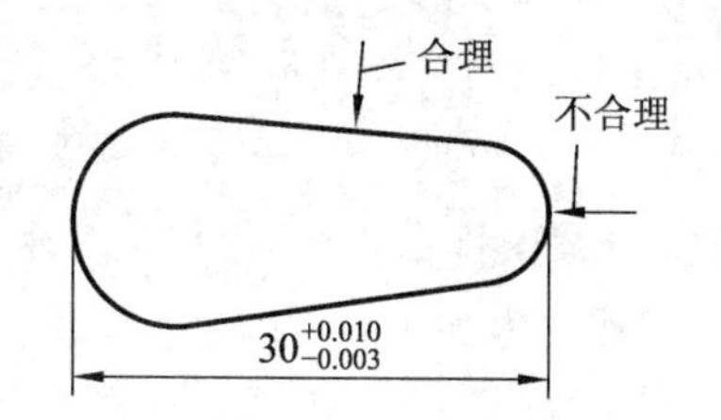

图 2-50　进刀点应避开有尺寸精度要求的地方

④ 进刀线应避免与程序第一段、最后一段重合或构成小夹角，如图 2-51 所示。

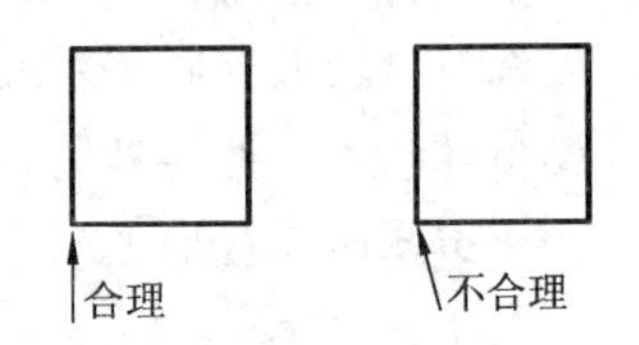

图 2-51 进刀线避免构成小夹角

(3) 加工路径的优化

① 当零件需要加工出拐角或尖角时，为避免出现“塌角”现象，可采用如图 2-52 所示的编程加工方法，在拐角处增加一个过切的小正方形(见图 2-52a)或者小三角形(见图 2-52b)作为附加程序，这样可以确保切割出棱角清晰的尖角。

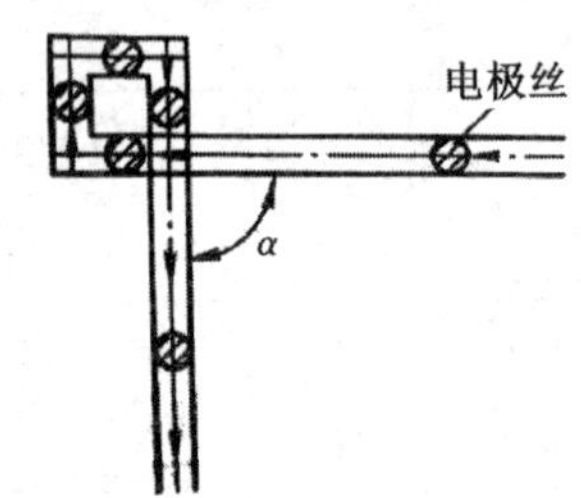

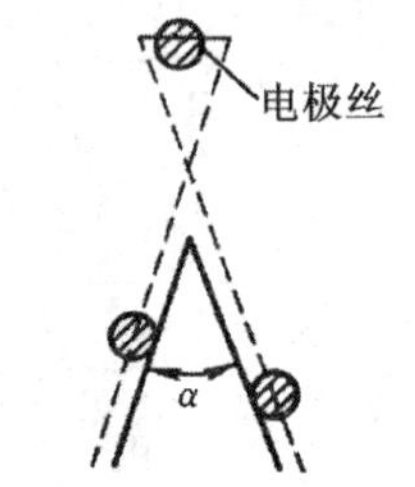

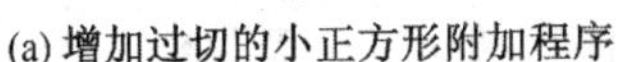

(a) 增加过切的小正方形附加程序　(b) 增加过切的小三角形附加程序

图 2-52 增加过切的附加程序

② 应将工件的夹持部分安排在线切割路线的末端，加工路线应先远离工件夹具的方向进行加工，最后再加工工件装夹处，这样可避免加工中因应力释放而引起的工件变形。图 2-53a 所示的切割路线为先切割靠近夹持端的部分，使主要连接部位一开始就被割离，余下的材料与夹持部分的连接较少，工件刚度下降，容易产生变形，从而影响加工精度；图 2-53b 所示的切割路线是合理的加工路线。

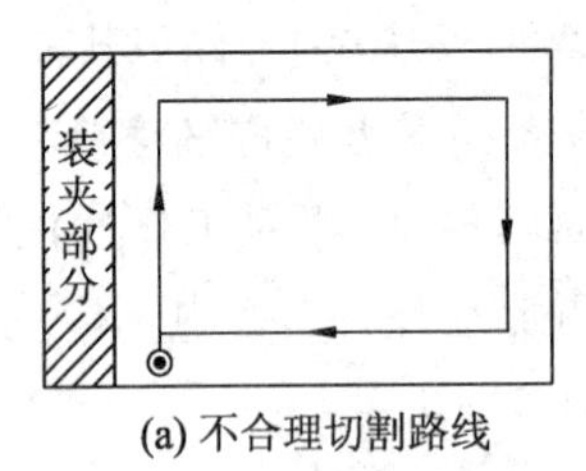

(a) 不合理切割路线

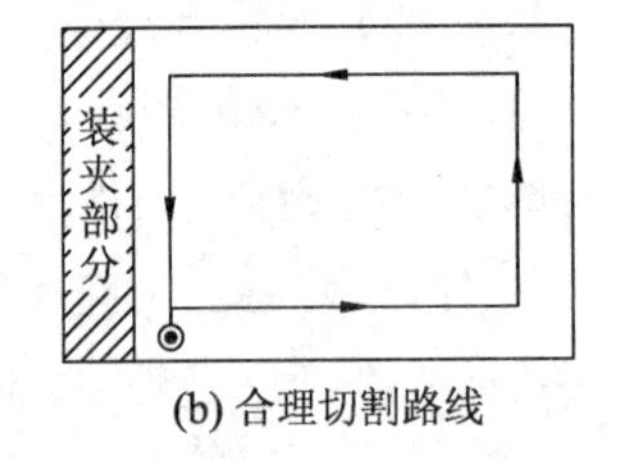

(b) 合理切割路线

图 2-53 夹持部分切割路线的安排

③ 线切割路线应从坯件预制的穿丝孔开始，由外向内顺序切割。若沿工件端面加工，则放电时电极丝单向受电火花冲击力，使电极丝运行不稳定，难以保证工件尺寸和表面精度。并且应避免从工件端面由内向外加工，以免降低工件的强度，引起工件变形，因此，应从工件预制穿丝孔开始加工。图 2-54a 采用从工件端面开始由内向外切割的方案，变形最大，不可取；图 2-54b 也是采用从工件端面开始切割，但切割路线由外向内，比图 2-54a 方案安排合理些，但仍会产生变形；图 2-54c 的切割起点取在坯件预制的穿丝孔中，且由外向内加工，产生的变形最小，为最佳的加工方案。

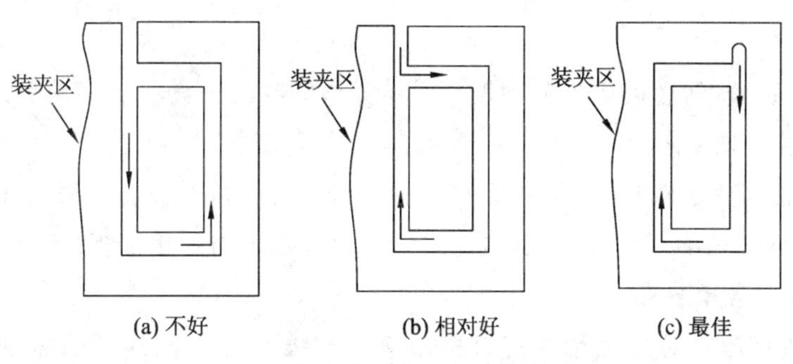

图 2-54　切割起点与切割路线的安排

④ 在一块毛坯上要切割出两个以上零件时，不应一次连续切割出来，而应从毛坯的不同预制穿丝孔开始切割加工，如图 2-55 所示。

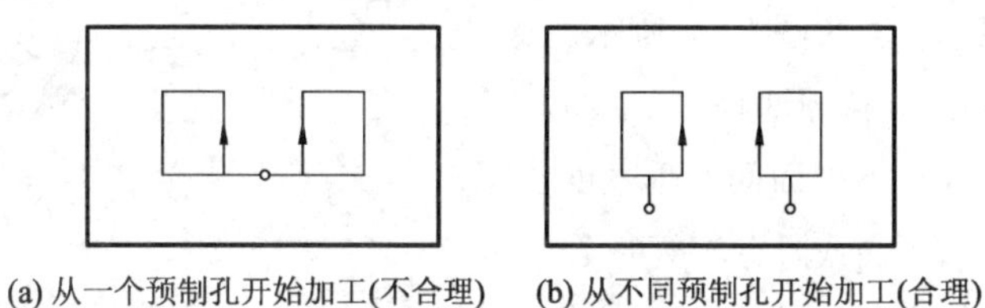

(a) 从一个预制孔开始加工(不合理)
(b) 从不同预制孔开始加工(合理)

图 2-55　从一块工件上加工 2 个以上零件的加工路线

⑤ 加工的路线距离端面(侧面)应大于 5 mm，避免工件结构强度降低而引起变形。

4）工件的装夹与校正

(1) 电火花线切割加工工件的装夹特点

① 由于电火花快速走丝线切割加工的切削作用力小，不像金属切削机床那样要承受很大的切削力，因而工件装夹时的夹紧力要求不大，有的地方还可以用磁力夹具定位。

② 电火花快速走丝线切割加工机床的工作液是靠高速运行的电极丝带入切缝的，不像电火花慢速走丝线切割加工那样要进行高压冲液，对切缝周围的材料余量没有要求，因此工件装夹比较方便。

③ 电火花线切割加工是一种贯通加工方法，因而工件装夹后被切割区域要悬空于工作台的有效切割区域，一般采用悬臂支撑或桥式支撑方式装夹。

(2) 工件装夹的一般要求

① 工件尺寸大小应在机床工作台行程的允许范围内，工件重量不得超过工作台的允许载荷。

② 大重量工件在装夹时要注意保护机床，不能让机床受到猛烈振动。

③ 对工件的夹紧力要均匀，拧紧螺钉时用力要均匀，不得使工件变形或翘起。

④ 工件定位面要有良好的精度，一般以磨削加工过的面定位为好，平磨件须充分退磁。热处理过的工件须充分回火去应力，并在穿丝孔内及扩孔的台阶处，必须清除热处理残留物及氧化皮，以保证进刀点导电。

⑤ 工件装夹位置应利于工件找正，并应与机床行程相适应，工作台移动时工件不得

与线架相碰。

⑥ 细小、精密、薄壁的工件应固定在不易变形的辅助夹具上。

⑦ 批量生产时，最好采用专用夹具，以提高生产效率。

⑧ 加工精度要求较高时，工件装夹后，须拉表找平行、垂直。若发现工件有严重变形，则应根据加工精度要求做出处理，超过精度允许范围时不予加工。

（3）工件的常用装夹方法

工件的装夹形式对加工精度有直接影响。电火花线切割加工机床的夹具比较简单，一般是在通用夹具上采用压板螺钉固定工件。为了适应各种形状工件加工的需要，还可以使用磁性夹具、旋转夹具或专用夹具等。

① 悬臂式装夹。工件直接装夹在台面或桥式夹具的一个刃口上，如图 2-56 所示。这种装夹方式方便，通用性强，但因一端悬伸，容易出现切割表面与工件上下平面间的垂直度误差，仅用于加工精度要求不高或悬臂较短的工件。

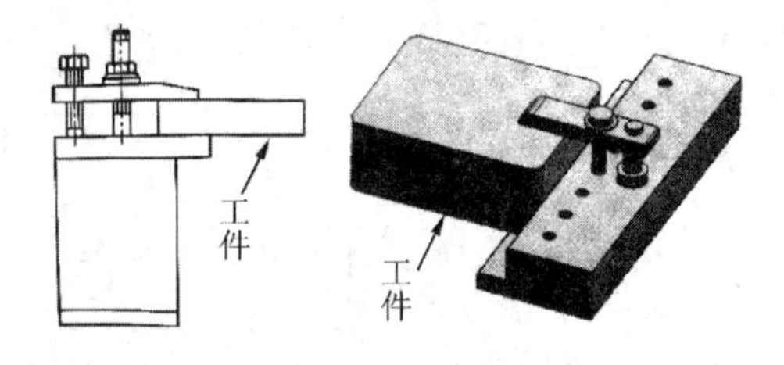

图 2-56 悬臂式装夹

② 垂直刃口支撑方式装夹。工件装夹在具有垂直刃口的夹具上，如图 2-57 所示。采用这种方法装夹后工件也能悬伸出一角便于加工，装夹精度和稳定性较好，也便于拉表找正，装夹时夹紧点要注意对准刃口。

③ 两端支撑方式装夹。工件两端都固定在夹具上，如图 2-58 所示。这种装夹方法方便、支撑稳定、平面定位精度高，工件底面与切割面垂直度好，但不适合较小零件的装夹。

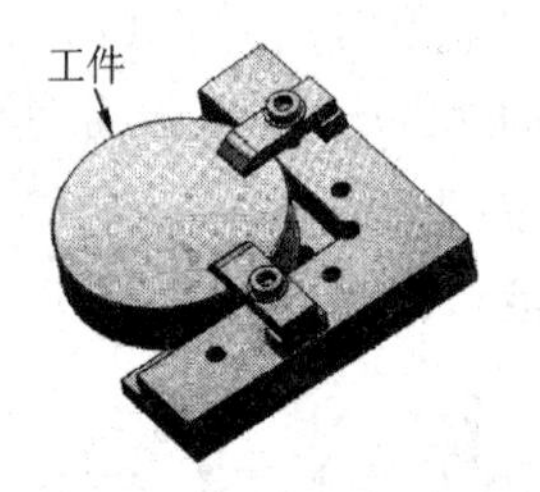

图 2-57 垂直刃口支撑方式装夹

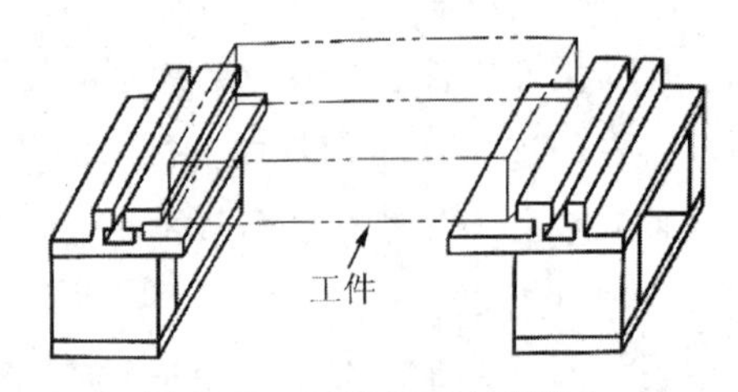

图 2-58 两端支撑方式装夹

④ 桥式支撑方式装夹。这种装夹方式是电火花快速走丝线切割加工机床最常用的装夹方法，适用于装夹各类工件，尤其是方形工件，装夹后稳定，如图 2-59 所示。只要工件上下表面平行，装夹力均匀，工件表面即可保证与工作台面平行。

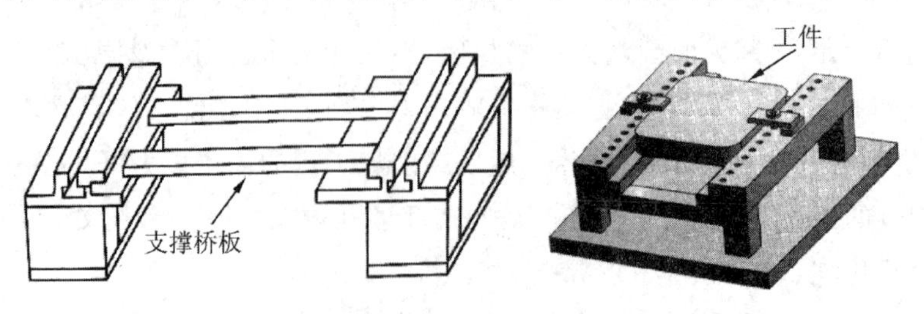

图 2-59 桥式支撑方式装夹

⑤ 板式支撑方式装夹。加工某些外周边已无装夹余量或装夹余量很小、中间有孔的零件，可在底面加一托板，用胶粘牢或螺栓压紧，使工件与托板连成一体，且保证导电性能良好，加工时连托板一起切割，如图 2-60 所示。板式支撑夹具可根据常加工工件的形状和尺寸而定，可呈矩形或圆形孔，装夹精度高，但通用性差。

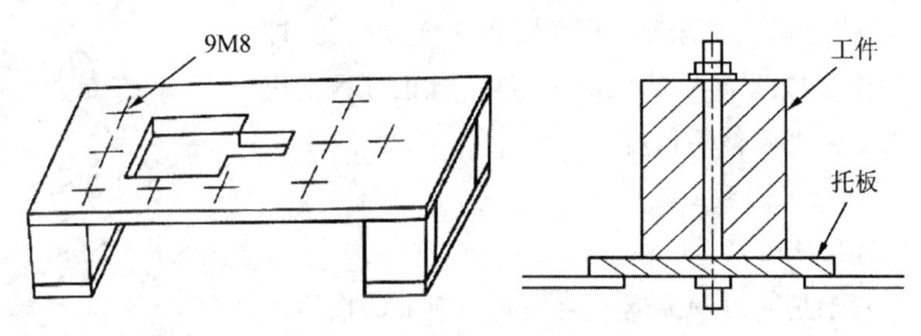

图 2-60　板式支撑方式装夹

⑥ 复式支撑方式装夹。这种装夹方法是在桥式夹具上再装上专用夹具组合而成的装夹方式，如图 2-61 所示。这种装夹方式方便，特别适用于成批零件的加工，既可节省工件找正和调整电极丝相对位置等辅助工时，又可保证工件加工的一致性。

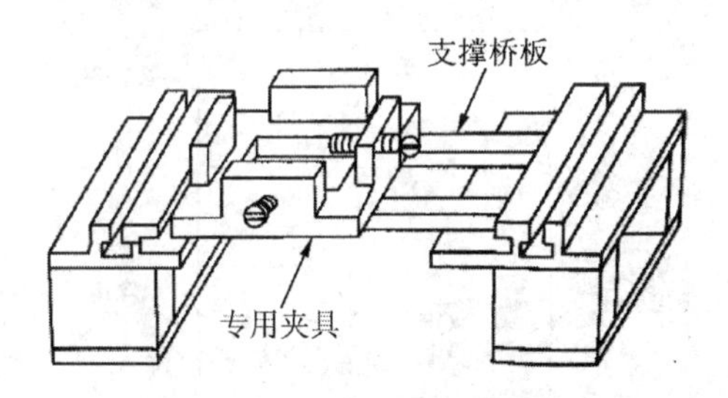

图 2-61　复式支撑方式装夹

(4) 工件的校正

工件装夹时，还须配合校正适当调整，使工件定位基准面与机床工作台面或者工作台进给方向保持平行，以便保证所切割的表面与基准面之间的相对位置精度。

① 工件校正工具

实际加工中广泛使用校表对工件进行校正，校表由磁性表座和指示表组成，如图 2-62 所示。磁性表座用来连接指示表和固定端，其连接部分可灵活方便地摆成各种样式。指示表有千分表和百分表两种，百分表最小指示精度为 0.01 mm，千分表最小指示精度为 0.001 mm，须依据加工精度要求合理选择校表。用校表校正的工件须有一个明确、易定位的基准面，此基准面须经过精密加工，一般以磨床精加工过的表面为准。

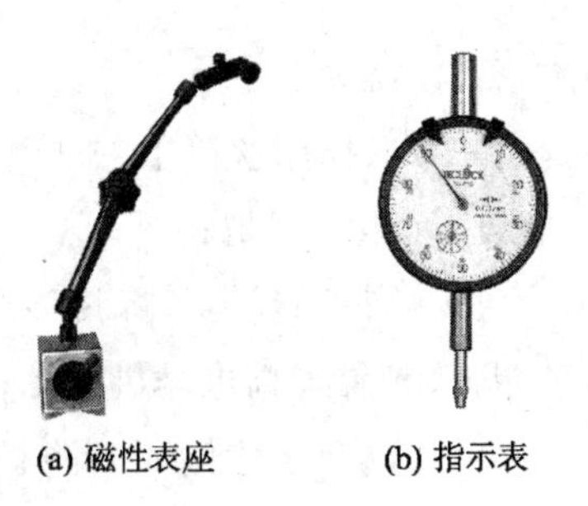

图 2-62　校表

② 校正过程

a. 如图 2-63 所示，将磁性表座可靠固定在上丝架侧某一适当位置，并将表架摆放到能方便校正工件的样式；

b. 用手控盒移动相应轴，使校表的测头与工件基准面接触，直到校表的指针有指示数值为止（一般指示到 30 的位置即可）；

c. 纵向或横向移动机床轴，观察校表的读数变化，即反映出工件基准面与机床 X、Y 轴的平行度，校正过程使用铜棒适当敲击工件来调整平行度。

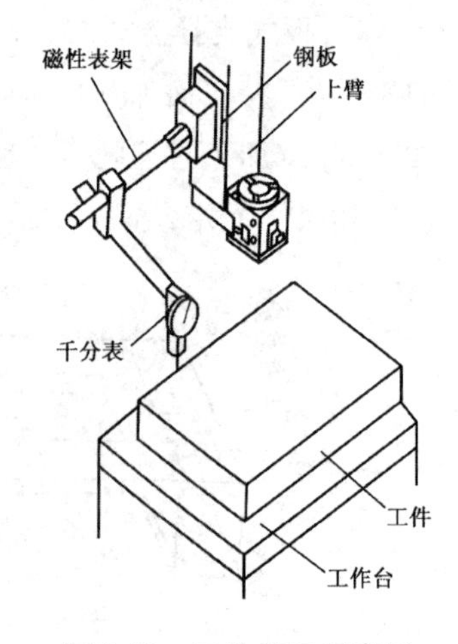

图 2-63　工件校正示意图

5）电极丝的安装与校正

(1) 绕丝与穿丝

绕丝与穿丝都是通过操纵储丝筒控制面板上的按钮来进行控制的，如图 2-64 所示。上丝以前，应先将储丝筒分别移动到行程最左端或最右端（手动、机动均可）；分别调整左右撞块，使其与无触点开关接触，然后将储丝筒移到中间位置。做完上述工作以后就可以进行绕丝。

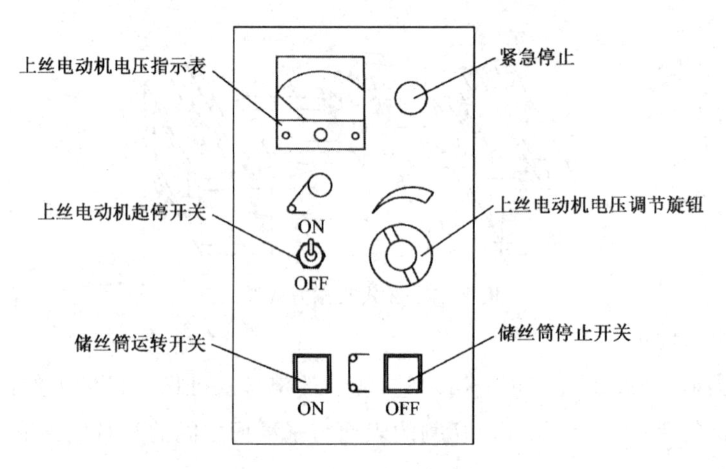

图 2-64　储丝筒控制面板

① 绕丝

a. 取掉储丝筒上的防护罩，拉出互锁开关的小柱，取下摇把；

b. 启动储丝筒，将其移到最左端，待换向后立即关掉储丝筒电动机电源；

c. 拉开立柱侧面的防护门，将装有电极丝的丝盘固定在上丝装置的转轴上，把电极丝通过上丝轮引向储丝筒上方，如图 2-65 所示，并用右端螺钉紧固；

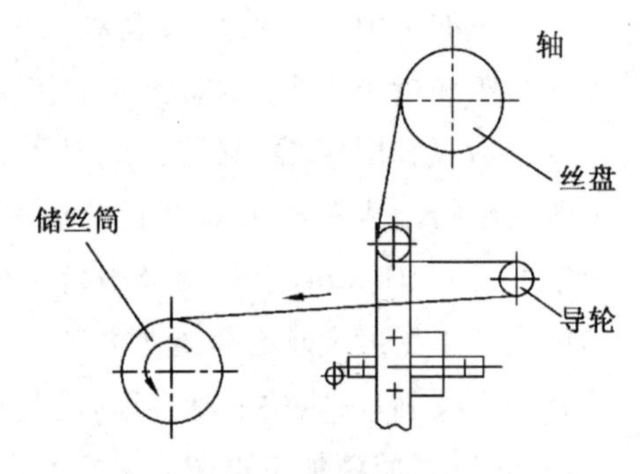

图 2-65　绕丝示意图

d. 打开张丝电动机电源开关，通过张丝调节旋钮调节电极丝的张力后，手动摇把使储丝筒旋转，同时向右移动，电极丝以一定的张力均匀地缠绕在储丝筒上；

e. 绕丝结束后，关掉张力旋钮，剪断电极丝，即可开始穿丝。

② 穿丝

a. 将定位销轴穿入移动板 8(见图 2-66)及立柱的定位孔内，使其不能左右移动；

b. 拉动电极丝头，依次从上至下绕接各导轮、导电块至储丝筒，将丝头拉紧并用储丝筒的螺钉固定；

c. 拔出移动板 8 上的定位销轴，手摇储丝筒向中间移动约 10 mm；

d. 将左右行程开关向中间各移动 5～8 mm，取下储丝筒摇把；

e. 机动操作储丝筒往复运行两次，使张力均匀，至此整个上丝过程结束。

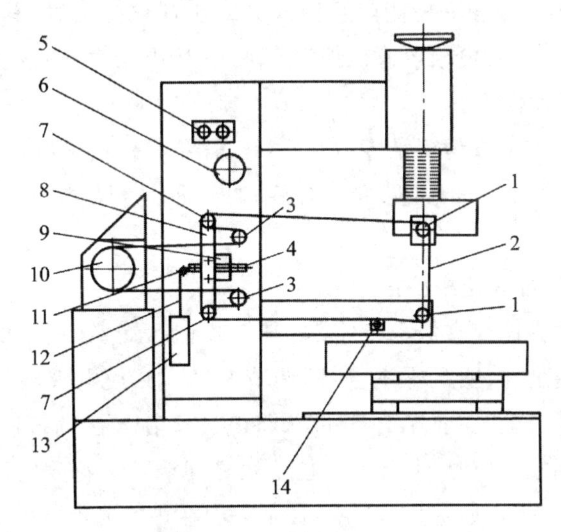

1—主导轮；2—电极丝；3—辅助导轮；4—直线导轨；5—工作液旋钮；6—上丝盘；7—张紧轮；8—移动板；9—导轨滑块；10—储丝筒；11—定滑轮；12—绳索；13—重锤；14—导电块

图 2-66　穿丝示意图

穿丝注意事项：

a. 穿丝前检查导轨滑块移动是否灵活。若有卡阻现象，可拆下移动板 8(两个 M8 螺钉)、直线导轨 4(三个 M6 螺钉)，用汽油或煤油清洗，使滑块移动灵活；清洗干净后，注入润滑油，重新装上。

b. 手动上丝后，应立即将摇把取下，确保安全。

c. 机动运丝前，须将储丝筒上罩壳盖上，关闭立柱侧门，防止工作液甩出，确保安全。

d. 在使用操作面板上的运丝开关运丝或用遥控盒上的运丝开关运丝时，断丝保护开关(在立柱内)、立柱侧门互锁开关和储丝筒罩的互锁开关均起保护作用。

e. 穿丝前，检查导电块。若其表面上切缝过深，可松掉 M5 螺钉，将导电块旋转 90°

后继续使用。使用过程中应保持导电块清洁，确保接触导电良好。

f. 在上主导轮 1 与上张紧轮 7 之间新安装了夹丝机构，在从上至下穿丝时，可先在夹丝处将电极丝夹住，然后继续穿丝至主导轮、下导轮至储丝筒。穿丝完毕，一定要将电极丝从夹丝机构中取出。

g. 手动上丝时，转动上丝电动机电压调节旋钮，调节电压至 50 V 左右即可，不必过大，以免上丝用力过大或拉断电极丝。

h. FW2 机床设计为手动上丝，不允许采用机动上丝，机动上丝储丝筒转速达到 1400 r/min，非常危险。

i. 穿丝完毕开始加工前，需将工作台三个侧面的护板复位，关上立柱的两个侧门，盖好储丝筒罩壳，取下储丝筒摇把，复位主导轮罩壳及上臂盖板，然后才可以开始加工。

j. 当储丝筒互锁开关和立柱侧门互锁开关的小柱被拉出时，其互锁作用失效。在这种情况下，若储丝筒装有电极丝或摇把没有取下，则严禁启动储丝筒。

(2) 电极丝垂直度校正

在进行精密零件加工或切割锥度等情况下，需要重新校正电极丝对工作台平面的垂直度。电极丝垂直度校正的常见方法有两种：一种是利用校正块；另一种是利用校正器。

① 利用校正块进行火花法校正

校正块是一个六方体或类似六方体，如图 2-67a 所示。在校正电极丝垂直度时，首先目测电极丝的垂直度，若明显不垂直，则调节 U、V 轴，使电极丝大致垂直工作台；然后把校正块放在工作台上，在弱加工条件下，将电极丝沿 X 方向缓慢移向校正块。

当电极丝快碰到校正块时，电极丝与校正块之间产生火花放电，然后肉眼观察产生的火花。若火花上下均匀，如图 2-67b 所示，则表明在该方向上电极丝垂直度良好；若出现下面火花多，如图 2-67c 所示，则说明电极丝右倾斜，故将 U 轴的值调小，直至火花上下均匀；若出现上面火花多，如图 2-67d 所示，则说明电极丝左倾斜，故将 U 轴的值调大，直至火花上下均匀。同理，调节 V 轴的值，使电极丝在 V 轴垂直度良好。

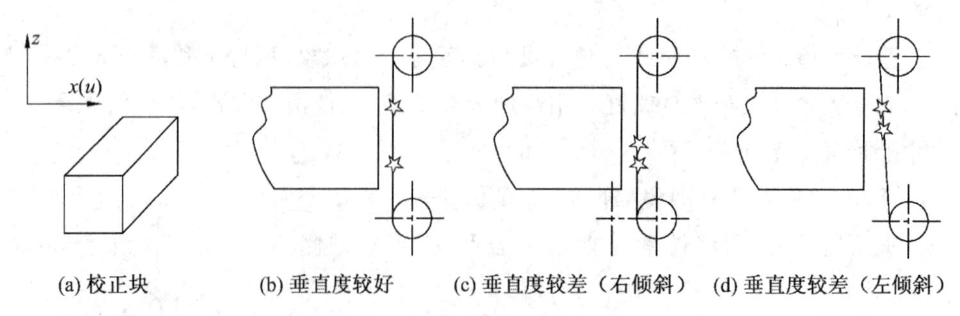

(a) 校正块　(b) 垂直度较好　(c) 垂直度较差（右倾斜）　(d) 垂直度较差（左倾斜）

图 2-67　火花法校正电极丝垂直度

在使用校正块校正电极丝的垂直度时，须注意以下几点。

a. 校正块使用一次后，其表面会留下细小的放电痕迹，下次校正时，须重新换位置，不可用有放电痕迹的位置碰火花来校正电极丝的垂直度。

b. 校正电极丝垂直度之前，电极丝应张紧，张力与加工中使用的张力相同。

c. 火花法校正电极丝垂直度时，电极丝要运转，以免断丝。

d. 确定好加工路线及选择好切入点。

② 利用校正器进行校正

校正器是一个由触点与指示灯构成的光电校正装置，电极丝与触点接触时指示灯亮，如图 2-68 所示。它的灵敏度较高，使用方便且直观，底座由耐磨不变形的大理石或花岗岩制成。

使用校正器校正电极丝垂直度的方法与火花法大致相似。主要区别是：火花法是观察火花上、下是否均匀，而用校正器则是观察指示灯。若在校正过程中，指示灯同时亮，则说明电极丝的垂直度良好，否则需要校正。

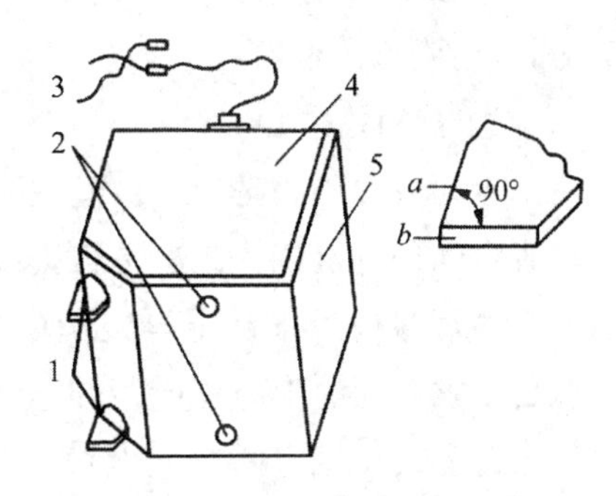

1—上、下测量头（a、b 为放大的测量面）；2—上、下指示灯；3—导线及夹子；4—盖板；5—支座

图 2-68　电极丝垂直度校正器

在使用校正器校正电极丝的垂直度时，须注意以下几点。

a. 电极丝停止走丝，不能放电；

b. 电极丝应张紧，电极丝的表面应干净；

c. 若加工零件精度高，则电极丝垂直度在校正后需要检查，其方法与火花法类似。

(3) 电极丝位置校正

在电火花线切割加工中，电极丝相对于工件位置的准确性是非常重要的，因为电极丝的定位位置就是加工程序的起始位置，故整个线切割图形相对于零件位置的正确性完全取决于电极丝的严格定位。正式加工前，须对电极丝进行严格定位。

电极丝位置的常用调整方法有以下三种。

① 目测法

对于加工精度要求较低的工件，在确定电极丝与工件上有关基准间的相对位置时，可以直接利用目测或借助 2～8 倍的放大镜来进行观察。如图 2-69 所示，就是利用穿丝孔处划出的十字基准线，分别沿划线方向观察电极丝与基准线的相对位置。根据两者的偏离情况移动工作台，当电极丝中心分别与纵、横方向基准线重合时，根据工作台纵、横方向上的坐标读数可确定电极丝中心的位置。

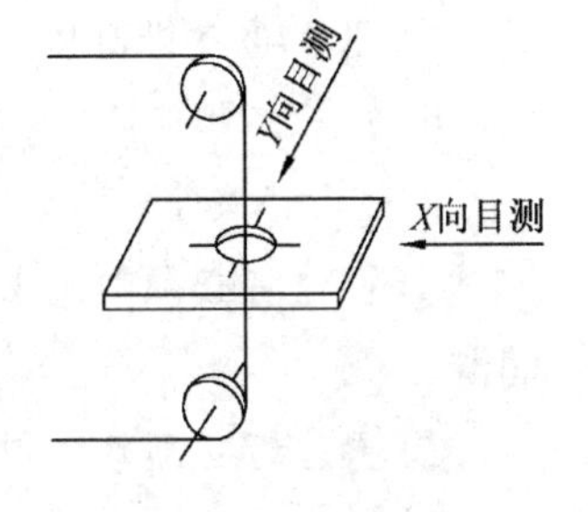

图 2-69　目测调整法

② 火花法

火花法如图 2-70 所示，先移动工作台使工件的基准面逐渐靠近电极丝；当刚开始出现电火花时，记下工作台的相应坐标值，然后根据放电间隙的大小就可以推算出电极丝

中心的当前坐标值。此法通过电极丝与工件间的火花产生来推算电极丝的坐标位置，但会因电极丝靠近基准面时产生的放电间隙，与正常加工切割条件下的放电间隙不完全相同而产生一定的定位误差。另外，定位基准面由于存在污渍、毛刺等，也会降低定位精度。

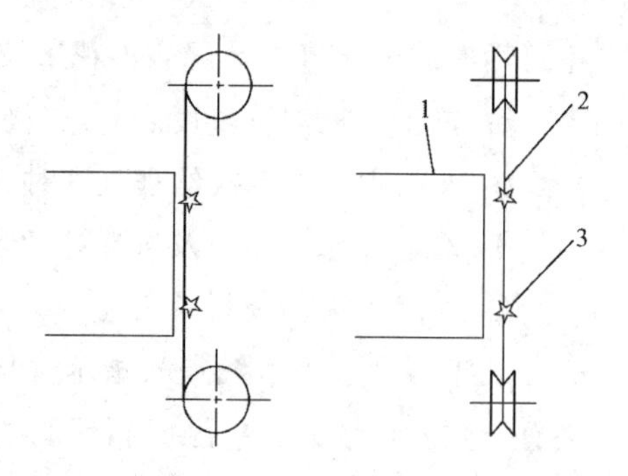

1—工件；2—电极丝；3—电火花

图 2-70　火花法调整电极丝位置

③ 自动找中心

自动找中心法是让电极丝在工件内孔的中心位置自动进行定位。此法是根据线电极与工件间发生的短路信号来确定电极丝的当前位置，并由此自动求出孔的中心位置，习惯上也称为短路法。

首先关掉机床的脉冲电源，然后利用数控系统的半程移动指令 G82，让线电极在 X 轴方向上慢速移动并与孔壁接触，系统发出短路信号后线电极自动返回到孔中心位置；接着在另一轴的方向进行上述操作过程。这样一个双向移动过程后，可使电极丝自动定位到两次移动的中心位置。经过一两次重复即可大致找到孔的中心位置，如图 2-71 所示。重复上述过程数次，当定心误差达到所要求的允许值之后，自动找中心即可结束。具有 G82 功能的数控系统的电火花线切割加工机床常用这种方法来进行电极丝定位。

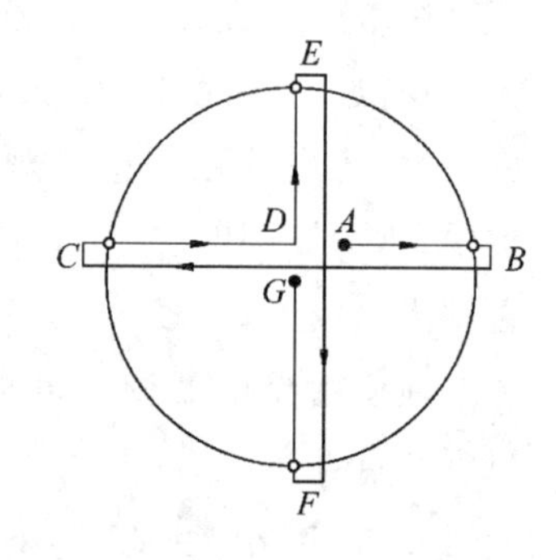

图 2-71　自动找孔中心

应该注意的是，在采用火花校正时，应该把工件孔壁清洁干净，以防止由于孔壁的水、油碎屑、毛刺及灰尘等杂物引起搭桥短路，产生火花位置的误差。另外，在用短路法时，一定注意关掉脉冲电源，以防烧坏工件内孔。

二、电火花线切割加工机床加工操作规范

1. 电火花线切割加工安全操作规程

电火花线切割加工机床的安全操作规程应从两个方面考虑：一方面是人身安全，另一方面是设备安全。

① 操作者必须熟悉电火花线切割加工机床的操作技术，开机使用前，应对机床进行润滑。

② 操作者必须熟悉电火花线切割加工工艺，合理地选择电规准参数，防止断丝和短路的情况发生。

③ 上丝用的套筒手柄使用后须立即取下，以免伤人。

④ 在穿丝、紧丝操作时，务必注意电极丝不要从导轮槽中脱出，并与导电块有良好接触；另外，在拆丝的过程中应戴好手套，防止电极丝将手割伤。

⑤ 放电加工时，工作台不允许放置任何杂物，否则会影响切割精度。

⑥ 电火花线切割加工前应对工件进行热处理，消除工件内部的残余应力。工件内部的应力可能造成线切割过程中工件的爆炸伤人，所以电火花线切割加工时，切记将防护罩装上。

⑦ 装夹工件时要充分考虑装夹部位和电极丝的进刀位置与进刀方向，确保线切割路径通畅，这样可防止加工中碰撞丝架或加工超程。

⑧ 合理配置工作液浓度，以提高加工效率和工件表面质量。电火花线切割加工时应控制喷嘴流量不要过大，以确保工作液能包住电极丝，并注意防止工作液的飞溅。

⑨ 电火花线切割加工时要随时观察机床的运行情况，排除事故隐患。机床附近不得摆放易燃或易爆物品，防止加工过程中产生的电火花引起事故。

⑩ 禁止用湿手按开关或接触电器，也要防止工作液或其他导电物体进入电器部分，引起火灾发生。定期检查电器部分绝缘情况，特别是机床床身应有良好的接地。在检修机床时，不可带电操作。

2. 正确执行安全技术规程

"防患于未然"是指导生产的主导思想。根据《电火花线切割加工的安全技术规程》所列的内容，分析如下。

(1) 机床的润滑

一般来讲，机床不同部位应使用不同规格的润滑油，并根据具体情况定期注油润滑。开机前的润滑可作为日常维护，应定期适当打开防护体注油润滑。这样可使机床传动部件运动灵活，保持精度，延长使用寿命。用什么润滑油应根据机床出厂资料规定和机床维护知识确定。

(2) 工艺参数与操作顺序

操作者要根据被加工工件的材质、厚度、热处理情况、电极丝直径与材质、工作液电导率等，选取加工电压幅值、加工电流、电极丝张力、工作液流量、加工波形参数(指脉冲宽度、脉冲间隔)及进给速度等。操作顺序应该是先开走丝，然后开工作液、脉冲电源，再调节变频进给速度。

(3) 上电极丝

摇把是电火花快速走丝线切割加工机床装调电极丝时必备的附件，使用时插入储丝筒轴端。若此时储丝筒电机旋转，则可能甩出伤人。所以，一定要养成习惯，用后及时拔出摇把。电极丝，尤其是钼丝都很细，易扎手。加工过的旧丝变硬，且更细而锋利，不注意往往扎手。拆旧丝时，为提高工作效率，往往用剪刀将储丝筒上的旧丝剪断，便会形成很多断头，若不注意会混到电器部位中去或夹在走丝系统中，前者会引起短路，后者会造成断丝或损伤走丝系统的精密零件。所以，乱丝应及时放入规定的容器内。

(4) 加工前检查

正式加工之前，有画图功能及附件的机床，应空运行画图，确认不超程后再加工。

这对于大工件的加工尤为重要。无画图功能及附件时可用“人工变频”空运行一次，仔细观察是否碰丝架或超程。

有些机床工作台既无电器限位，又无机械限位，曾出现过工作台超程坠落现象，应引起注意。

储丝筒往返运动的限位开关调整，应从小开档慢慢调整到适当开档。注意限位开关的可靠性，防止超程损坏传动零件。每次停止走丝时，要根据储丝筒惯性，在刚反向后停机，防止惯性超程造成断丝或损坏零件。

(5) 注意工件内应力

用电火花线切割加工工件，应尽量先消除由于机械加工、热处理等带来的残余应力，曾出现因残余应力在电火花线切割加工过程中释放，使工件爆裂，造成设备或人身安全事故。

(6) 注意防火

由于工作液供给失调，加工时会有火花外露，引起易燃易爆物燃烧爆炸，所以，不准将这类物品摆放在机床附近，且加工中应注意工作液供给状况，随时调节。

(7) 注意及时关断电源

检修机床机械部位，不需要电力驱动时，须切断电源，以防触电。修强电部位时，不可带电检修，一定要断电；需带电修的，要采取可靠的安全措施。修弱电部位时，在插拔接插件或集成电路等部件之前，应关掉电源，防止损坏电器件。

(8) 注意正确接地

机床保护接地已经有国家标准，但在机床运行过程中或运输过程中，有可能失灵，操作人员应经常用试电笔测试机床是否漏电。防触电开关在有漏电或触电现象时，会自动切断机床供电，应尽量采用。加工电源是直接接在电极丝和工件上的，通常电极丝为负极，工件为正极，电压空载幅值为 60～100 V。不要同时接触两极，以免触电。

(9) 防触电

水质工作液及一般的水是导电的，操作人员常常接触这种工作液。在按开关或接触电器时，应事先擦干手，以防触电，同时也避免导电溶液进入电器部位。

电路短路引起的火灾，用水灭火更会引起新的短路，所以不能用水灭电火。发生这种情况时，应立即关掉电源。若火势燃烧较大，可用四氯化碳、二氧化碳或干冰等合适的灭火器灭火。

(10) 加工后注意事项

电火花线切割加工完成之后，首先要关掉加工电源，之后关掉工作液，让丝运转一段时间后再停机。若先关工作液的话，会造成空气中放电，形成烧丝或损坏工件；若先关走丝的话，因丝速变慢甚至停止运行，丝的冷却不良，间隙中缺少工作液，造成烧丝或损坏工件。关工作液后让丝运行一段时间能使导轮体内的工作液甩出，延长导轮使用寿命。关机后擦拭、润滑机床属于日常保养，应每日进行。

任务三　应用电火花快速走丝线切割加工机床加工落料冲孔模凸凹模

1. 加工零件图

凸凹模零件形状及加工要求如图 2-1 所示。

2. 加工工艺路线

根据零件形状和尺寸精度，可选用如表 2-7 所示的加工工艺过程。

表 2-7　零件制作工艺过程

序号	工序名称	工序内容
1	下料	用圆棒料在锯床上下料
2	锻造	将棒料锻打成圆形毛坯
3	退火	对锻造后的毛坯进行退火处理，以消除锻造后的内应力，并改善其加工性能。
4	车削	车床上车削外圆和上、下端面，外圆和端面留磨削余量 0.3～0.5 mm
5	划线	划出各孔的位置，包括两个方孔和两个圆孔的穿丝孔，并在孔的中心处打上样冲眼
6	孔加工	加工各螺钉孔(钻孔和攻螺纹)、定位销孔(钻孔和铰孔)
7	铣削	加工孔ϕ10.2 mm 和方孔 10.2 mm×10.2 mm
8	热处理	热处理 54～58 HRC
9	磨床加工	磨削外圆和上、下平面，保证外圆和上、下平面至图样要求
10	电火花线切割加工	电火花线切割加工冲孔凹模刃口
11	钳工抛光	抛光冲孔凹模刃口
12	检验	检验各处尺寸、形状位置等是否达到图纸要求

3. 主要工艺装备

① 夹具：悬臂支撑方式装夹。

② 辅具：划针、压板组件、扳手、手锤

③ 电极丝：直径为ϕ0.18 mm 的钼丝

④ 量具：千分尺(测量范围 100～120、分度值 0.01 mm)、游标卡尺(测量范围 0～200、分度值 0.02 mm)

4. 电火花快速走丝线切割加工步骤

1) 电火花快速走丝线切割加工工艺处理与计算

(1) 工件装夹与校正

工件装夹前，需要划出 2-ϕ10 定位销孔中心连线，工件装夹方式如图 2-72 所示。把划针安装在上丝架上，然后摇动手轮，移动工作台，以校正所划的中心线，使中心线与工作台的 X 坐标轴或 Y 坐标轴方向平行。

(2) 选取电极丝起始位置和切入点

电火花快速走丝线切割加工冲孔凹模时，钼丝切入点为各个凹模型孔的中心位置，在热处理前需要在相应的位置上钻出穿丝孔。

(3) 确定线切割路线

工件线切割加工路线如图 2-73 所示，图中箭头所指方向为线切割加工路线方向。4 个型孔的线切割加工顺序为：型孔 1→型孔 2→型孔 3→型孔 4。

(4) 计算平均尺寸

平均尺寸如图 2-73 所示。凹模刃口的高度比较小，电火花快速走丝线切割加工的表面粗糙度满足不了图 2-1 的要求，线切割加工时需要留一点抛光量，这里按照零件尺寸的下偏差进行计算。

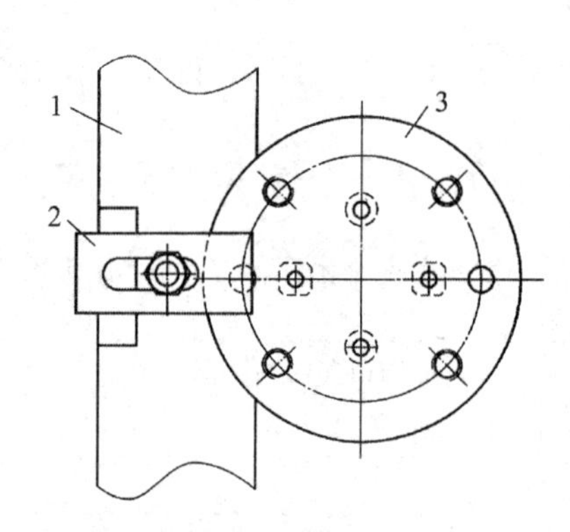

1—工作台支撑板；2—压板组件；3—工件

图 2-72　工件装夹

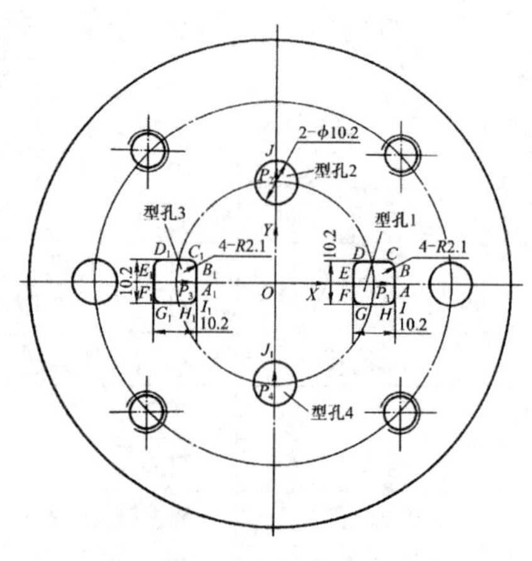

图 2-73　零件尺寸

(5) 确定计算坐标系

直接选取零件的中心位置为坐标系的原点 O 建立坐标系，如图 2-73 所示。

(6) 确定偏移量

选取直径为 ϕ0.18 mm 的钼丝，单边放电间隙为 0.01 mm，则钼丝中心的偏移量为 $D=0.18/2+0.01=0.1$ mm

2) 编制加工程序

(1) 计算钼丝中心轨迹及各交点坐标

钼丝中心轨迹如图 2-74 所示的双点画线，相对于零件平均尺寸向型孔内偏移一个偏移量 $D=0.1$ mm 的距离。通过几何计算或 CAD 查询得到各交点的坐标(见表 2-8)。

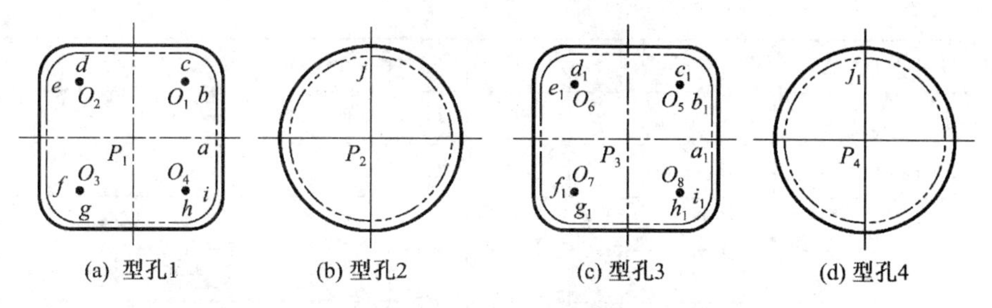

(a) 型孔1　(b) 型孔2　(c) 型孔3　(d) 型孔4

图 2-74　型孔 1、2、3、4 的钼丝中心轨迹

表 2-8　钼丝中心轨迹各交点的坐标

交点	X	Y	交点	X	Y	交点	X	Y
P_1	25	0	e_1	−30	3	O_3	22	−3
P_3	−25	0	f	20	−3	O_4	28	−3
a	30	0	f_1	−30	−3	O_5	−22	3
a_1	−20	0	g	22	−5	O_6	−28	3
b	30	3	g_1	−28	−5	O_7	−28	−3
b_1	−20	3	h	28	−5	O_8	−22	−3
c	28	5	h_1	−22	−5	P_2	0	25
c_1	−22	5	i	30	−3	P_4	0	−25
d	22	5	i_1	−20	−3	j	0	30
d_1	−28	5	O_1	28	3	j_1	0	−20
e	20	3	O_2	22	3			

(2) 编写加工程序单

采用 3B 格式程序编程，程序单如表 2-9 所示。

表 2-9　3B 加工程序单

序号	B	X	B	Y	B	J	G	Z	说明
1	B	5000	B	0	B	5000	G_x	L_1	从点 P_1 开始加工，加工至点 a
2	B	0	B	3000	B	3000	G_y	L_2	加工 $a \to b$
3	B	2000	B	0	B	2000	G_x	NR_1	加工 $b \to c$
4	B	6000	B	0	B	6000	G_x	L_3	加工 $c \to d$
5	B	0	B	2000	B	2000	G_y	NR_2	加工 $d \to e$
6	B	0	B	6000	B	6000	G_y	L_4	加工 $e \to f$
7	B	2000	B	0	B	2000	G_x	NR_3	加工 $f \to g$
8	B	6000	B	0	B	6000	G_x	L_1	加工 $g \to h$

续表

序号	B	X	B	Y	B	J	G	Z	说明
9	B	0	B	2000	B	2000	G_y	NR_4	加工 $h \to i$
10	B	0	B	3000	B	3000	G_y	L_2	加工 $i \to a$
11	B	5000	B	0	B	5000	G_x	L_3	加工 $a \to P_1$
12								D	加工暂停，拆卸钼丝
13	B	25000	B	25000	B	25000	G_x	L_2	空走 $P_1 \to P_2$
14								D	暂停，重新装上钼丝
15	B	0	B	5000	B	5000	G_y	L_2	加工 $P_2 \to j$
16	B	0	B	5000	B	20000	G_x	NR_2	加工圆弧
17	B	0	B	5000	B	5000	G_y	L_4	加工 $j \to P_2$
18								D	加工暂停，拆卸钼丝
19	B	25000	B	25000	B	25000	G_x	L_3	空走 $P_2 \to P_3$
20								D	暂停，重新装上钼丝
21～31	21～31 段程序与 1～11 段程序相同								加工型孔 3
32								D	加工暂停，拆卸钼丝
33	B	25000	B	25000	B	25000	G_x	L_4	空走 $P_3 \to P_4$
34								D	暂停，重新装上钼丝
35～37	35～37 段程序与 15～17 段程序相同								加工型孔 4
38								DD	加工结束

3）零件加工

(1)钼丝切割起始点的确定

由图 2-1 可知，工件的 4 个型孔位置与工件的外形有同轴度要求，加工时必须以工件外圆为基准，找出工件的中心位置。工件装夹前，需要用外径千分尺精确测量工件外圆尺寸，尺寸为 d；按照如图 2-72 所示的装夹方式装夹完毕后，以如图 2-75 所示的方法校正钼丝的起始位置。把调整好垂直度的钼丝摇至工件 X 方向上的位置 1 处；用目测方法，使位置 1 最靠近工件在 X 方向上的最高点；借助放大镜和电火花线切割加工机床工作台上的台灯，摇动 X 方向手轮，使

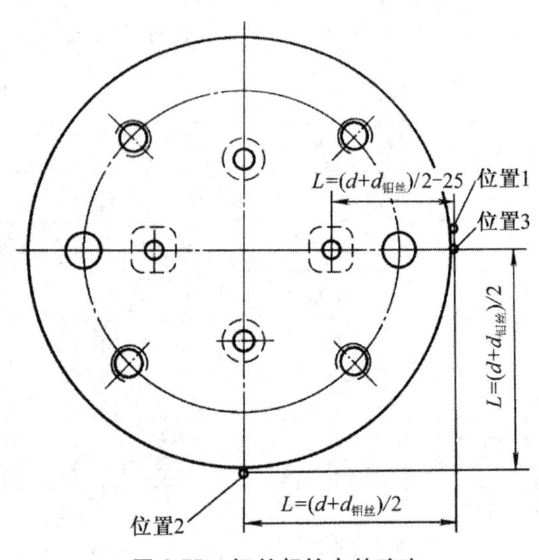

图 2-75 钼丝起始点的确定

钼丝靠近工件；钼丝和工件之间的距离应小于 0.04 mm。摇动手轮，把钼丝移动至位置 2，位置 2 和位置 1 在 X 方向上的距离为 $L=(d+d_{钼丝})/2$（其中 $d_{钼丝}$ 为钼丝直径）。摇动 Y 方向手轮，使钼丝和工件靠近，保证钼丝和工件刚好接触；再次摇动手轮，把钼丝移动至位置 3 处，使钼丝和工件刚好接触。位置 3 和位置 2 在 Y 方向上的距离为 $L=(d+d_{钼丝})/2$。此时位置 3 比位置 1 更接近工件在 X 方向上的最高点。用同样的方法反复操作，使位置 3 处在工件在 X 方向上的最高点。当钼丝处在工件在 X 方向上最高点位置时，X、Y 方向手轮对零，并向 $-X$ 方向移动钼丝，距离为 $L=(d+d_{钼丝})/2-25$。此时，钼丝处在电火花线切割加工起始位置上。

(2) 选择电参数

电压：70～75 V；脉冲宽度：12～20 μs；脉间：6～8 μs；电流：1～1.5 A。

(3) 工作液

选择 DX-2 油基型乳化液，与水配比为 1∶15。

4) 检验

(1) 尺寸误差的检测

工件外形直径尺寸 $\phi 119.8_{-0.025}^{\ 0}$ 的检测可使用量程为 100～125 mm 的外径千分尺进行检测；销孔尺寸 2-$\phi 10_{\ 0}^{+0.017}$ mm，以及作为刃口的两个方孔尺寸 $10.2_{\ 0}^{+0.02}$ mm × $10.2_{\ 0}^{+0.02}$ mm 和两个圆孔尺寸 2-$\phi 10_{\ 0}^{+0.02}$ mm，可用量程为 10～18 mm 的内径千分表经专业计量人员分别在不同名义尺寸校对调零后进行检测；每个方孔的圆角尺寸 4-$R\,2.1_{\ 0}^{+0.02}$ mm需用测量显微镜进行检测，其他未注公差的尺寸可用游标卡尺检测。

(2) 4 个刃口孔（2 个方孔，2 个圆孔）中心的分布圆中心线相对于工件外圆面基准中心线 A 的同轴度误差的检测

如图 2-76a 所示，在检验平板上放置一个 200 mm×200 mm 的方箱，把工件在加工中作为定位基准的端平面靠平在方箱的一个工作面上，此方箱工作面此刻应垂直于平板工作面，且两方孔位于同一水平面上。用 C 形压紧机构将工件先轻轻压住，以能够用手微微转动工件为好，再在检验平板工作面上放置一个带表座的杠杆百分表，用此百分表找平 4 个刃口孔中 2 个方孔的水平内侧平面，使它们平行于检验平板工作面，误差不超过 0.005 mm。如不能同时找平，则找平其中一个方孔的一个水平内侧平面；然后将工件小心地用 C 形压紧机构压紧在方箱工作面上，压紧力要小，防止工件被压变形；再用高度游标尺测出工件校正用的小方孔侧平面距离检验平板工作面的距离。为提高测量精度。用量块组合出刚才测出的距离尺寸，将量块组也放置在检验平板工作面上，使量块组其中一个工作面与检验平板工作面可靠接触，调整上述校正用的百分表测头与量块组另一工作面接触并产生一定压缩量（约 0.5 mm），将百分表的读数调零，这是对百分表的校准调零工作。然后，用此百分表测量被测方孔刚才用高度游标尺测量的内侧平面，并重新读取百分表指示的数值。根据此读数与量块组尺寸的简单比较计算，从而得到此被测内侧平面到检验平板工作面的精确距离。将这一距离尺寸加上方孔在此

测量方向的宽度尺寸实测值(在本检测(1)中已测出)的一半即可得到此方孔中心在此测量方向的坐标值 $Y_{Ⅰ孔}$。用此调整好的百分表以同样的方法测量另一方孔中心在此测量方向的坐标值。如果这个方孔下部内侧平面不平行于检验平板工作面,误差较大,则应该测出该平面上最低点和最高点的坐标值,并计算出它们的平均值,以此平均值加上此方孔在此测量方向的宽度尺寸实测值的一半即可得到此方孔中心在此测量方向的坐标值 $Y_{Ⅲ孔}$。然后用类似的方法测出两个圆孔中心在此测量方向的坐标值 $Y_{Ⅱ孔}$、$Y_{Ⅳ孔}$。测量时需先用高度游标尺测出圆孔下部素线到检验平板工作面的一个距离尺寸,然后用量块和百分表重新测量此尺寸,提高测量精度,只是这两个圆孔下部素线到检验平板工作面的距离尺寸不同,需分别用量块去组合,比较烦琐。最后再用同样方法测出工件外圆面轴线在此测量方向的坐标值 $Y_{外圆}$。完成上述测量后,将方箱连同工件一起翻转90°(工件不要松开)后再放置在检验平板工作面上,如图 2-76b 所示。此时工件的定位基准面应仍然垂直于检验平板工作面,即此时的测量方向与上一阶段的垂直。在这一测量方向上再次使用与上述同样的测量方法测出 4 个刃口型孔中心的坐标值 $X_{Ⅰ孔}$、$X_{Ⅱ孔}$、$X_{Ⅲ孔}$、$X_{Ⅳ孔}$以及工件外圆面的轴线坐标值 $X_{外圆}$,然后按下列公式进行数据处理。

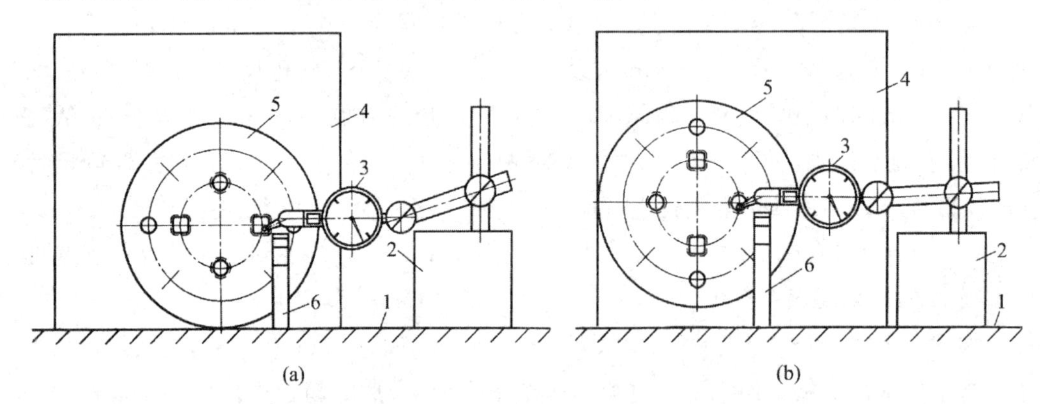

1—检验平板工作面;2—百分表座;3—百分表;4—检验用方箱;5—工件;6—量块组

图 2-76　孔组分布圆中心线相对于工件外圆面轴线的同轴度误差检测示意图(未画压紧装置)

① 计算 4 个型孔中心到工件外圆轴线的距离

$$R_{Ⅰ孔}=[(X_{Ⅰ孔}-X_{外圆})^2+(Y_{Ⅰ孔}-Y_{外圆})^2]^{0.5}$$

$$R_{Ⅱ孔}=[(X_{Ⅱ孔}-X_{外圆})^2+(Y_{Ⅱ孔}-Y_{外圆})^2]^{0.5}$$

$$R_{Ⅲ孔}=[(X_{Ⅲ孔}-X_{外圆})^2+(Y_{Ⅲ孔}-Y_{外圆})^2]^{0.5}$$

$$R_{Ⅳ孔}=[(X_{Ⅳ孔}-X_{外圆})^2+(Y_{Ⅳ孔}-Y_{外圆})^2]^{0.5}$$

② 在上面 4 个计算值中找出最大值 R_{max} 和最小值 R_{min}。

③ 合格性判断方法。如最大值 R_{max} 和最小值 R_{min} 分别为对角线上 2 个型孔的数据(如 $R_{max}=R_{Ⅱ孔}$,$R_{min}=R_{Ⅳ孔}$),则当 $R_{max}-R_{min}\leqslant 0.08$ mm 时,工件此项同轴度误差检验合格;如最大值 R_{max} 和最小值 R_{min} 分别为相邻 2 个型孔的数据(如 $R_{max}=R_{Ⅲ孔}$,$R_{min}=R_{Ⅰ孔}$),则当 $R_{max}-R_{min}\leqslant 0.04$ mm 时,工件此项同轴度误差检验合格。

任务四　电火花快速走丝线切割加工常见问题与排除

在电火花快速走丝线切割加工的过程中经常会出现一些异常现象。表 2-10 中列出了一些引起加工结果异常的原因分析及解决办法，以供电火花线切割加工操作者参考。

表 2-10　电火花快速走丝线切割加工结果异常现象的原因分析及解决办法

序号	异常现象	原因分析	解决办法
1	切割效率低、频繁断丝	电火花快速走丝线切割加工效率受两大因素的影响，一是电极丝承载电流的能力，二是放电间隙中的电阻率。当切缝中的蚀除物不能及时清除时，它的导电作用消耗掉了脉冲能量。有人对电火花快速走丝线切割加工机床的切割效率作过许多典型试验，结果证明，钼丝承载电流量达 150 A/mm^2 时，其抗拉强度将被降低到原有强度的1/4～1/3，这个电流值被视作电火花线切割加工时钼丝载流的极限。以此算来，线径ϕ0.12 mm 载流 1.74 A，线径ϕ0.15 mm 载流 2.65 A，线径ϕ0.18 mm载流 3.82 A 时即达到了用钼丝切割的极限值。再加大载流量，无疑会使钼丝的寿命缩短。由此得出，丝径加粗即可加大承载电流量，平均电流加大了效率也可相应提高。但是，电火花快速走丝线切割加工是不允许(由于排丝、挠度、损耗等原因)把丝径加大到 0.23 mm 以上的，且因蚀除物排出速度所限，当电流加大到均值 8 A 时，间隙将出现短路或电弧放电，勉强维持的短时火花放电也将使钼丝损耗急剧增加，所以一味增加丝径和加大电流的办法是不可取的。当切割材料厚度加大，蚀除物排出更困难的时候，能量损失大得多，有效加工脉冲会更少，放电电流变成了线性负载电流，形不成加工而只加热了钼丝，这是能量损失和断丝的主要原因	针对影响加工效率的这两大原因，提高加工速度则应在如下几个方面作努力： ① 加大单个脉冲的能量，即脉冲宽度和峰值电流，为不使丝的载流量过大，则应相应加大脉冲间隔，使电流平均值不致增加太多 ② 保持工作液的介电系数和绝缘强度，维持较高的火花爆炸力和清洗能力，使蚀除物对脉冲的短路作用减到最小 ③ 提高运丝导丝系统的机械精度，这是因为窄缝总比宽缝走得快，直缝总比折线缝走得快 ④ 适当提高丝速，使丝向缝隙里带入的工作液快，工作液量加大，蚀除物能更有效地排出 ⑤ 增加工作液在缝隙外对丝的包络性，即让工作液在丝的带动下迅速流动，高速流动的工作液对间隙的清洗作用是较强的 ⑥ 改善变频跟踪灵敏度，增加脉冲利用率 ⑦ 减少走丝电机的换向时间，启动更快，增加有效的加工时间

续表

序号	异常现象	原因分析	解决办法
2	工件表面有犬牙状黑白条纹	由电蚀原理可知，放电电离产生高温，工作液内的碳氢化合物被热分解产生大量的炭黑，在电场的作用下，镀覆于接阳极的工件上，这一现象在电火花成形加工中被用作工具电极的补偿。而在电火花线切割加工中，一部分被电极丝带出缝隙，也总有一部分镀覆于工件表面，其特点是电极丝的入口处多，而电极丝的出口处少。这就是产生犬牙状黑白交错条纹的原因。这种镀层的附着度随工件主体与放电通道间的温差变化，与极间电场强度有关。也就是说，镀覆炭黑的现象是电蚀加工的伴生物，只要有加工就会有条纹。炭黑附着层的厚度通常是 0.01～2 μm，因放电凹坑的峰谷间都有，所以擦除是很困难的，要随着表面的抛光和凹坑的去除才能彻底打磨干净。只要不是伴随着电火花线切割面的搓板状，没有形状的凸、凹，仅仅是炭黑的附着，可不必大感烦恼。因为线切割效率、尺寸精度、金属基体的表面粗糙度才是我们所追求的	为使视觉效果好一些，设法使条纹浅一点，可以采取以下措施： ① 将工作液配得稍稀些、稍旧一些 ② 加工电压尽可能降低一点 ③ 变频跟踪略微紧一点 ④ 采用单向切割、往复运动时，让电极丝在一个方向运丝时停止脉冲放电和进给 ⑤ 将加工乳化液改用纯净水 目前去掉换向条纹最有效的办法仍然是多次线切割。也就是沿轮廓线 0.005～0.02 mm 的加工量把线切割加工轨迹修正后再切一遍，接着不留量沿上次轨迹再重复一遍。这样的重复线切割，并伴随脉冲加工参数的调整，就会把换向条纹完全去除干净，且可提高加工精度和表面质量
3	工件接近切割完时断丝	① 工件材料变形，夹断电极丝 ② 工件跌落时，撞断电极丝	① 选择合适的线切割路线、材料及热处理工艺，使变形尽量小 ② 快要切割完时用小磁铁吸住工件或用工具托住工件不致下落
4	切割过程中突然断丝	① 选择电参数不当，电流过大 ② 进给调节不当，忽快、忽慢，开路、短路频繁 ③ 工作液使用不当(如误用了普通机床乳化液)，乳化液太稀，使用时间过长，太脏 ④ 管道堵塞，工作液流量大减 ⑤ 导电块没有与钼丝接触或已被钼丝拉出凹痕，造成接触不良 ⑥ 线切割厚工件时，脉冲停歇时间过少或使用了不适合线切割厚工件的工作液 ⑦ 脉冲电源削波二极管性能变差，加工中负波较大，使钼丝短时间内损耗加大 ⑧ 钼丝质量差或保管不善，产生氧化，或上丝时用小铁棒等不恰当工具装丝，使丝产生了损伤 ⑨ 储丝筒转速太慢，使钼丝在工作区停留时间过长 ⑩ 切割工件时，钼丝直径选择不当	① 将脉宽档调小，间隙档调大，或减少功率管个数 ② 提高操作水平，进给调节合适，调节进给电位器，使进给稳定 ③ 使用线切割专用工作液 ④ 清洗输液管道 ⑤ 更换或将导电块移动一个位置 ⑥ 选择合适的间隙，使用适合厚工件切割的工作液 ⑦ 更换削波二极管 ⑧ 更换钼丝，使用上丝轮上丝 ⑨ 合理选择丝速和丝径

续表

序号	异常现象	原因分析	解决办法
5	大厚度切割无法进行	大厚度的线切割是比较困难的,可不是丝架能升多高,就能切割多厚。它受到放电加工蚀除条件的制约,工件厚度达到一定程度,加工就会很不稳定,直至有电流无放电的短路发生。伴随着拉弧烧伤很快会断丝,在很不稳定的加工中,切割面也会形成条条沟槽,表面质量严重破坏。切缝里充塞着极黏稠的蚀除物,甚至是近乎于粉状的炭黑及蚀除物微粒。大厚度通常是指200 mm以上的钢,至于电导率更高,热导率更高或耐高温的其他材料则还到不了200 mm,如纯铜、硬质合金、纯钨、纯钼等,70 mm厚就已非常困难了 大厚度工件线切割的主要矛盾有: ① 没有足够的工作液进入和交换,间隙内不能清除蚀除物,不能恢复绝缘,也无法形成放电 ② 间隙内的充塞物以电阻的形式分流了脉冲电源的能量,使电极丝与工件间失去了足够的击穿电压和单个脉冲能量 ③ 钼丝自身的载流量有限,不可能有更大的脉冲能量传递到间隙中去 ④ 切缝中间部位排出蚀除物的路程太长,衰减了的火花放电,已不能形成足够的爆炸力和排污力 ⑤ 材料方面的原因,大厚度工件存在杂质和内应力的可能性大为增强,切缝的局部异常和形变概率也就大了。虽然失去了切割冲击力,却增大了短路的可能性	解决大厚度工件线切割的主要矛盾,可采取如下措施: ① 加大单个脉冲的能量(单个脉冲的电压、电流、脉宽,这三者的乘积就是单个脉冲的能量),加大脉冲间隔,目的是在钼丝载流量平均值不增大的前提下,形成火花放电的能力,使火花的爆炸力增强 ② 选用介电系数更高、恢复绝缘能力更强、流动性和排污能力更强的工作液 ③ 大幅度提高脉冲电压,使放电间隙加大,这样工作液进入和排出也就比较容易了 ④ 事先做好被切材料的预处理,如以反复锻造的办法均匀组织,清除杂质,以退火和实效处理的办法去除材料的内应力 ⑤ 提高丝速,更平稳地运丝,使携带工作液和抗拒短路的能力增强 ⑥ 人为地编制折线进给或自动进二退一的进给方式,使间隙有效扩大
6	电极丝出现"花丝"现象	经过一段时间的电火花线切割加工后,钼丝会出现一段一段的黑斑,黑斑通常有几到十几毫米长,黑斑的间隔通常有几到几十厘米。黑斑是经过一段时间的连续电弧放电,烧伤并碳化的结果。钼丝变细变脆和碳化后就很容易断。黑斑在储丝筒上形成一个个黑点,有时还按一定规律排列形成花纹,故称为"花丝" 花丝现象的成因如下: ① 不能有效消电离造成连续电弧放电,电弧的电阻热析出大量碳结成碳晶粒,钼丝自己也被碳化 ② 工件较厚	一旦发生花丝现象,就要从花丝成因的三个要素入手解决。首先要确认脉冲发生器的质量,只要没有那个阻止灭弧的直流分量,通常不会导致花丝而断丝。其次要注意工作液,污、稀、有效成分少等肯定不行,内含一定量的盐、碱等有碍介电绝缘的成分则更不行。最后还是材料厚度问题。薄件即便出现拉弧烧伤的诱因,但因工作液的交换速度比较快,蚀除物和杂质容易排除,瞬间"闯"过去。然而,材料一旦厚了,拉弧烧伤的诱因则很容易产生且

续表

序号	异常现象	原因分析	解决办法
		③ 工作液的介电系数低(恢复绝缘能力差)、脉冲电源带有一个延迟灭弧的直流分量(大于 10 mA) 以上三者都是花丝现象的基本条件。放电间隙内带进(或工件内固有)一个影响火花放电的杂质便可诱发花丝现象。花丝与火花放电加工的拉弧烧伤是同一个道理,间隙内拉弧烧伤一旦形成,工件和电极同时会被烧出蚀坑并结成碳晶粒,碳晶粒不清除干净就无法继续加工。细小碳晶粒粘到哪里,哪里就要拉弧烧伤,面积越来越大,绝无自行消除的可能性。如果工件和电极发生位移,各自与对面都会导致新的拉弧烧伤,一处变两处。唯一办法是人手工清理,而电火花线切割加工就无能为力了	极不容易排除。特别是带氧化黑皮、锻轧夹层、原料未经锻造调质就淬了火的工件,造成花丝的概率是很高的。花丝后的料、丝、工作液只要保留其一,再次花丝的可能性仍然很大
7	工件表面有搓板状条纹	随着钼丝的一次换向,电火花线切割加工面产生一次凸凹,在线切割加工面上出现规律的搓板状,通常直称为搓板纹,也称为换向条纹。如果不仅仅是黑白颜色的换向条纹,还产生有凸凹尺寸差异,这是不能允许的。应从如下几个方面查找原因: ① 丝松或储丝筒两端丝松紧有明显差异,造成运行中的丝大幅抖摆,换向瞬间明显的挠性弯曲,必然出现超进给或短路停进给 ② 导轮轴承运转不够灵活、不够平稳,造成正反转时阻力不一或是轴向窜动 ③ 导电块或一个导轮给钼丝太大阻力,造成丝在工作区内正反张力出现严重差异 ④ 导轮或丝架造成的导轮工作位置不正,V 形面不对称,两 V 形延长线分离或交叉 ⑤ 与走丝换向相关的进给不均造成的超前或滞后会在斜线和圆弧上形成台阶状,也类似搓板纹	① 按要求张紧电极丝,并确保各处张紧力均匀 ② 定期检查并润滑各处导轮轴承,使轴承运转灵活平稳,避免轴向窜动 ③ 按要求做好机床的清洁、卫生与日常保养

学习要点

(1) 电火花快速走丝线切割加工的基本原理为:工件接脉冲电源的正极,电极丝接脉冲电源的负极,在工件与电极丝之间加上高频脉冲电源后,工件与电极丝之间将会产生很强的脉冲电场;当工件与电极丝之间的距离小到一定程度时,其间的绝缘工作液介质将会被电离击穿产生脉冲放电;利用电火花放电来烧蚀工件材料,步进电动机使工作台带动工件相对于电极丝按照所要求的加工形状轨迹做进给运动,在电极丝经过的沿途,电火花产生的局部高温不断地将工件与电极丝之间的金属材料烧蚀掉,这样就可以逐渐切割出所需要的工件形状。

电火花快速走丝线切割加工原理是本章的学习难点,须充分理解之,只有理解了,方能正确分析其工艺规律。

(2) 电火花线切割加工的微观机理过程可以分为形成放电通道,电弧成长、金属熔解气化,爆炸、电极材料抛出,冷却、排屑、极间消电离 4 个阶段。实现电火花线切割加工必须具备的条件为:电极丝和工件被加工表面之间经常保持严格的控制距离;火花放电必须为瞬时脉冲性放电;火花放电必须在有一定绝缘性能的工作液介质中进行。

(3) 与电火花成形加工相比,电火花线切割加工具有如下工艺特点:

① 电火花线切割加工直接利用电极丝作为工具电极,不需要制作专用电极,可以节省电极的设计制造费用和时间;② 电火花线切割加工采用很细的电极丝切割材料,因此可以加工其他加工方法所不能加工的极其微细、狭窄的孔、槽结构;③ 快速运动的电极丝损耗极小,可以保证较高的加工精度;④ 可加工侧壁倾斜的异形小孔;⑤ 电火花线切割加工采用水基乳化液为工作液,成本低,不会发生火灾。

(4) 电火花线切割加工机床通常按照运丝速度不同分为两大类:一类是电火花快速走丝线切割加工机床;另一类是电火花慢速走丝线切割加工机床。

电火花快速走丝线切割加工机床结构组成主要包括机床本体、脉冲电源、数控进给控制系统、工作液循环系统和机床附件等部分。

(5) 电火花线切割加工质量的评价工艺指标主要有切割速度、切割精度、切割表面粗糙度、电极丝损耗量等。这些指标的影响因素有多种,须掌握各种因素对加工工艺指标的影响规律,方能保证加工工件质量,这也是本章学习的重点内容。

自测题

一、填空题

1. 电火花线切割加工编程中的偏移是为了补偿(　　　　　　)和(　　　　　　)带来的尺寸变化,若按顺时针切割一个凸模,则需采用(　　　　　　)偏移补偿,若按顺时针切割一个凹模,则需采用(　　　　　　)偏移补偿。

2. 电火花线切割加工的主要工艺指标为(　　　　)、(　　　　)、(　　　　)和电极损耗量。

3. 在电火花快速走丝线切割加工中,电极丝位置的常用调整方法有三种,分别是(　　　　　　)、(　　　　　　)、(　　　　　　)。

4. 电火花线切割加工中采用的加工极性一般是(　　　　　　)极性加工,其加工电极也就是电极丝应当接脉冲电源的(　　　　)极,工件接脉冲电源的(　　　　)极。因为电火花线切割加工采用的是(　　　　)脉宽加工,如果接反,则电极丝的(　　　　)加大,容易断丝。

5. ISO代码编程常用的辅助功能中,程序暂停指令为(　　　　),程序停止指令为(　　　　)。

6. 数控电火花线切割加工时,(　　　　)按规定的程序做复合的进给运动。

7. 电火花线切割加工后工件表层包括(　　　　)和(　　　　)。

8. 在电火花线切割加工中,在保持一定的表面粗糙度的前提下,单位时间内(　　　　)在工件上切割的(　　　　)称为切割速度,其单位为mm^2/min。

9. 在电火花快速走丝线切割加工编程的3B格式程序中,加工轨迹与+Y重合的加工指令应该是(　　　　)。

10. 数控电火花线切割加工的加工效率以(　　　　)来衡量,表面粗糙度一般以(　　　　)表示。

二、判断题

1. 在电火花快速走丝线切割加工的程序编制过程中,G代码程序中只要出现了一次G01,以后便可以不用再写G01了。(　　)

2. 在电火花快速走丝线切割加工中,工件材料的硬度越小,越容易实现加工。(　　)

3. 桥式支撑是电火花快速走丝线切割加工中最常用的装夹方法,其特点是通用性强、装夹方便、装夹后稳定,平面定位精度高,适用于装夹各种类型的工件。(　　)

4. 电火花快速走丝线切割加工机床的本体主要包括工作台、运丝机构、丝架和床身4个部分。(　　)

5. 目前电火花快速走丝线切割加工中应用较普遍的工作液是煤油。(　　)

6. 电火花快速走丝线切割加工机床的控制系统不仅能对切割轨迹进行控制,同时还能对进给速度等进行控制。(　　)

7. 利用电火花快速走丝线切割加工机床可以加工不通孔。(　　)

8. 利用电火花快速走丝线切割加工机床可以加工任何导电的材料。(　　)

9. 电火花快速走丝线切割加工通常用于粗加工。(　　)

10. 在设备维修中,利用电火花线切割加工齿轮,其主要目的是节省材料,提高材料的利用率。(　　)

11. 电火花线切割加工机床不能加工半导体材料。(　　)

12. 在型号为DK7732的数控电火花快速走丝线切割加工机床中,其字母D属于机床类别代号,是指电加工机床。(　　)

13. 在利用3B代码编程加工直线时,程序格式中的X、Y是指加工直线的终点坐标值,其单位为μm。(　　)

14. 在数控电火花快速走丝线切割加工中，由于电极丝运丝速度比较快，所以电极丝和工件之间不会发生电弧放电。（　）

15. 如果电火花线切割加工的单边放电间隙为 0.01 mm，钼丝直径为ϕ0.18 mm，则加工圆孔时的电极丝补偿量应为 0.19 mm。（　）

16. 电火花线切割加工的 ISO 代码中，G92 指令不仅能把当前点设置成零，还能设置成非零值。（　）

17. 在电火花线切割加工中，如果切出的凹模工件尺寸偏大，则应增大电极丝偏移量。（　）

18. 在电火花线切割加工中，为了保证所切割凸模零件的精度，则应从材料外部直接切入。（　）

19. 3B 代码编程法是最先进的电火花快速走丝线切割加工编程法。（　）

20. 电火花线切割加工时的加工速度随着脉冲间隔的增大而增大。（　）

21. 安全管理是综合考虑“物”的生产管理和“人”的管理，主要目的是生产更好的产品。（　）

22. 利用电火花线切割加工机床不仅可以加工导电材料，还可以加工不导电材料。（　）

23. 虽然电火花线切割加工机床的机库型号不同，但它们所能使用的电极丝直径都相同。（　）

24. 数控电火花线切割加工机床编程有绝对值和增量值编程方式，使用时不能将它们放在同一程序段中。（　）

25. 由于电火花快速走丝线切割加工速度比电火花成形加工速度要快许多，所以电火花快速走丝线切割加工零件的周期比较短。（　）

26. 在电火花线切割加工中，电源可以选用直流脉冲电源或交流电源。（　）

27. 机床数控精度的稳定性决定着加工零件质量的稳定性和误差的一致性。（　）

28. 在加工落料模具时，为了保证冲下零件的尺寸，应将配合间隙加在凹模上。（　）

29. 要想把某一零件的切割方向旋转 90°，可对程序采用 X、Y 轴交换的方法。（　）

30. 镶配件凹模中的外角对应的凸模处一定是内角，所以为了配合在内外角上均应加过渡圆。（　）

31. 电火花快速走丝线切割加工机床的导轮要求使用硬度高、耐磨性好的材料制造，如高速钢、硬质合金、人造宝石或陶瓷等材料。（　）

三、选择题

1. 在电火花线切割加工过程中，放电通道中心温度最高可达(　　)℃左右。

A. 1000　　B. 10000　　C. 100000　　D. 5000

2. 下列不属于电火花快速走丝线切割加工机床组成部分的是(　　)。

A. 机床本体　　B. 脉冲电源　　C. 工作液循环系统　　D. 电极丝

3. 电火花快速走丝线切割加工机床加工钢件时，其单边放电间隙一般取(　　)。

A. 0.02 mm　　B. 0.01 mm　　C. 0.03 mm　　D. 0.001 mm

4. 电火花快速走丝线切割加工机床本体包括(　　)。

A. 工作台　　B. 走丝机构　　C. 丝架　　D. 机床床身

5. 对于电火花快速走丝线切割加工机床，在线切割加工过程中电极丝运行速度一般为(　　)。

A. 3～5 m/s　　B. 8～10 m/s　　C. 11～15 m/s　　D. 4～8 m/s

6. 电火花线切割加工一般安排在(　　)。

A. 淬火之前，磨削之后　　B. 淬火之后，磨削之前

C. 淬火与磨削之后　　D. 淬火与磨削之前

7. 电火花快速走丝线切割加工机床一般维护保养方法是(　　)。

A. 定期润滑　　B. 定期调整　　C. 定期更换　　D. 定期检查

8. 在使用3B代码格式编程时，需要用到(　　)指令参数。

A. 2个　　B. 3个　　C. 4个　　D. 5个

9. 在电火花线切割加工过程中，采用正极性接法的目的有(　　)。

A. 提高加工速度　　B. 减少电极丝损耗

C. 提高加工精度　　D. 提高表面质量

10. 电火花线切割加工的微观机理过程可分为4个连续阶段：a. 电极材料的抛出；b. 极间介质的电离、击穿，形成放电通道；c. 极间介质的消电离；d. 介质热分解、电极材料熔化、气化热膨胀。这4个阶段的排列顺序为(　　)。

A. abcd　　B. bdac　　C. acdb　　D. cbad

11. 在使用数控电火花快速走丝线切割加工机床加工较厚的工件时，电极丝的进口宽度与出口宽度相比(　　)。

A. 相同　　B. 进口宽度大　　C. 出口宽度大　　D. 不一定

12. 在电火花线切割加工过程中，预先加工穿丝孔的目的有(　　)。

A. 保证零件的完整性　　B. 减小零件在切割中的变形

C. 容易找到加工起点　　D. 提高加工速度

13. 数控电火花线切割加工电极丝张紧力的大小应根据(　　)的情况来确定。

A. 电极丝直径　　B. 加工工件厚度

C. 电极丝材料　　D. 加工工件的精度要求

14. 数控电火花线切割加工过程中,工作液必须具有的性能是(　　)。

A. 绝缘性能　　B. 洗涤性能　　C. 冷却性能　　D. 润滑性能

15. 在电火花线切割加工过程中,当穿丝孔靠近装夹位置,开始切割时,电极丝的走向应(　　)。

A. 沿离开夹具的方向进行加工

B. 沿与夹具平行的方向进行加工

C. 沿离开夹具的方向或与夹具平行的方向

D. 无特殊要求

16. 逐点比较插补法的插补流程是(　　)。

A. 偏差计算—偏差判断—进给—终点判断

B. 终点判断—进给—偏差判断—偏差计算

C. 终点判断—进给—偏差计算—偏差判断

D. 偏差判断—进给—偏差计算—终点判断

17. 不能使用数控电火花线切割加工的材料为(　　)。

A. 石墨　　B. 铝　　C. 硬质合金　　D. 大理石

18. 对于电火花线切割加工,下列说法正确的有(　　)。

A. 线切割加工圆弧时,其运动轨迹是折线

B. 线切割加工斜线时,其轨迹为斜线

C. 加工斜线时取加工的终点为编程坐标系的原点

D. 加工圆弧时,取圆心为编程坐标系的原点

19. 用电火花线切割加工机床加工直径为 10 mm 的圆孔,当采用的补偿量为 0.12 mm 时,实际测量孔的直径为 10.02 mm。若要孔的尺寸达到 10 mm,则采用的补偿量为(　　)。

A. 0.10 mm　　B. 0.11 mm

C. 0.12 mm　　D. 0.13 mm

20. 电火花快速走丝线切割加工 3B 格式程序编制时,下列关于计数方向的说法正确的有(　　)。

A. 斜线终点坐标为(X_e,Y_e),当 $|Y_e|>|X_e|$ 时,计数方向取 G_y

B. 斜线终点坐标为(X_e,Y_e),当 $|X_e|>|Y_e|$ 时,计数方向取 G_y

C. 圆弧终点坐标为(X_e,Y_e),当 $|X_e|>|Y_e|$ 时,计数方向取 G_y

D. 圆弧终点坐标为(X_e,Y_e),当 $|X_e|<|Y_e|$ 时,计数方向取 G_y

21. 下列关于使用 G41、G42 指令建立电极丝补偿功能的有关叙述,正确的有(　　)。

A. 当电极丝位于工件的左边时,使用 G41 指令

B. 当电极丝位于工件的右边时,使用 G42 指令

C. G41 为电极丝右补偿指令，G42 为电极丝左补偿指令

D. 沿着电极丝前进方向看，当电极丝位于工件的左边时，使用 G41 左补偿指令；当电极丝位于工件的右边时，使用 G42 右补偿指令

22. 电火花快速走丝线切割加工厚度较大的工件时，对于工作液的使用下列说法正确的是（　　）。

A. 工作液的浓度要大些，流量要略小

B. 工作液的浓度要大些，流量也要大些

C. 工作液的浓度要小些，流量也要略小

D. 工作液的浓度要小些，流量要大些

23. 加工如图 2-77 所示的斜线 OA，终点 A 的坐标为 $X_e=17$ mm，$Y_e=5$ mm，则其 3B 加工程序为（　　）。

A. B17000 B5000 B17000 G_x L_1

B. B17000 B5000 B17000 G_y L_1

C. B17 B5 B17 G_y L_1

D. B17 B5 B17000 G_x L_1

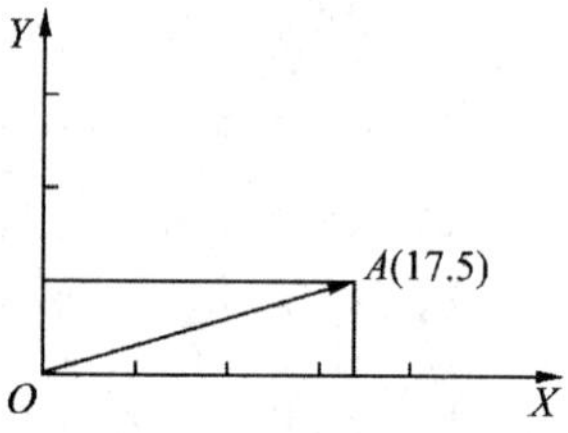

图 2-77　斜线 OA

24. 数控电火花线切割加工属于（　　）。

A. 放电加工　　B. 特种加工　　C. 电弧加工　　D. 切削加工

25. 在电火花线切割加工过程中如果产生的电蚀产物如金属微粒、气泡等来不及排除、扩散出去，可能产生的影响有（　　）。

A. 改变间隙介质的成分，并降低绝缘强度

B. 使放电时产生的热量不能及时传出，消电离过程不充分

C. 使金属局部表面过热而使毛坯产生变形

D. 使火花放电转变为电弧放电

26. 在数控电火花线切割加工中，当其他工艺条件不变时，若增大脉冲宽度，切割正常的情况下可以（　　）。

A. 提高切割速度　　B. 表面粗糙度变好

C. 增大电极丝损耗　　D. 增大单个脉冲能量

27. 下列关于电极丝张紧力对电火花线切割加工的影响，说法正确的有（　　）。

A. 电极丝张紧力越大，切割速度越大

B. 电极丝张紧力越小，切割速度越大

C. 电极丝张紧力过大，电极丝有可能发生疲劳而造成断丝

D. 在一定范围内，电极丝的张紧力增大，切割速度增大；当电极丝张紧力增加到一定程度后，切割速度随张紧力增大而减小

28. 在电火花线切割加工过程中，电极丝的进给为（　　）。

A. 等速进给　　B. 加速加工　　C. 减速进给　　D. 伺服进给

29. 数控电火花快速走丝线切割加工时，所选用的工作液和电极丝为（　　）。

A. 纯水、钼丝　　B. 机油、黄铜丝

C. 乳化液、钼丝　　D. 去离子水、黄铜丝

30. 在利用3B代码编程加工斜线时，如果斜线的加工指令为L_3，则该斜线与X轴正方向的夹角为（　　）。

A. $180°<a<270°$　　B. $180°<a\leqslant 270°$

C. $180°\leqslant a<270°$　　D. $180°\leqslant a\leqslant 270°$

31. 电火花快速走丝线切割加工时，工件的装夹方式一般采用（　　）。

A. 悬臂式支撑　　B. V形夹具装夹

C. 桥式支撑　　D. 分度夹具装夹

32. 下列关于电极丝直径对电火花线切割加工的影响，说法正确的有（　　）。

A. 电极丝直径越小，其承受电流小，所以切割速度低

B. 电极丝直径越小，其切缝也窄，所以切割速度高

C. 电极丝直径越大，其承受电流大，所以切割速度高

D. 在一定范围内，电极丝直径加大可以提高切割速度；但电极丝直径超过一定程度时，反而又降低切割速度。

33. 在电火花线切割加工中，关于工件装夹问题，下列说法正确的是（　　）。

A. 由于线切割加工中工件几乎不受力，所以加工中工件不需要夹紧

B. 虽然线切割加工中工件受力很小，但为了防止工件应力变化而产生变形，对工件应施加较大的夹紧力

C. 由于线切割加工中工件受力很小，所以加工中工件只需要较小的夹紧力

D. 线切割加工中，对工件夹紧力大小没有要求

34. 通过电火花线切割加工的微观机理过程，可以发现在放电间隙中存在的作用力有（　　）。

A. 电场力　　B. 磁力　　C. 热力　　D. 流体动力

35. 在电火花线切割加工中，关于不同厚度工件的加工，下列说法正确的是（　　）。

A. 工件厚度越大，其切割速度越慢

B. 工件厚度越小，其切割速度越大

C. 工件厚度越小，线切割加工的精度越高；工件厚度越大，线切割加工的精度越低

D. 在一定范围内，工件厚度增大，切割速度增大；当工件厚度增加到某一值后，其切割速度随厚度的增大而减小

36. 电火花快速走丝线切割加工的3B格式程序编程时，计数长度的单位应（　　）。

A. 以μm为单位　　B. 以mm为单位

C. 以cm为单位　　D. 以m为单位

37. 在电火花快速走丝线切割加工过程中，如果电极丝的位置精度较低，电极丝就会发生抖动，从而导致(　　)。

A. 电极丝与工件间瞬时短路、开路次数增多

B. 切缝变宽

C. 切割速度降低

D. 提高了加工精度

38. 在电火花快速走丝线切割加工中，关于工作液的陈述正确的有(　　)。

A. 纯净工作液的加工效果最好

B. 煤油工作液切割速度低，但不易断丝

C. 乳化型工作液比非乳化型工作液的切割速度高

D. 水类工作液冷却效果好，所以切割速度高，同时使用水类工作液不易断丝

39. 利用3B代码编程加工半圆 AB，切割方向从 A 到 B，起点坐标 $A(-5,0)$，终点坐标 $B(5,0)$，其加工程序为(　　)。

A. B5000 BB010000 G_x SR_2　　B. B5 BB010000 G_y SR_2

C. B5000 BB010000 G_y SR_2　　D. BB5000 B010000 G_y SR_2

40. 下列说法中不正确的是(　　)。

A. 电火花线切割加工属于特种加工的方法

B. 电火花线切割加工属于放电加工

C. 电火花线切割加工属于电弧放电加工

D. 电火花线切割加工不属于成形电极加工

41. 电火花快速走丝线切割加工最常用的加工波型是(　　)。

A. 锯齿波　　B. 矩形波　　C. 分组脉冲波　　D. 前阶梯波

42. 对步进电机驱动系统，当输入一个脉冲信号后，通过机床传动部件使工作台相应地移动一个(　　)。

A. 步距角　　B. 导程　　C. 螺距　　D. 脉冲当量

43. 滚珠丝杠螺母副预紧的主要目的是(　　)。

A. 增加阻尼比，提高抗震性　　B. 提高运动的平稳性

C. 消除轴向间隙和提高传动刚度　　D. 加大摩擦力，使系统能自锁

44. 数控机床如长期不使用时，最重要的日常维护工作是(　　)。

A. 通电　　B. 干燥　　C. 清洁　　D. 通风

45. G00指令移动速度值是(　　)指定。

A. 机床参数　　B. 数控程序　　C. 操作面板　　D. 随意设定

46. 下列3B指令格式正确的是(　　)。

A. BXBYBZGZ　　B. BXBYBJGZ

C. BXBYBZBJ　　D. BJBXBYGZ

47. 加工如图 2-78 所示的 1/4 圆弧，加工起点为 $B(0.707,0.707)$，终点为 $A(-0.707,0.707)$，则其 3B 加工程序为(　　)。

A. B707 B707 B001414 G_x NR_1

B. B707 B707 B001414 G_y NR_1

C. B707 B707 B000586 G_y NR_1

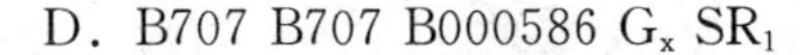

D. B707 B707 B000586 G_x SR_1

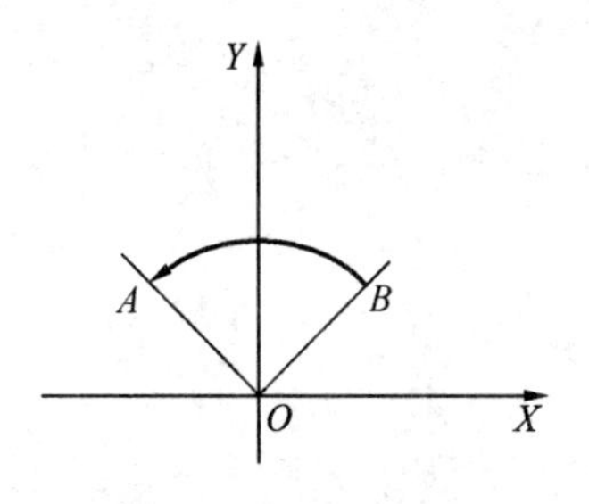

图 2-78　1/4 圆弧 $\overset{\frown}{BA}$

48. 若电火花快速走丝线切割加工机床的单边放电间隙为 0.02 mm，钼丝直径为 0.18 mm，则加工圆孔时的补偿量为(　　)。

A. 0.10 mm　　B. 0.11 mm　　C. 0.20 mm　　D. 0.21 mm

49. 电火花线切割加工的特点有(　　)。

A. 必考虑电极损耗　　B. 不能加工精密细小工件

C. 不需要专门制造电极　　D. 不能加工盲孔类和阶梯形面类工件

50. 用电火花线切割加工机床不能加工的形状或材料为(　　)。

A. 盲孔　　B. 圆孔　　C. 上下异型件　　D. 淬火钢

51. 使用 ISO 代码进行数控电火花快速走丝线切割加工程序编制时，关于圆弧插补指令，下列说法正确的是(　　)。

A. 整圆不能用圆心坐标来编制

B. 圆心坐标必须是绝对坐标

C. 所有圆弧或圆都可以用圆心坐标来编程

D. 从线切割加工机床工作台上方看，G03 为顺时针圆弧插补加工，G02 为逆时针圆弧插补加工

52. 下面对改善数控电火花快速走丝线切割加工工件表面粗糙度的措施中可行的有(　　)。

A. 新配制的工作液效果并不是很好，在使用 20h 左右时，其加工的表面粗糙度最好，另外，工作液配制可以稍稀一些

B. 适当降低脉宽和峰值电流，参数调整要以加工稳定为前提

C. 合理调整电极丝上导轮和下导轮之间的跨距

D. 减少电极丝的有效工作长度来减少电极丝的抖动

53. 在用电火花快速走丝线切割加工钢件时，加工工件表面的进出口两端附近，往往会出现黑白交错相间的条纹，关于这些条纹下列说法中正确的是(　　)。

A. 黑色条纹微凹，白色条纹微凸；黑色条纹处为入口，白色条纹处为出口

B. 黑色条纹微凸，白色条纹微凹；黑色条纹处为入口，白色条纹处为出口

C. 黑色条纹微凹，白色条纹微凸；黑色条纹处为出口，白色条纹处为入口

D. 黑色条纹微凸，白色条纹微凹；黑色条纹处为出口，白色条纹处为入口

54. 电火花线切割加工的微观机理过程可以分为极间介质的电离、击穿，形成放电通道；介质热分解、电极材料熔化、气化热膨胀；电极材料的抛出；极间介质的消电离四个连续阶段。在这4个阶段中，间隙电压最高的在（　　）。

A．极间介质的电离、击穿，形成放电通道

B．电极材料的抛出

C．介质热分解、电极材料熔化、气化热膨胀

D．极间介质的消电离

55. 在电火花快速走丝线切割加工中，储丝筒转一转，其轴向移动的距离应为（　　）。

A．等于电极丝的直径　　B. 大于电极丝的直径

C．小于或等于电极丝的直径　　D. 大于或等于电极丝的直径

56. 下列选项中不是电火花线切割加工机床采用过的控制方式是（　　）。

A. 靠模仿形　　B. 光电跟踪　　C. 数字控制　　D. 声电跟踪

57. 电火花快速走丝线切割加工中，常用的导电块材料为（　　）。

A. 高速钢　　B. 硬质合金　　C. 金刚石　　D. 陶瓷

58. 电火花线切割加工机床使用照明灯的工作电压为（　　）。

A. 6 V　　B. 36 V　　C. 220 V　　D. 110 V

59. 现代数控系统中，系统一般都有子程序功能，并且子程序（　　）嵌套。

A. 只能有一层　　B. 可以有限层　　C. 可以无限层　　D. 不能

60. 程序原点是编程人员在数控编程过程中定义在工件上的几何基准点，加工开始时要以当前电极丝位置为参考点，设置工件坐标系，所用的G指令是（　　）。

A. G90　　B. G91　　C. G92　　D. G94

61. 电火花快速走丝线切割加工机床的走丝机构中，一般利用联轴器将电动机轴与储丝筒中心轴连在一起，这个联轴器可以采用（　　）。

A．刚性联轴器　　B. 弹性联轴器

C．摩擦锥式联轴器　　D. 它们都可以用

四、问答题

1. 电火花快速走丝线切割加工机床主要由哪几部分组成？各部分的功能是什么？

2. 如何确定电火花线切割加工中穿丝孔的位置？

3. 如何确定电火花线切割加工中的工艺路线？

4. 简述电火花快速走丝线切割加工的原理，与电火花成形加工相比有哪些异同？

5. 电火花线切割加工中的常用工作液有哪几种？各有什么应用特点？

五、编程应用题

1. 用电火花快速走丝线切割加工如图2-79所示的凸模零件，已知钼丝直径为ϕ0.2 mm，单边放电间隙为0.01 mm，按箭头所示方向进行切割，请用绝对坐标方式编

制其 ISO 线切割加工程序。

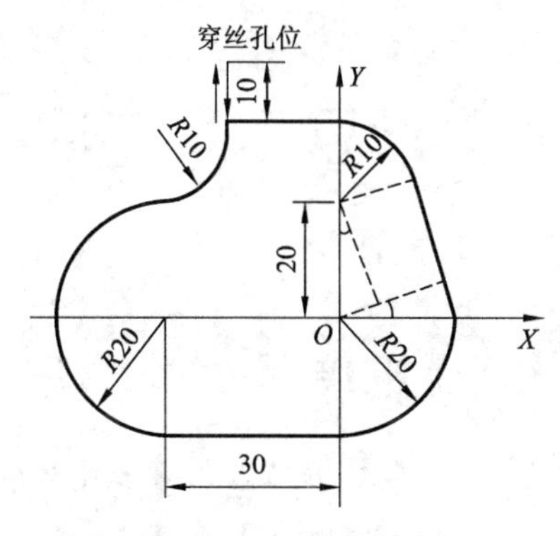

图 2-79　凸模件轮廓

2. 用电火花快速走丝线切割加工如图 2-80 所示的形状轮廓零件，其中 O 点为起刀点，走刀路线可以按照 $OA—AB—BC—CD—DE—EF—FA—AO$ 的顺序切割，也可以按照 $OA—AF—FE—ED—DC—CB—BA—AO$ 的顺序切割，不考虑电极丝偏移补偿，请编制这两种切割方式的 3B 格式程序。

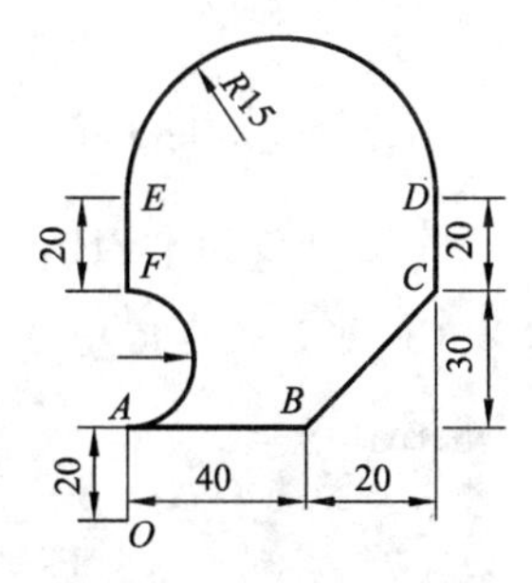

图 2-80　零件外形轮廓

3. 已知电极丝直径为 0.18 mm，单边放电间隙为 0.01 mm，电极丝切割起点为 o' 点，按照顺时针方向切割如图 2-81 所示的凹模型腔零件，试用相对坐标方式编制其 ISO 加工程序。

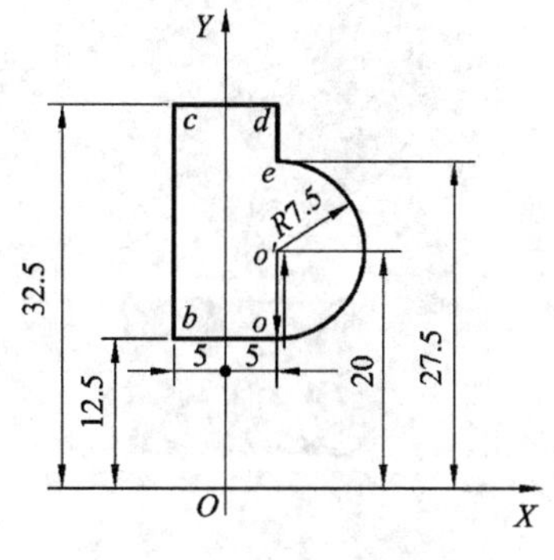

图 2-81　凹模型腔轮廓

项目三　连接臂的电火花慢速走丝线切割加工

学习目标

(1) 理解电火花慢速走丝线切割加工的原理、特点与应用。

(2) 掌握电火花慢速走丝线切割加工的基本工艺规律与工艺过程。

(3) 熟悉电火花慢速走丝线切割加工机床的组成及各部分功用。

(4) 能够合理编制电火花慢速走丝线切割加工程序、选择电火花慢速走丝线切割加工工艺和参数，正确使用电火花慢速走丝线切割加工机床加工零件。

内容描述

大批量加工如图 3-1 所示的精密办公机械上一种连接臂零件，零件毛坯材料为 40Cr，热处理硬度要求为 55 HRC，零件的尺寸精度和表面质量要求都较高。具体要求详见图 3-1。

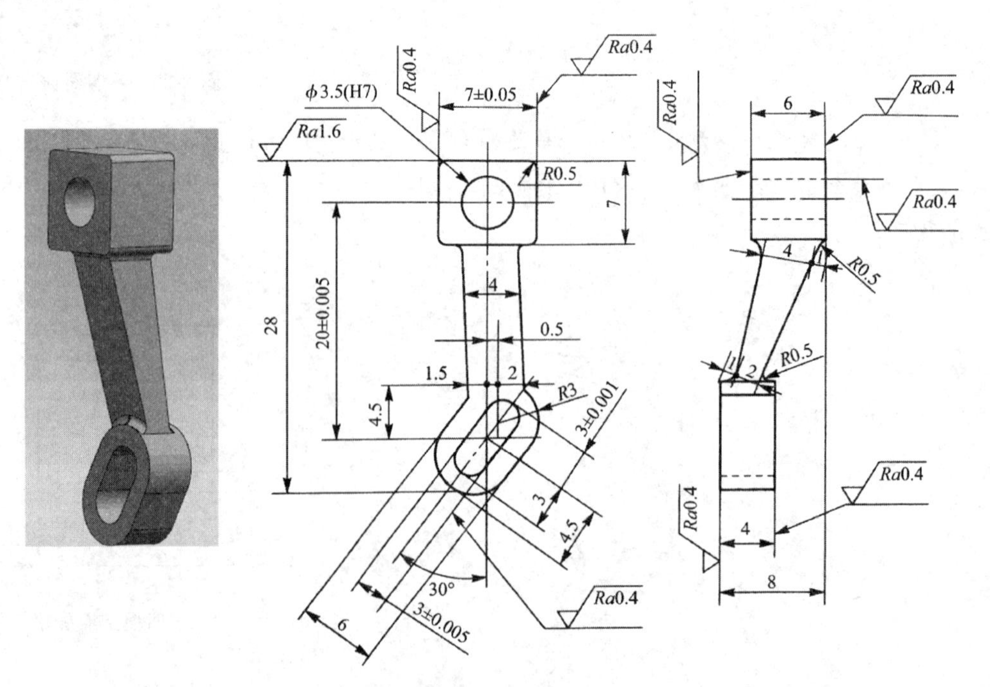

图 3-1　连接臂零件二维与三维图样

任务分析

加工大批量高精度零件最快捷的加工方式当然是采用机械加工，但是对于连接臂这样形状复杂、材料硬度较高、尺寸精度与表面质量要求高的小尺寸零件，采用电火花慢速走丝线切割加工更具有优势。图 3-1 所示的连接臂零件如果采用机械加工，其工艺路线是：备料→铣削加工→热处理→坐标磨削加工。由于需要磨削的面较多，还需要多种夹具和多次装夹，所以加工过程中不仅使用机床种类多，而且工艺路线长，加工成本高，加工周期长。若采用电火花慢速走丝线切割加工，仅一种机床就可以实现多个零件的一次线切割成形加工，而且可以保证各项精度，重复性好。而如果采用电火花快速走丝线切割加工，则连接臂零件的尺寸精度和表面质量均难以达到图纸要求。

任务一　电火花慢速走丝线切割加工技术认知

一、电火花慢速走丝线切割加工的原理、特点和应用

1. 电火花慢速走丝线切割加工原理

电火花慢速走丝线切割加工机床的电极丝做慢速单向运动，一般走丝速度仅为 0.2～15 m/min。电火花慢速走丝线切割加工的电极丝为黄铜丝、镀锌黄铜丝或者钼丝，电极丝直径一般为 0.10～0.35 mm，靠火花放电对工件进行切割。图 3-2 所示为电火花慢速走丝线切割加工工艺装置示意图。电极丝的路径是从储丝筒 6 出来，经过上导轮后穿过要线切割加工的工件 2，再经过下导轮，被收丝筒 11 没收或排出不再重复使用。被线切割加工的工件 2 固定在工作台 7 上，被切割面水平放置。在电火花慢速走丝线切割加工过程中，安装工件的工作台 7，由数控伺服 X 轴电动机 8、Y 轴电动机 10 驱动，在 X 轴、Y 轴方向实现切割进给，使电极丝沿加工图形的轨迹对工件进行线切割加工。电极丝除了由上至下不停运转外，还可以下导轮为轴心，上导轮在上拖板的拖动下按预置轨迹做 UV 方向的运动，这些运动的合成可以切割出不同曲面及锥面的工件。脉冲电源 1 的正、负极性通过进电块 13 分别加在工件 2 和电极丝 12 上，为放电加工提供直流脉冲能量。电火花慢速走丝线切割的加工方式一般为浸液式，工作液为去离子水。与电火花快速走丝线切割加工相比，电火花慢速走丝线切割加工对工作液的要求比较高，工作液的电阻率、离子数量、杂质含量都要严格控制在允许范围内。由于电火花慢速走丝线切割加工的电极丝张力可以得到很好的控制，电极丝的振幅影响比较小，再加上工作液的电阻率也比电火花快速走丝线切割加工用工作液的电阻率高许多，因此电火花慢速走丝线切割加工时，间隙电压以及伺服跟踪速度与电火花成形加工相似。

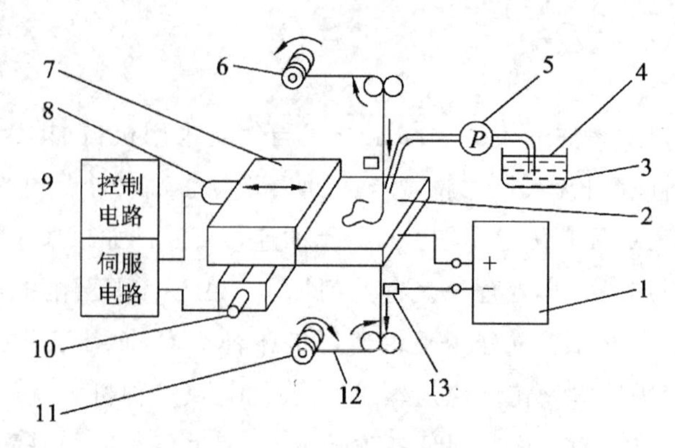

1—脉冲电源；2—工件；3—工作液箱；4—去离子水；5—泵；6—储丝筒；7—工作台；
8—X 轴电动机；9—数控装置；10—Y 轴电动机；11—收丝筒；12—电极丝；13—进电块

图 3-2　电火花慢速走丝线切割加工原理示意图

2. 电火花慢速走丝线切割加工的特点和应用

(1) 不需要专门制造成形电极，用一根细电极丝作为工具电极，按一定的程序进行轮廓加工，工件材料的预加工量较少。

(2) 电极丝张力均匀恒定，运行平稳，重复定位精度高，可进行二次或多次切割，从而提高了加工效率。加工表面粗糙度 Ra 值降低，最佳表面粗糙度值达 Ra 0.05 μm。尺寸精度大为提高，加工精度已稳定达到±0.001 mm。

(3) 可以使用多种规格的金属丝进行线切割加工，尤其是贵重金属线切割加工，采用直径较细的电极丝进行线切割加工，可节约不少贵重金属。

(4) 电火花慢速走丝线切割加工机床采用去离子水作为工作液，因此不必担心发生火灾，有利于实现无人化连续加工。

(5) 电火花慢速走丝线切割加工机床配用的脉冲电源峰值电流较大，切割速度最高可达 400 mm^2/min。不少电火花慢速走丝线切割加工机床的脉冲电源配有精加工回路或无电解作用加工回路，特别适用于微细超精密工件的线切割加工，如模数 m 为 0.055 mm 的微小齿轮等。

(6) 有自动穿丝、自动切断电极丝运行功能，即只要在工件上留有加工工艺孔就能够在一个工件上进行多工位的无人连续加工。

(7) 电火花慢速走丝线切割加工采用单向运丝，即新的电极丝只一次性通过加工区域，因而电极丝的损耗对加工精度几乎没有影响。

(8) 与电火花快速走丝线切割加工相比，电火花慢速走丝线切割加工具有加工精度稳定性高、切割锥度表面平整光滑等优势，目前主要应用于加工高精度零件，如精密冲裁模、粉末冶金模、样板、成形刀具、电火花成形加工用工具电极及特殊、精密零件加工等。

二、电火花慢速走丝线切割加工机床结构

电火花慢速走丝线切割加工机床的机械结构各不相同，世界上具有代表性的是瑞士生产的 ROBO-FIL 和日本生产的 AP、AQ 系列。下面就以这几个系列的产品为例来介绍电火花慢速走丝线切割加工机床的结构。

图 3-3 所示为电火花慢速走丝线切割加工机床结构图。机床主要由床身、立柱、*XY* 坐标工作台、*Z* 轴升降机构、*UV* 附加轴工作台、走丝系统、自动穿丝机构、夹具、工作液系统及电器控制系统等组成。

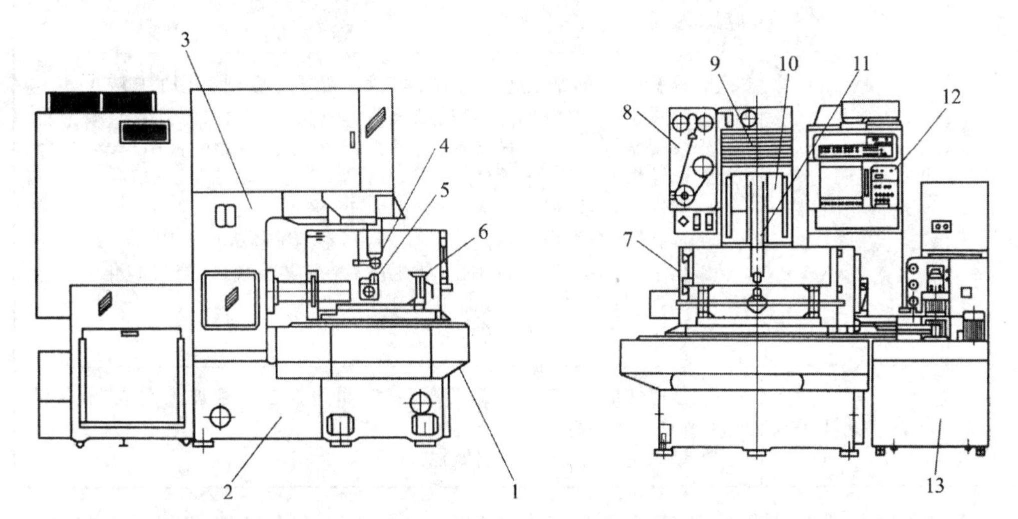

1—*X*、*Y* 坐标工作台；2—床身；3—立柱；4—上导丝器；5—下导丝器；6—夹具；7—工作液槽；8—走丝系统；9—*Z* 轴升降机构；10—*U*、*V* 附加轴工作台；11—自动穿丝机构；12—电器控制箱；13—工作液系统

图 3-3　电火花慢速走丝线切割加工机床结构示意图

1. 床身和立柱

床身、立柱是整个机床的基础，其刚性、热变形及抗振性直接影响加工件的尺寸精度及位置精度。高精度机床常配有床身、立柱的热平衡装置，目的是使机床各部件受热后均匀、对称变形，减少因机床温度变化引起的精度误差。

2. *X*、*Y* 坐标工作台

X、*Y* 坐标工作台是用来装夹被加工工件的，*X* 轴和 *Y* 轴由控制系统发出进给信号，分别控制其伺服电动机，进行预定的加工；与 *U*、*V* 附加轴工作台伺服联动，可实现锥度加工。

1）工作台

表 3-1 给出了常用电火花慢速走丝线切割加工机床工作台选用材料的种类与特性。

表 3-1 常用电火花慢速走丝线切割加工机床工作台材料种类与特性

序号	工作台材料种类	性能特点
1	氧化铝陶瓷	① 线膨胀系数小,是铸铁的 1/3,热导率低,热变形小 ② 绝缘性高,减小了两极间的寄生电容,精加工时能准确地在两极间传递微小的放电能量,可实现小功率的精加工 ③ 耐蚀性好,在纯水中加工不会锈蚀 ④ 密度小,是铸铁的 1/2,减轻了工作台的质量 ⑤ 硬度高,是铸铁的 2 倍,提高了工作台的耐磨性,精度保持性好 ⑥ 耐高温、耐磨、强度高,良好的抗氧化性、真空气密性及透微波特性;一般随 Al_2O_3 含量的增加,其耐高温性能、力学性能、耐蚀性能均相应提高
2	石材(花岗岩)	① 具有优良的加工性能:锯、切、磨、钻孔、雕刻等,加工精度可达 0.5 μm 以下,耐磨性能好,比铸铁高 5～10 倍,具有良好的防振、减振性 ② 线膨胀系数小,不易变形,与钢铁相仿,受温度影响极小 ③ 弹性模量大,高于铸铁 ④ 刚性好,内阻尼系数大,比钢铁大 15 倍 ⑤ 具有脆性,受损后只是局部脱落,不影响整体表面精度 ⑥ 化学性质稳定,不易风化,能耐酸、碱及腐蚀气体的侵蚀,化学性与 SiO_2 的含量成正比,使用寿命约 200 年 ⑦ 花岗岩不导电,不导磁,场位稳定
3	灰铸铁(HT200)	① 铸造性能好,具有良好的减振性、耐磨性及切削加工性能,低的缺口敏感性 ② 热稳定高,成本低,耐蚀性差

图 3-4 所示为日本生产的型号为 EXC100 超精电火花慢速走丝线切割加工机床的高精度、平滑运动的工作台结构示意图。

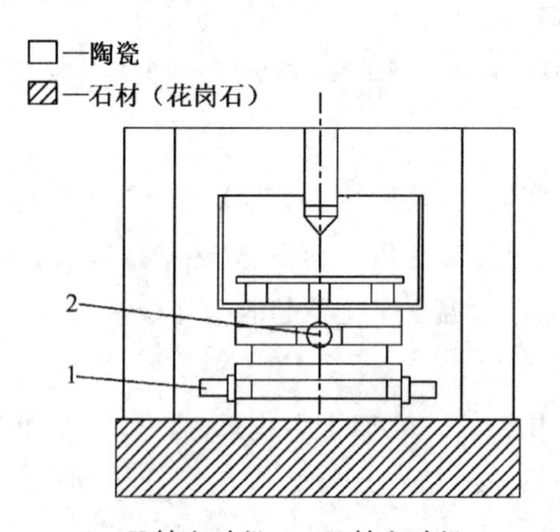

1—X 轴电动机;2—Y 轴电动机

图 3-4 高精度、平滑运动的工作台结构示意图

2) 导轨形式

表 3-2 所示为电火花慢速走丝线切割加工机床导轨主要形式、优缺点与结构简图。

表 3-2　机床导轨主要形式、优缺点与结构简图

序号	类型	特点	结构简图
1	V-平滚动导轨	由 V-平导轨加精密滚针组成，由于导轨与拖板是同一种材料，所以热变形小，承受重载而不变形。缺点是导轨行程受到限制	滚针　滚针
2	十字滚动导轨	它比直线导轨的滑动阻力减小 2/3，由于没有返向器的阻力，因而能适应伺服电动机的微小驱动，可实现亚微米级当量驱动；与通常的交叉滚动导轨不同，该导轨的预紧力依靠工作台的自重在纵向产生恒定的压力，因而能始终保持稳定的机械精度，能够承受重载，其缺点是导轨行程受到限制	滚珠　滚柱
3	陶瓷空气静压导轨	无摩擦，滑动阻力极小，能跟踪亚微米的动作，能控制工作台运动的上、下波动和左、右摆动，确保其运动的直线度，实现了稳定的移动。由于无接触、无磨损、不发热，故精度寿命长。由于用空气润滑，无须加注润滑油，维护较简单	□—气孔部件　↑—气体喷击方向

坐标工作台的 X、Y 轴以及导丝器的 U、V、Z 各轴都是沿着各自的导轨往复移动的，因此对导轨的精度、刚度和耐磨性有很高的要求，并且导轨应保证坐标工作台和导丝器运动的灵活、平稳。导轨精度、导轨直线度、相关两根导轨的垂直度（如 X 轴和 Y 轴，U 轴和 V 轴）以及 X 轴和 U 轴、Y 轴和 V 轴的平行度等，其精度越高，加工精度越高。各运动轴的定位精度用激光干涉仪测量后，通过逐点补偿软件对测量点的误差进行补偿，定位精度对加工精度，特别是位置精度影响很大。

3. 走丝系统

电火花慢速走丝线切割加工机床的走丝系统包括电极丝的送出机构、导向机构、排出机构、恒张力机构、自动穿丝机构等。下面以日本生产的机床为例，介绍走丝系统的机械结构。

图 3-5 所示为走丝路径简图。电极丝绕线管 3 插入绕丝轴 2，电极丝经长导线轮 4 到张力轮 6、压紧轮 5、张力传感器 8，再到自动接线装置 9，然后进入上部导丝器 10、加工区和下部导丝器 11，使电极丝能够保持精确定位；再经过排丝轮 13，使电极丝张力恒定，恒定速度运行，废丝切断装置 14 将废丝切碎送进废丝箱 15，完成整个走丝过程。

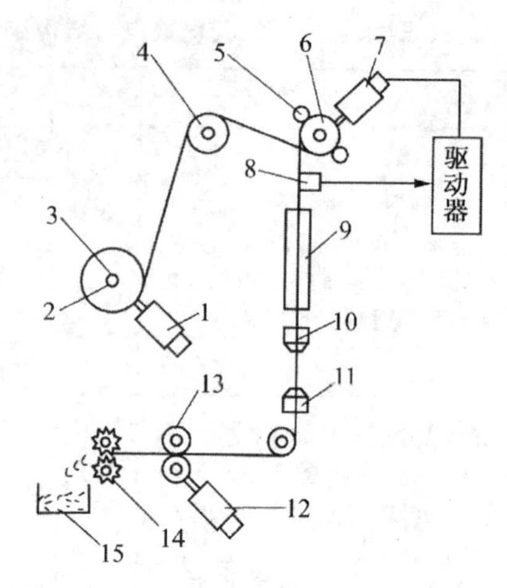

1—送丝电动机；2—绕丝轴；3—电极丝绕线管；4—长导线轮；5—压紧轮；6—张力轮；7—张力控制电动机；8—张力传感器；9—管式 AWT 自动接线装置；10—上部导丝器；11—下部导丝器；12—速度控制电动机；13—排丝轮；14—废丝切断装置；15—废丝箱

图 3-5　走丝路径简图

1）电极丝送出机构

图 3-6 所示为电极丝送出部位结构简图。

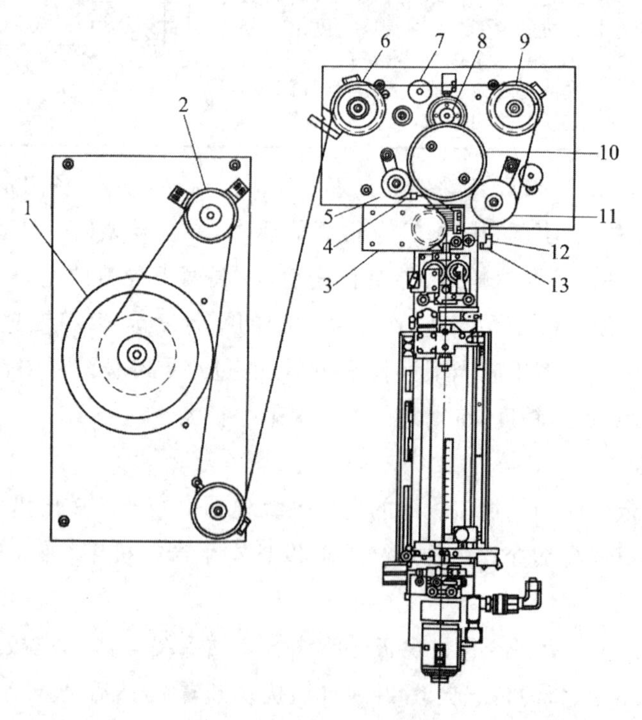

1—绕线管制动器；2—长绕线管；3—张力传感器；5、11—压紧轮；6、9—滑轮；7—毛毡压板；8—驱动滚轮；10—张力轮；4、12、13—刷子

图 3-6　电极丝送出机构简图

2）电极丝恒张力机构

电极丝恒张力机构主要用来控制电极丝的张力并使其保持恒定，以确保工件的加工精度和表面粗糙度值等。应在不断丝的前提下，尽量提高电极丝的张力，电极丝的张力一般控制在 2～25 N 为宜。电极丝恒张力机构的工作原理为：张力轮由伺服电动机控制其阻力，并可正、反两个方向旋转。为了得到预定的张力，张力传感器将电极丝张力信号传给驱动器，驱动器将张力偏差值指令给伺服电动机，使张力轮产生不同的阻力，这样在张力轮与排丝轮之间的电极丝将得到恒定的张力。可通过伺服电动机全闭环控制电极丝张力的大小，抑制各种外部干扰所造成的张力变化，起到恒定张力的作用。正常情况下，张力轮朝电极丝送出方向旋转，一旦电极丝松弛，电动机使张力轮减速或反转，产生阻力拉紧电极丝；如果断丝，张力轮会反转，重新穿丝。

3）电极丝导向机构

(1) 导丝器的形状。导丝器一般有圆形导丝器和 V 形导丝器两种形状，如图 3-7 所示。导丝器的形状及性能特点如表 3-3 所示。

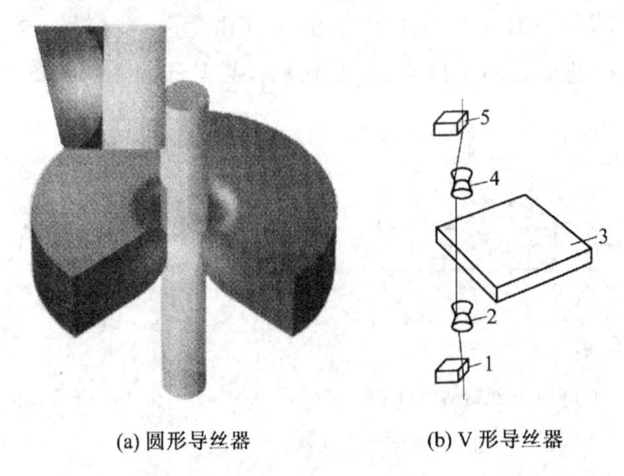

(a) 圆形导丝器　　(b) V 形导丝器

1、5—进电块；2—下导丝器；3—工件；4—上导丝器

图 3-7　导丝器的形状

表 3-3　导丝器形状与性能特点

序号	形状	性能特点
1	圆形导丝器	① 安装简单，使用方便，价格低廉 ② 电极丝需要直接穿入导丝器，自动穿丝难度较大
2	V 形导丝器	① 导丝器结构和安装较复杂，自动穿丝方便可靠 ② 电极丝和导丝器之间无间隙配合，在加工时可得到很高的加工精度 ③ 导向面小，易磨损，且导丝器制造成本较高，大锥度（大于 3°）切割时，电极丝与锥面的接触面积减少，使得切割出的锥面精度降低

为便于自动穿丝，上导丝器可设计成如图 3-8a 所示的拼合导丝器结构，其精度取决于活动部件导向精度，而下导丝器仍设计成圆形导丝器结构。常用的拼合导丝器有蓝

宝石拼合导丝器(见图 3-8b)和金刚石拼合导丝器(见图 3-8c)。

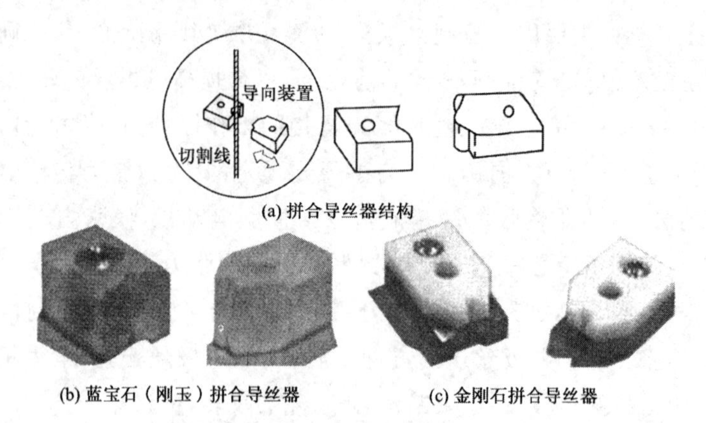

(a) 拼合导丝器结构

(b) 蓝宝石（刚玉）拼合导丝器　　(c) 金刚石拼合导丝器

图 3-8　拼合导丝器结构示意图

图 3-9a 所示为 V 形导丝器的结构示意图,图 3-9b 所示为 V 形导丝器中心工作部分放大图。电极丝从中心或 V 形槽之间通过,用螺钉与丝堵来调节工作部分 3 的位置。导丝器的中心工作部分是由两锥形体组成的,锥面由金刚石材料做成,通过旋转锥体可以改变导丝器与电极丝配合的工作面,以达到延长导丝器使用寿命的目的。

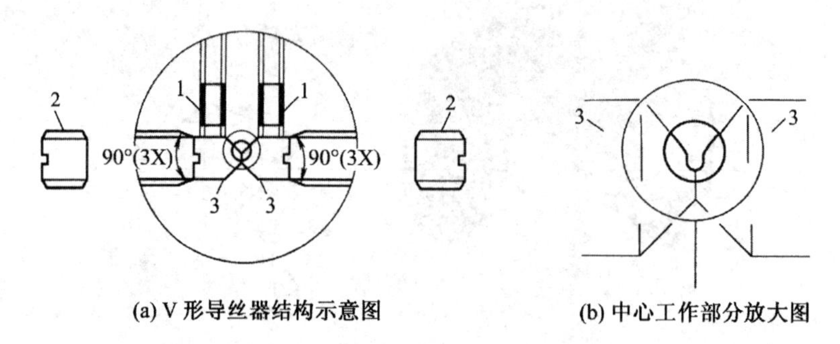

(a) V 形导丝器结构示意图　　(b) 中心工作部分放大图

1—螺钉；2—丝堵；3—锥形体

图 3-9　V 形导丝器

(2) 导丝器、喷嘴的安装。图 3-10 所示为导丝器、喷嘴安装位置示意图。电极丝先穿入上导丝器的蓝宝石导丝模 1,并压在硬质合金的进电块 7 上。当进电块磨损后,可以调整进电块的位置,再经过用蓝宝石做的拼合导丝器 6。拼合导丝器在穿丝时由气缸带动分开,通过调整 Z 轴升降来调整上喷嘴 5 与工件的间隙。下喷嘴 4 是浮动的,可以调整与工件的间隙。用喷嘴与工件间的间隙大小来控制水的流量和压力,一般间隙为 0.05 mm。电极丝进入下导丝模 2,再由下进电块 2 进电,完成上下进电,最后进入导丝模 3。

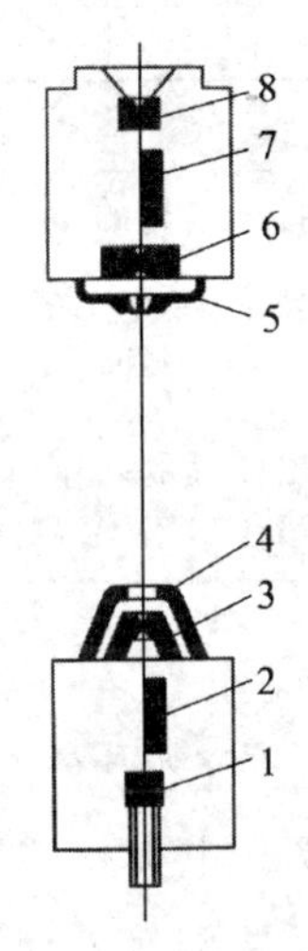

1—导丝模 3；2、7—进电块；3—导丝模 2；4—浮动式喷嘴；
5—上喷水嘴；6—拼合导丝器；8—导丝模 1

图 3-10　导丝器、喷嘴安装位置示意图

4）电极丝排出机构

电极丝排出机构的作用是使张力轮与排丝轮之间的电极丝产生恒定的张力，恒速运丝并将用过的电极丝排到废丝箱内。电极丝排出机构结构简图如图 3-11 所示，电极丝排出机构各部件的作用如表 3-4 所示。

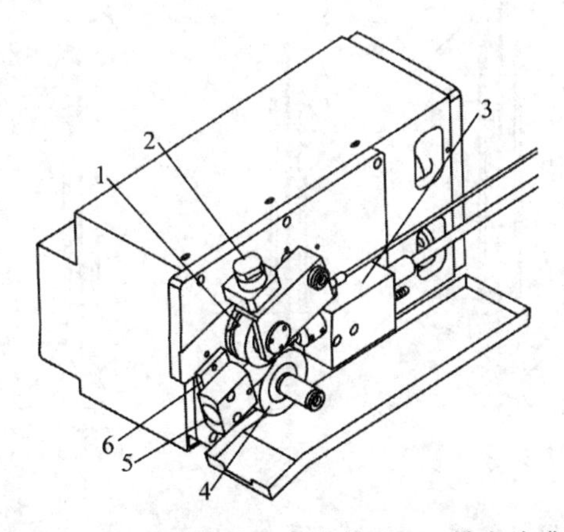

1—滚轮 C；2—调节螺栓；3—吸引装置；4—滚轮 B；5—排出喷嘴；6—排出喷嘴基座

图 3-11　电极丝排出机构结构简图

表 3-4　电极丝排出机构各部件名称与作用

序号	名称	作用
1	滚轮 C	用一定的压力压住电极丝
2	滚轮 B	将卷曲的电极丝向废丝箱方向排出
3	吸引装置	除去使用后的电极丝上附着的水分

续表

序号	名称	作用
4	调节螺栓	调节电极丝排出滚轮的压力
5	排出喷嘴	通过排出滚轮B、滚轮C输送的电极丝从排出喷嘴排到废丝箱中，拆下排出喷嘴后重新安装时，用销钉将其定位在排出喷嘴基座上
6	排出喷嘴基座	用于安装排出喷嘴的基座，拆下排出喷嘴基座重新安装时，需要将排出喷嘴基座与滚轮B、滚轮C间的间隙调整为0.04～0.08 mm

5）自动穿丝机构

自动穿丝系统具有智能化自动快速穿丝功能，穿丝的丝径从0.03 mm到0.3 mm。图3-12所示为自动穿丝机构结构简图。电极丝7导入送丝轮6，再穿入导丝管4，然后导入穿丝专用的拉紧轮2；导丝管上下两侧接入加热专用进电块3、5，通电后给两进电块之间的电极丝加热；因送丝轮6与拉紧轮2旋向相反，可将加热变红的电极丝在指定点拉伸变细，尖端细化、拉断、喷液冷却，电极丝变硬。完成以上动作后，加热进电块和拉紧轮自动退回原位，再由高压喷流将电极丝穿过导丝器1，并启动自动搜索程序，搜索穿丝孔或断丝原位进行穿丝，穿丝时间约为20 s。

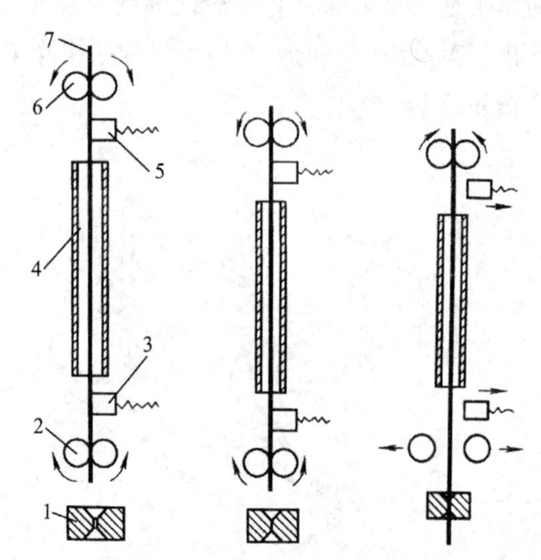

1—导丝器；2—拉紧轮；3、5—加热进电块；4—导丝管；6—送丝轮；7—电极丝

图3-12　自动穿丝机构结构简图

6）电极丝前端处理装置

图3-13所示为电火花慢速走丝线切割加工机床走丝系统的机械臂式电极丝前端处理装置。电火花线切割加工中电极丝断丝或自动穿丝失败时，电极丝前端处理装置开始动作。一边用张力传感器检测电极丝，一边绕回电极丝，然后转到自动接线动作，进行电极丝接线。前端处理动作必须在Z轴上升到上限位置附近后方可执行。

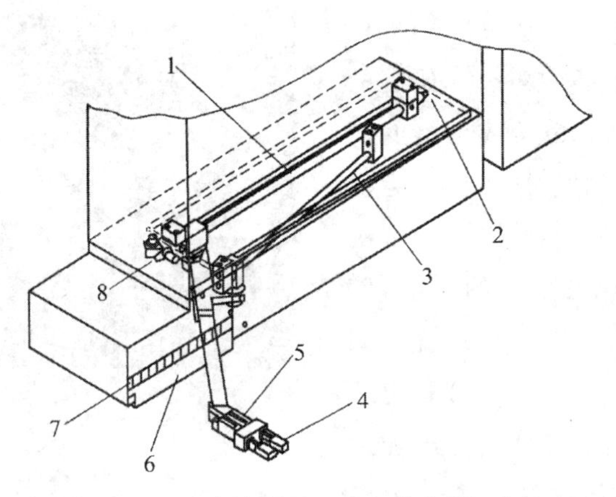

1—无活塞杆气缸；2—速度控制器；3、8—直线轴；4—电极丝夹持爪；
5—空气夹头；6—前端处理电极丝回收盒；7—刷子

图 3-13　机械臂式电极丝前端处理装置

7）双丝全自动切换走丝系统

采用该系统可实现在同一台机床上根据不同的加工工艺自动切换两种不同直径或不同材质的电极丝，从而解决了在电火花线切割加工中高精度与高效率的矛盾。图 3-14 所示为瑞士阿奇夏米尔公司研制的 AGIECUT VERTEX 电火花慢速走丝线切割加工机床的双丝全自动切换走丝系统结构图。该走丝系统具有两套互锁的结构。两种导丝器根据电极丝直径进行自动切换，并确保两种电极丝的位置精度不变。两套系统切换时间小于 45 s。该系统电极丝直径范围为 0.02～0.20 mm。为了满足电极丝直径为 0.02 mm 的精密切割需要，走丝系统的要求就非常高，丝张力的微小波动都会造成断丝。为此机床上设计了丝准备单元，设置了两个电极丝探测器来检测丝的运行状况，精确控制丝的张力和吸振以保证隔绝外界干扰。电极丝的最小张力仅为 0.05 N。两种电极丝采用不同的加工规准，切割路径及偏移量等均由专家系统自动设定。一般情况下，粗加工时采用电极丝直径为 0.20 mm，可提高电极丝张力，加大加工峰值电流，切割效率大大提高。精加工时选择直径小于 0.10 mm 的电极丝，用精规准，小电流，可获得较小的加工间隙与加工圆角，从而提高了工件的加工精度，降低了表面粗糙度值。实践证明，用双丝系统不同直径的电极丝进行粗加工和精加工，生产效率可提高 30%，且随着工件厚度的增加，粗加工的时间缩短，节省的时间更加明显。

图 3-14　AGIECUT VERTEX 双丝全自动切换走丝系统结构图

8）横向走丝系统

图 3-15 横向走丝系统结构图

图 3-15 所示为日本牧野公司研制的UPJ-2 型慢速横向走丝精密线切割的横向走丝系统结构图。由于采用横向走丝方式，工件的安装变为悬垂的方式，解决了由于重力因素对加工精度的影响，使被切割掉的型芯部分留在工件内部。如果切下的型芯尺寸≤15mm，就可利用从加工液喷嘴喷出的加工液将其冲出加工区域，还可通过装有传感器的顶针来确认型芯的有无，从而实现微细零件从粗加工到精加工的无人化操作。

4. 工作液系统

常用的电火花慢速走丝线切割加工工作液的种类及性能如表 3-5 所示。

表 3-5 工作液种类及性能

序号	种类	性能特点
1	去离子水	电阻率一般为 $5\times10^4\sim15\times10^4$ Ω·cm。使用该工作液加工时，切割表面粗糙度值 Ra 一般为 0.35～0.10 μm，切割速度较快，为油性介质的 2～5 倍
2	油性工作液（煤油）	绝缘性能高，其电阻率一般大于 1×10^6 Ω·cm；使用该工作液加工时，线切割表面质量好，线切割表面粗糙度值 $Ra\leqslant0.05$ μm，无电解腐蚀，被切割表面几乎无变质层，但切割速度较慢

电火花慢速走丝线切割加工工作液系统方框图如图 3-16 所示，工作液系统内各部分的功能和作用如表 3-6 所示。

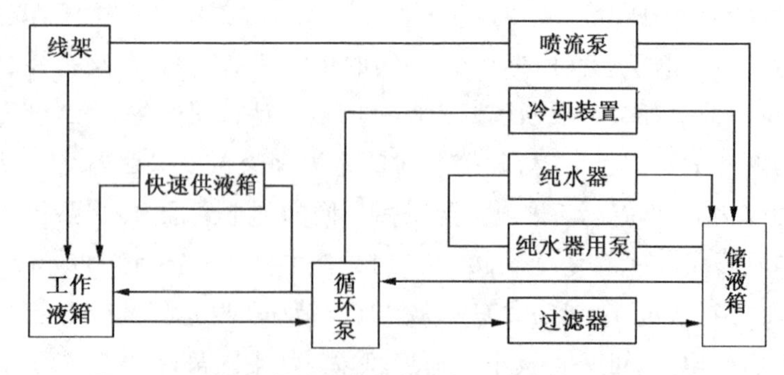

图 3-16 电火花慢速走丝线切割加工工作液系统方框图

表 3-6　工作液系统各部分的功能和作用

序号	名称	功能和作用
1	工作液箱	线切割加工时，储存工作液
2	快速供液箱	快速向加工液箱供液；为了缩短供液时间，在储液箱的上部设置一个预先加满工作液的快速供液箱，利用快速供液箱与工作液箱高低之差进行快速充液，可以节省时间 80%
3	冷却装置	采用冷却装置控制工作液的温度；温控传感器按设定的温度控制冷却装置，使工作液的温度与室温相同，其目的是减少机床、工件、工作液及环境温度的相对温差，温度恒定可以使加工精度达到稳定。
4	循环泵	工作液过滤、冷却及向加工液箱供液用的泵
5	喷流泵	向上、下导丝器，AWT 机构，工作液箱供液
6	过滤器	一般有一个或者两个过滤筒，每个过滤筒里装有两个纸质过滤芯，将工作液过滤，过滤精度小于 5 μm；过滤芯使用一段时间后，过滤性能下降，泵的压力升高，要及时更换滤芯，否则滤芯会被冲破，起不到过滤的作用
7	纯水器	用于控制水的电阻率，确保加工液的水质在规定的范围之内；纯水器内装有离子交换树脂，它是一种不溶于水的高分子化合物，具有较强的活性基因，呈黄色、褐色两种半透明球状；纯水器容积有 10 L 和 20 L 两种；当纯水器不能使水的电阻率上升或上升的速度极慢不能满足加工要求时，需要更换容器中的离子交换树脂

三、电火花慢速走丝线切割加工基本工艺规律

电火花慢速走丝线切割加工一般是零件的精加工工序。要达到零件的设计要求，就必须熟悉电火花慢速走丝线切割加工基本工艺规律及各项参数对加工工艺指标的影响。

1. 电火花慢速走丝线切割加工工艺指标

电火花慢速走丝线切割加工工艺指标主要包括切割速度、表面质量和加工精度等，各工艺指标及具体含义如表 3-7 所示。

表 3-7　加工工艺指标及含义说明

序号	工艺指标		含义说明
1	切割速度	最大切割速度	沿一个坐标轴方向切割时，在不考虑切割精度和表面质量的前提下，在单位时间内机床切割工件第一遍时可达到的最大切割面积，其单位为 mm^2/min；目前，电火花慢速走丝线切割加工最大切割速度可达 500 mm^2/min
		切割速度	切割速度或称为加工速度，是指在一定的加工条件下，单位时间内电极丝的中心沿着加工轨迹方向进给的距离，或者说电极丝在工件切割面上扫过的面积总和，即 $v_s=S/t$

续表

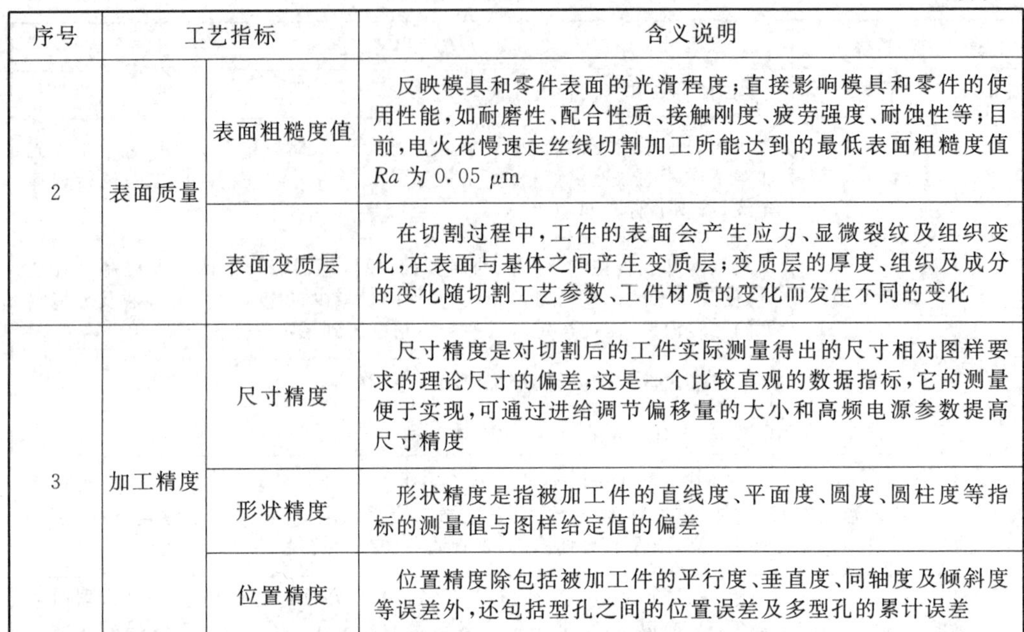

序号	工艺指标		含义说明
2	表面质量	表面粗糙度值	反映模具和零件表面的光滑程度；直接影响模具和零件的使用性能，如耐磨性、配合性质、接触刚度、疲劳强度、耐蚀性等；目前，电火花慢速走丝线切割加工所能达到的最低表面粗糙度值 Ra 为 0.05 μm
		表面变质层	在切割过程中，工件的表面会产生应力、显微裂纹及组织变化，在表面与基体之间产生变质层；变质层的厚度、组织及成分的变化随切割工艺参数、工件材质的变化而发生不同的变化
3	加工精度	尺寸精度	尺寸精度是对切割后的工件实际测量得出的尺寸相对图样要求的理论尺寸的偏差；这是一个比较直观的数据指标，它的测量便于实现，可通过进给调节偏移量的大小和高频电源参数提高尺寸精度
		形状精度	形状精度是指被加工件的直线度、平面度、圆度、圆柱度等指标的测量值与图样给定值的偏差
		位置精度	位置精度除包括被加工件的平行度、垂直度、同轴度及倾斜度等误差外，还包括型孔之间的位置误差及多型孔的累计误差

另外，电火花慢速走丝线切割加工大多采用多次切割的加工工艺方法，每遍的切割速度并不相同。在切割过程中，机床控制系统可实时显示切割速度，其单位为mm/min。电火花慢速走丝线切割加工的切割线速度一般包括：主切割线速度（即第一遍切割时的线速度）、单次切割线速度（即除主切割外的单次修整切割线速度）、平均切割线速度（即多次切割后，轮廓达到预定精度及表面粗糙度值时的平均切割线速度）。

2. 影响加工工艺指标的因素

影响电火花慢速走丝线切割加工工艺指标的因素很多，大致可分为电参数的影响和非电参数的影响。电参数为脉冲电源输出的参数。非电参数包括机床的机械精度、走丝系统、工作液系统、伺服控制系统的参数，还包括电极丝及工件的特性等。

1）电参数对工艺指标的影响

电参数对材料的电腐蚀过程影响极大，决定着放电痕迹、切割速度和切缝宽度的大小，从而影响加工的工艺指标。电火花慢速走丝线切割加工为多次加工，分主切割、过渡切割和最终切割。电极丝为一次性使用，因此在不同的切割阶段选择电参数的侧重点不同，主切割时电参数的选择主要侧重切割速度，最终切割时的电参数应根据被加工件对表面质量和加工精度的要求进行合理选择。

（1）脉冲宽度 t_i 对工艺指标的影响

在其他条件保持不变的情况下，切割速度将随着脉冲宽度的增加而增加，如图 3-17 所示。但是当脉冲宽度增大到一定值的时候，切割速度将不再与脉冲宽度呈正比增长关系，甚至还会随着脉冲宽度的增加加工速度反而降低。出现这种现象的原因主要是脉冲宽度增加后，蚀除量增大，排屑条件变差，使加工变得不稳定而影响了加工速度。

在相同的条件下，电极丝粗一些，切割速度上升得快，这是因为丝粗使得切缝宽一些，有利于高压工作液的冲入和排屑，对提高切割速度的影响显著。另外，脉冲宽度过大，还有可能使正常的脉冲放电状态转变为瞬间电弧放电状态，烧坏工件或造成断丝。由于电火花慢速走丝线切割加工时排屑条件较差，一般不宜采用增加脉冲宽度的方法来提高切割速度，而普遍采用窄脉冲高峰值电流方式来提高切割速度。脉冲宽度的选择应随工件厚度的增加适当增大，在各切割过程的不同阶段该参数的选择推荐：主切割为20～80 μs；过渡切割为5～20 μs；最终切割为0.5～5 μs。

在其他条件不变的情况下，随着脉冲宽度的增加，单个脉冲能量增大，切割速度提高，而表面粗糙度值却变大，同时加工间隙大，也使得加工精度降低。

(2) 脉冲间隔 t_o对工艺指标的影响

在其他条件保持不变的情况下，减小脉冲间隔会使脉冲放电频率增加。从理论上讲，这有利于提高切割速度的，其变化趋势如图3-18所示。一般脉冲间隔的大小与脉冲宽度有比例的关系，实验结果表明，当脉冲间隔远远大于脉冲宽度时，脉冲间隔减小会使切割速度成比例地增大；当脉冲间隔减到与脉冲宽度呈1∶1的比例时，这种比例关系将不再成立。脉冲间隔所占放电周期比例过小，会使切割间隙中的电蚀产物浓度剧烈增加，加工状态变得极不稳定，严重影响切割速度的提高，甚至因脉冲间隔过小而产生电弧放电使电极丝烧断，致使加工无法继续进行。脉冲间隔的合理选择，与其他参数，如脉冲宽度、电极丝直径、走丝速度、工件材料及工件厚度等有密切的关系。在慢速走丝条件下，一般在脉冲宽度大于32 μs时，脉冲间隔取脉冲宽度的1～2倍；当脉冲宽度小于32 μs时，脉冲间隔取脉冲宽度的2～4倍。与此同时，脉冲间隔的选择还要兼顾峰值电流的选择，峰值电流大，脉冲间隔也要适当加大。

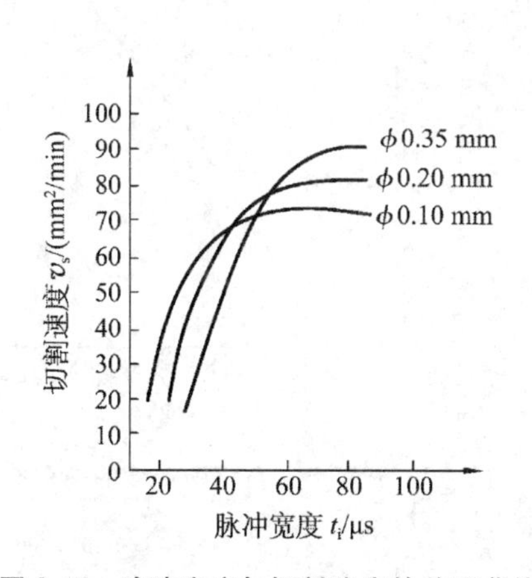

图3-17　脉冲宽度与切割速度的关系曲线

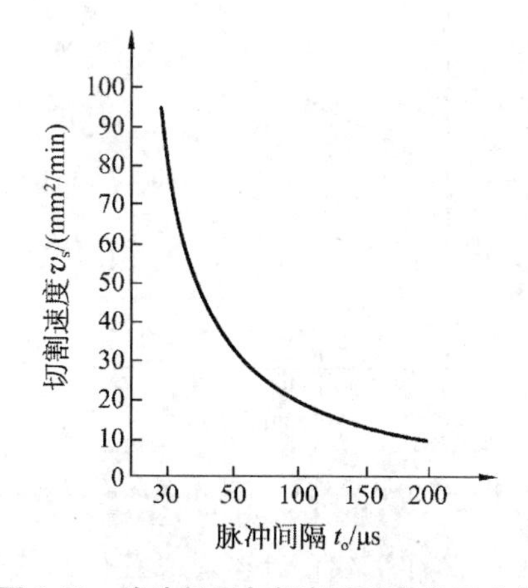

图3-18　脉冲间隔与切割速度的关系曲线

(3) 峰值电流 $\hat{i}_e$对工艺指标的影响

提高脉冲的峰值电流可以按比例提高单个脉冲的放电能量，电火花慢速走丝线切割加工在其他参数保持不变的情况下，提高单个脉冲能量就意味着可以提高线切割加工的速度。但是,如同脉冲宽度和脉冲间隔的影响一样,峰值电流的提高也应该是在一定的范围之内的。如图 3-19 所示,切割速度与放电能量的增加在一个区域内是呈比例增加的关系,但若峰值电流过大,在冲液状况没有改善的情况下,切缝内排屑不畅,切割速度会减慢,并可能引起断丝。由图 3-19 还可以看出,在相同的条件下,电极丝粗一些,切割速度相对快些,这是因为电极丝粗使得切缝就会宽一些,有利于高压工作液的冲入和排屑,所以加工速度相对快。在各切割过程的不同阶段该参数的选择是不同的,一般情况下,主切割时,峰值电流较大;过渡切割时,峰值电流随切割次数的增加而减小。目前电火花慢速走丝线切割加工峰值电流最高可达 1000 A,平均电流可达 18～30 A。

另外,随着峰值电流的增加,单个脉冲能量增大,切割速度提高,而表面粗糙度值却变大,加工间隙也变大,使得加工精度降低。

(4) 开路电压$\hat{u}_i$对工艺指标的影响

开路电压也就是脉冲电源的空载电压,它与切割速度的关系曲线如图 3-20 所示。在正常情况下,提高开路电压会使切割速度显著提高,这是因为首先电压的提高必然使脉冲的峰值电流和加工的平均电流都提高,单个脉冲能量加大,对提高切割速度有利;其次,如果不考虑被切割工件的材质、工作液介质的电阻率等因素,开路电压与放电间隙呈正比的关系,即提高开路电压有助于增大放电间隙,从而改善排屑条件。但由于开路电压增加,使得单个脉冲能量增大,切割速度提高,而表面粗糙度值却变大,同时,加工间隙大,也使得加工精度降低。电火花慢速走丝线切割加工的开路电压一般为 60～300 V,最常用范围是 80～120 V。

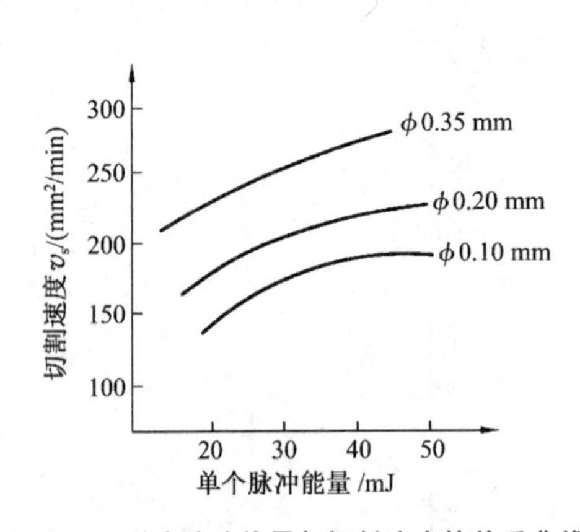

图 3-19　单个脉冲能量与切割速度的关系曲线

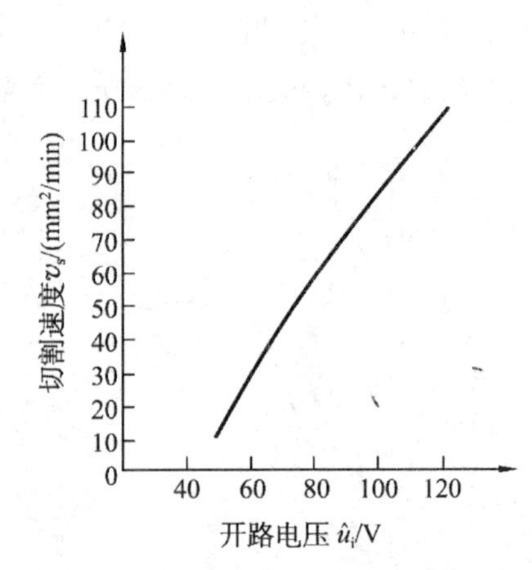

图 3-20　开路电压与切割速度的关系曲线

(5) 脉冲空载百分率对工艺指标的影响

脉冲空载百分率高,说明脉冲的利用率低,即能量损失大。在主切割时,脉冲空载百分率高,跟踪则慢,主切割的速度降低,但极间不易产生拉弧现象;反之,可提高主切割时的切割速度,但增加了放电不稳定性,容易造成断丝。在精修切割时,脉冲空载百分率的高低也影响着加工工件的形状。脉冲空载百分率值的大小直接影响加工工件的直线性，图 3-21a 所示为脉冲空载百分率值高时所切割工件的形状，图 3-21b 所示为脉冲空载百分率值低时所切割工件的形状，并且随着被加工工件材料的加厚，其影响越大。

（6）伺服参考电压 S_v 对工艺指标的影响

伺服参考电压 S_v 是指线电极进行电火花加工伺服进给时，预先设置的一个参考电压值，也称为门槛电压，从放电间隙中取得的平均电压称为取样电压 V_J。在加工过程中，取样电压不断地与参考电压进行比较，当 $V_J > S_v$ 时，电极丝沿着切割轨迹进给；当 $V_J < S_v$ 时，电极丝沿着切割轨迹回退。

电火花慢速走丝线切割加工的伺服参考电压是预先设置好的，它的高低决定着放电间隙的大小。S_v 大，则平均放电间隙大。因为增大 S_v，可加大电极丝与工件的放电间隙，有利于排屑，使加工稳定，不容易造成断丝。但是 S_v 大会使得脉冲空载百分率加大，而影响线切割的加工速度，导致线切割速度下降，如图 3-22 所示。

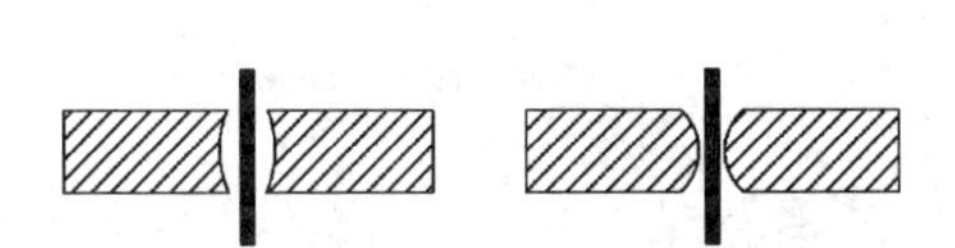

图 3-21　脉冲空载百分率对工艺指标的影响

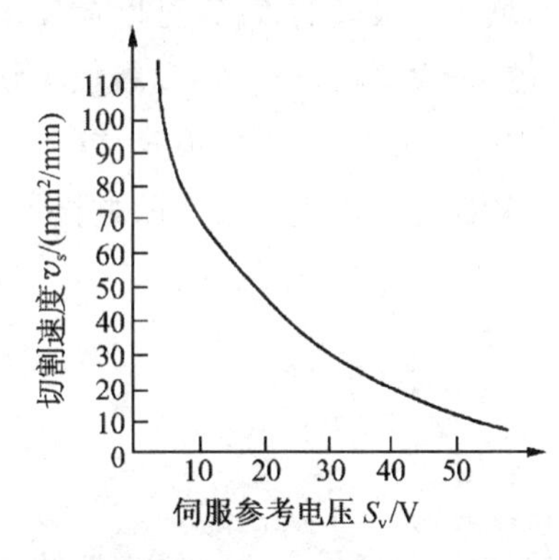

图 3-22　伺服参考电压与切割速度的关系曲线

（7）进给速度 S_f 对工艺指标的影响

电火花慢速走丝线切割加工的进给速度是指当 S_f 设定好后，切割过程中，电极间的平均间隙电压高于 S_f 设定电压，主轴会以 S_f 设定的速度进给；而间隙平均电压低于 S_f 设定电压时，主轴以 S_f 设定的速度回退。理想的线切割加工应该是进给速度能够很好地跟踪加工速度。进给速度过快容易造成频繁的瞬间短路，使线切割速度下降；进给速度过低容易造成频繁的瞬间开路，同样会使线切割速度下降。

2）非电参数对工艺指标的影响

电火花慢速走丝线切割加工的非电参数包括机床走丝系统、工作液循环系统、切割路径选取、工艺特性等，这些因素对电火花慢速走丝线切割加工工艺指标的影响不容忽视。

（1）机床走丝系统对工艺指标的影响

电火花慢速走丝线切割加工机床走丝系统主要包括进电块、导丝器、电极丝张力和走丝速度调节装置等。

① 电极丝的影响

在电火花慢速走丝线切割加工中，电极丝的影响主要体现在电极丝的材料、电极丝的直径、电极丝的张力、电极丝的运行速度等方面。电极丝的各项性能对工艺指标的影响如下。

a. 电极丝材料对工艺指标的影响。不同材质的电极丝在相同的工艺条件下所获得的切割速度是不一样的。电火花慢速走丝线切割加工一般使用黄铜丝、镀锌黄铜丝作为电极丝。尽管黄铜丝的损耗较大，但它的抗拉强度高，导电性能好，加工稳定，切割速度高。镀锌黄铜丝由于在火花放电时产生汽化爆炸力，主切割速度较高，但丝的价格较贵，会使切割成本提高。因此，绝大多数电火花慢速走丝线切割加工机床均采用黄铜丝作为电极丝。两种电极丝材料与切割速度的关系如图 3-23 所示。

b. 电极丝直径对工艺指标的影响。电火花慢速走丝线切割加工所用的电极丝直径通常在 0.05～0.35 mm，一般规格有 0.10 mm、0.15 mm、0.20 mm、0.25 mm、0.30 mm。电极丝的直径大小直接影响切割速度。电极丝承载电流的能力与其截面积成正比，增大电极丝的直径，可以提高承载脉冲峰值电流，从而达到提高切割速度的目的。当然，增大电极丝直径，也增加了切缝的宽度，从这点上看对提高效率不利。但在两者的综合比较下，增大电极丝直径对提高加工效率起了主导作用。所以，在追求高效率时，一般还是采用直径较大的电极丝配合加大峰值电流的方式进行加工。电极丝直径与切割速度的关系曲线如图 3-24 所示。

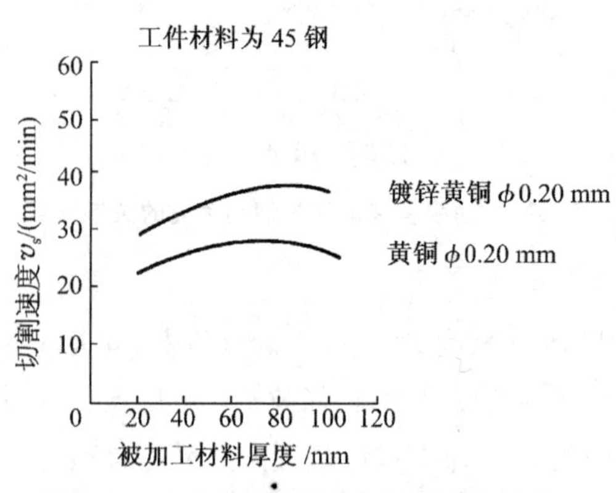

图 3-23 不同电极丝材料与切割速度的关系

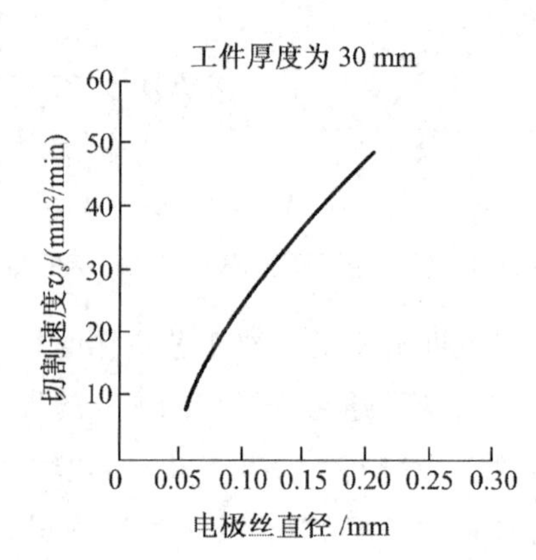

图 3-24 电极丝直径与切割速度的关系曲线

在切割较厚的工件时，如果电极丝的直径较小，承受的电流就小，切缝窄，影响冲液效果，不利于排屑，并且丝在工作过程中容易造成抖动，不能稳定加工，不仅使得切割速度降低，还造成工件表面粗糙度值增大。

c. 电极丝张力对工艺指标的影响。电极丝张力在加工过程中应保持恒定。电极丝张力与工件厚度密切相关，工件越厚，所需丝的张力应越大。如果张力较小，电极丝的跨距较大，除了它的振动幅度大以外，还会在加工过程中受放电爆炸力的作用而弯曲变形，或者抖动，造成腰鼓形状，进而降低工件的加工精度和表面粗糙度等级。电极丝的张力越大，在加工时丝的振动幅度减小，使加工更稳定，尺寸精度高，表面质量好。但丝的张力过大易造成断丝，使加工无法继续。电极丝张力对加工速度的影响趋势如图 3-25 所示。

一般电火花慢速走丝线切割加工所使用的电极丝抗拉强度都比较高，其极限张力可达到 20 N 以上。通常使用过程中，张力可设定在 10 N 以上，具体多少还要视电极丝直径而定。

d. 电极丝运行速度对工艺指标的影响。电极丝的运行速度决定了电极丝在工件切缝中逗留的时间及承受脉冲电流的放电密度，而且还会影响工作液在缝隙中的带入速度和电蚀产物的排除速度。显然走丝速度越快，电蚀产物的排除速度也越快。这有助于提高加工的稳定性，减少二次放电的概率，因而有助于提高切割速度。走丝速度与切割速度的关系如图 3-26 所示。在主切割过程中，由于加工的电流和放电能量较大，电极丝的损耗较快，如果丝速过慢，很容易造成断丝；并且，电极丝沿工件厚度方向的直径大小不一致，会造成工件直线度变差。在修整切割过程中，降低丝速会导致工件直线度差，带有锥度，降低了工件的加工精度；但是走丝速度过高会大量消耗电极丝，增加生产成本。

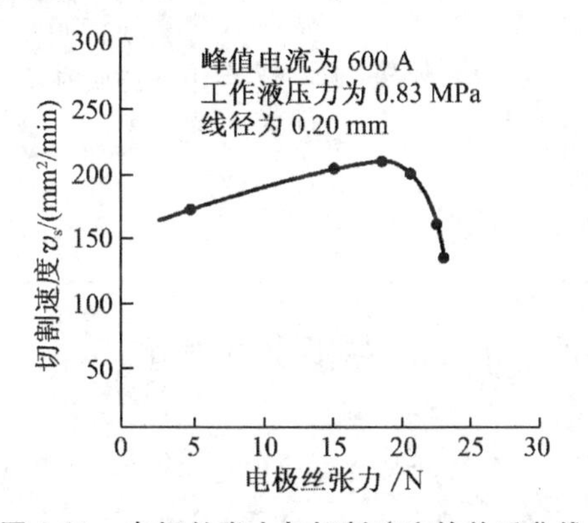

图 3-25　电极丝张力与切割速度的关系曲线

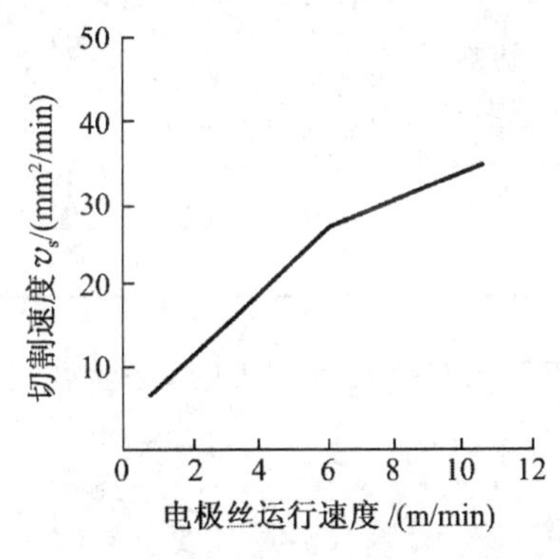

图 3-26　走丝速度与切割速度的关系曲线

② 电极丝径向力补偿的影响

电极丝为挠性物体，在加工过程中会呈现如图 3-27 所示的向外弯曲形状（即鼓形），并且随着加工工件厚度的增加，这种现象会变得更加严重。出现鼓形的主要因素与解决办法如表 3-8 所示。

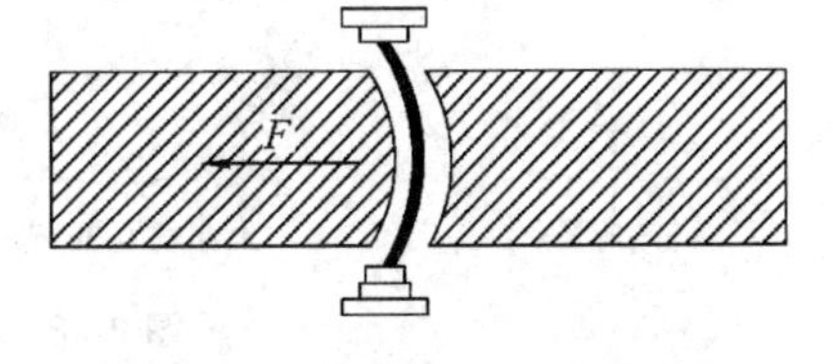

图 3-27　切割较厚工件时电极丝变形示意图

表 3-8　电极丝呈现鼓形的原因与解决办法

序号	原因	结果与解决方法
1	中部开放，切割线被顶开	切割中鼓形的电极丝会造成切割轨迹落后并偏离工件轮廓，出现加工过程中丝的滞后现象，从而造成工件形状与尺寸误差，降低了工件的直线度，影响了工件的加工精度。在这种情况下，为了提高加工精度，就必须对电极丝在图 3-27 中 F 方向进行补偿，以减少电极丝的变形。工件厚度越大需要补偿值越大，但电极丝径向力补偿过大，也会使工件的直线度同样降低
2	排屑不畅，加工屑在中部堆积	
3	中部的液处理恶化不易加工	
4	放电爆炸力造成的压力	

③ 穿丝孔位置对工艺指标的影响

穿丝孔位置对加工精度及切割速度起着关键的作用，其主要作用与影响如表 3-9 所示。

表 3-9　穿丝孔的作用与影响

序号	类别	作用与影响	位置选择	备注
1	切割凹模时	① 减少在线切割过程中工件内应力所产生的变形和防止因材料变形而发生夹丝、断丝现象 ② 保证被加工部分与其他相关部位的位置精度，同时也可避免非轮廓加工的无用切割	① 切割小型工件时，为操作方便，选在孔中心位置 ② 切割大型工件时，为缩短无用切割行程，穿丝孔位置可选在轮廓起切点附近	穿丝孔一般选在一直线上的坐标点或便于运算的坐标点上，以简化轨迹控制的运算，防止程序编制时人为失误而造成的误差
2	切割凸模时	① 避免材料被切断，而破坏材料内部的残留应力的平衡状态，造成材料的变形，影响加工精度，严重时会造成夹丝、断丝；尤其是多次切割时，因材料变形量过大，使修切加工无法完成 ② 可以使工件坯料保持完整，避免开放式线切割而发生的变形，从而减少由此造成的误差	可选在轮廓起切点附近	

在电火花线切割加工时，穿丝孔对工件变形情况的影响如图 3-28 所示。

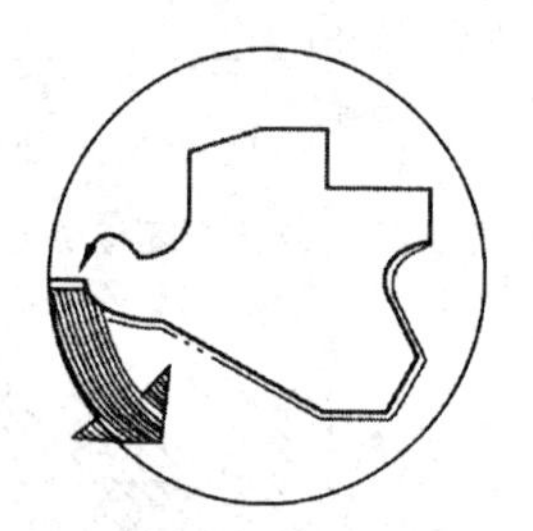

(a) 无穿丝孔开放式切割

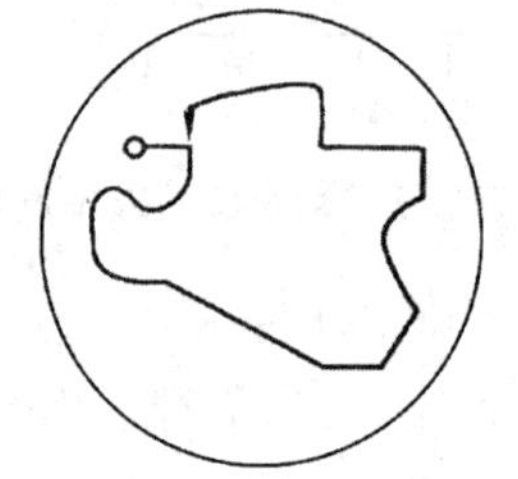

(b) 有穿丝孔封闭式切割

图 3-28　穿丝孔对工件变形情况的影响

④ 进电装置对工艺指标的影响

电火花慢速走丝线切割脉冲电源的能量是通过进电块传递给电极丝的，其进电装置的好坏将会直接影响脉冲能量的释放和能量的利用率。因此，在线切割加工的全过程都要求电极丝与进电块之间始终保持着良好的接触。由于进电块在加工时长期与电极丝进行滑动摩擦，进电块表面被磨出深沟，这加大了接触电阻，使供给加工区域的能量转变为热能，从而大大减少了放电能量，降低了线切割速度，严重时会在导电局部产生火花放电。因此，对进电装置提出如下要求：

a. 安装进电块时要保证进电块与电极丝紧密接触。

b. 保持导电部位的清洁。

c. 进电装置应尽可能靠近放电区域。

d. 经常检查进电块的磨损情况，及时更换或移动与电极丝的接触面。

进电块材料的硬度和表面粗糙度值也是影响线切割加工速度和进电块使用寿命的因素。进电块的材料一般采用硬质合金，而有些还会在硬质合金表面镀钛或镀铬。

⑤ 导丝器位置与上、下喷嘴位置对工艺指标的影响

导丝器位置与上、下喷嘴位置对工艺指标是有较大影响的，具体影响与效果如表 3-10 所示。

表 3-10　导丝器位置与上、下喷嘴位置的影响

序号	类别	影响	效果	备注
1	导丝器位置	影响线切割时电极丝的张力大小、冲液压力和电极丝的振幅，从而影响线切割加工速度及加工质量	上下导丝器距加工工件表面越近，主切割速度越高，且加工的工件精度高、表面质量好，不易断丝；反之，主切割速度低，加工的工件精度及表面质量降低	
2	上、下喷嘴位置	直接影响冲液压力和流量，进而影响线切割时工作液的排屑能力，并且影响电极丝的运动，从而影响线切割加工的工艺指标	喷嘴位置距工件表面太近，由于冲液压力、流量太大产生的飞溅，造成工件在加工中的偏移，影响到工件的位置精度。很高的冲液压力会造成电极丝运动的颤动，使运动不稳定，最终都导致加工精度的降低。喷嘴位置距工件表面太远，压力射流很难加在电极丝与工件的缝隙之间，直接导致工作液的排屑能力下降，使加工速度降低并易断丝	上、下喷嘴一般放在距工件表面 0.05～0.15 mm 的位置

(2) 工作液循环系统对工艺指标的影响

电火花慢速走丝线切割加工的工作液一般是去离子水或煤油，工作液的供给方式分为浸液式和冲液式。工作液介质及供给方式对电火花线切割加工工艺指标的影响如表 3-11 所示。

表 3-11　工作液介质及供给方式对线切割加工的影响

因素	影响与作用	备注
冲液压力	工件越厚所需的冲液压力越大，以带走更多的热量和电蚀产物，避免二次放电的发生，因而电极丝可以承受较高的功率和电流，且不易断丝，切割速度提高；但冲液压力过高，造成电极丝抖动，反而会降低线切割加工速度，同时造成加工精度和表面质量的降低	在主切割加工时，冲液压力一般为 0.4～1.2 MPa，冲液流量为 5～6 L/min；在修整切割时，冲液压力一般为 0.02～0.08 MPa，冲液流量为 1～2 L/min
浸液式	电火花线切割加工区域流动性差，加工不稳定，放电间隙大小不均匀，较难获得理想的加工精度	常与冲液式复合使用

续表

因素		影响与作用	备注
冲液式	双向冲液	加工效率高，易在工件切割区域的中间部分造成二次放电；用于线切割加工高精度、较厚的工件	↓ ↑
	同向冲液	加工效率高，工件易形成锥度；用于线切割加工精度要求不高、厚度较大的工件	↓ ↓
	单向冲液	加工效率相对较低；用于较小型腔，不易取料时，将废料升至工件上表面	○ ↑
工作液	去离子水	电导率越高，线切割加工速度越快，但表面质量越差	电火花慢速走丝线切割加工机床所用工作液电导率要控制在一定范围内
	油性工作液（煤油）	用油作为工作液线切割加工工件，不仅表面粗糙度值小，而且由于工作液电导率极低，无电解腐蚀，被切割表面变质层几乎没有，但线切割速度较慢	可实现 $Ra \leqslant 0.05\ \mu m$

在不同工作液条件下电火花慢速走丝线切割加工得到的工件表面形貌如图 3-29 所示。由图可知，在煤油介质中加工的工件表面质量明显优于在水介质中加工的工件表面质量。

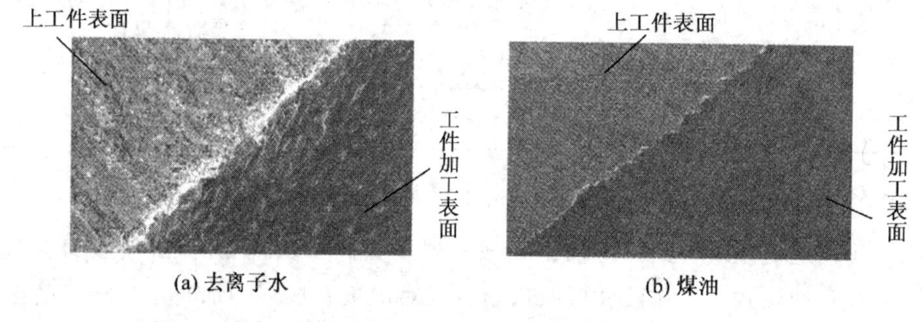

(a) 去离子水　　(b) 煤油

图 3-29　在不同工作液中慢速走丝线切割加工工件表面形貌

（3）切割路径的选择对工艺指标的影响

一般情况下，合理的线切割路径应将工件与夹持部位分离的切割段安排在完成多次切割程序的末端，将暂停点留在靠近毛坯夹持端的部位，如图 3-30 所示。

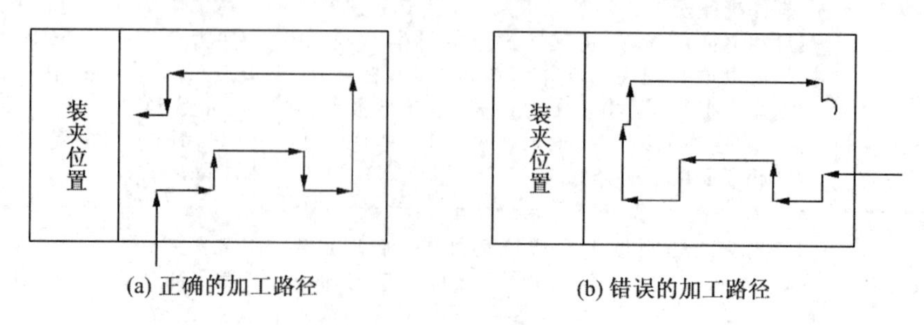

(a) 正确的加工路径　　(b) 错误的加工路径

图 3-30　加工路径示意图

选择电火花线切割加工路径的原则有以下几点：

① 应尽量避免破坏工件材料原有的内部应力平衡，防止工件材料在线切割过程中因在夹具等作用下，由于线切割加工路径安排不合理而产生显著变形，致使电火花线切割加工工件精度下降。

② 在实际电火花线切割加工中，应首先考虑采用穿丝孔进行封闭式线切割。受限于工件毛坯尺寸等而不能进行封闭式线切割时，线切割加工路径的安排更显重要。

③ 电火花线切割加工路径应有利于工件在加工过程中始终与夹具(装夹支撑架)保持在同一坐标系，避免应力变形的影响。

(4) 进入切割方式对工艺指标的影响

电火花慢速走丝线切割为多次切割，进入切割方式应充分考虑切割过程中的变形、装夹方式，以及后面修整切割加工时进入切割点是否消除等问题。一般选择垂直轮廓第一图元元素的方式进入切割，如图 3-31a 所示。如果穿丝孔较大，采取如图 3-31a 所示切割方式，但容易在点 A 处形成一个凸起，修整切割加工时无法去除其影响。在这种情况下，常采用如图 3-31b 所示切割方式进入切割，并且在完成圆周切割后应尽量避免倾斜进入切割点 B，以避免造成轮廓精度降低。此外，若有特殊加工要求需将进入点放在尖角处，以避免接刀痕出现在平面内，影响使用效果时，可采用如图 3-31c 所示的切割方式进入切割。

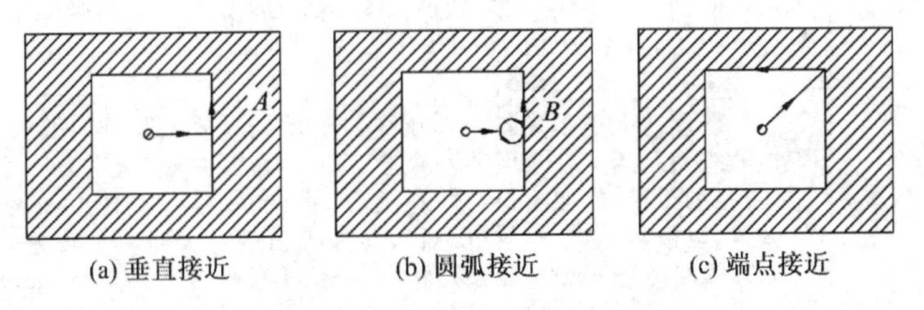

图 3-31　不同的进入切割方式

(5) 偏移量间隔对工艺指标的影响

由于放电加工的特点，工件与电极丝之间存在放电间隙，所以线切割加工时，工件的理论轮廓与电极丝的实际轨迹之间存在一定距离，即为加工的偏移量 d，

$$d=R_{丝}+\text{放电间隙}+\text{修切余量}$$

由于电火花慢速走丝线切割为多次切割，每一次切割的偏移量是不同的，并依次减少；每一次切割的偏移量的差值即为偏移量间隔 Δd，即

$$\Delta d=d_n-d_{n+1}$$

偏移量间隔的大小直接影响电火花线切割加工的精度和表面质量。为了得到高的加工精度和良好的表面质量，修切加工时的电参数依次减弱，非电参数也做相应调整，其放电间隙也会不同。如果间隔太大，使修切余量变大，而修切加工参数弱，将导致放电不稳定，切割速度降低；如果间隔太小，其后面的精修切割不起作用。在电火花线切

割加工中应根据不同机床和不同电规准来选择不同偏移量间隔。

(6) 拐角的处理方法对工艺指标的影响

在放电加工过程中，由于放电的反作用力造成电极丝的实际位置比机床 X、Y 坐标轴实际移动位置滞后，从而造成拐角精度的不良。图 3-32 为电火花慢速走丝线切割拐角示意图。电极丝的滞后移动经常造成加工工件的外圆角加工过亏，内圆角加工不足，致使工件在拐角处的加工精度严重下降。因此，在加工高精度工件时，在拐角处应自动放慢 X、Y 轴的驱动速度，使电极丝的实际位置与 X、Y 轴的坐标点同步。所以加工精度要求越高，拐角处驱动速度越慢，拐角越多，加工效率越低。

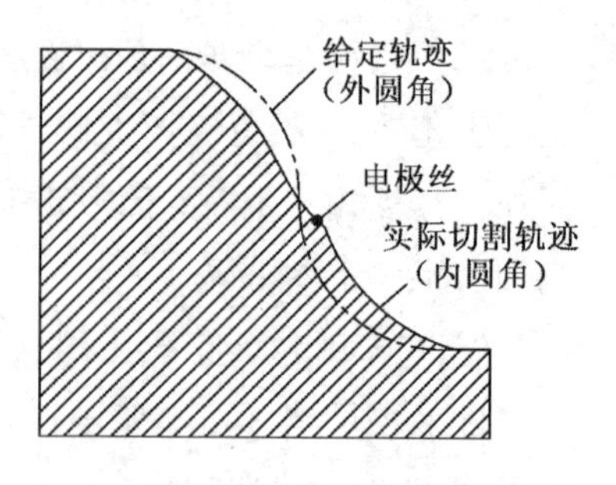

图 3-32 慢速走丝线切割拐角示意图

(7) 工件特性对工艺指标的影响

工件特性对工艺指标的影响如表 3-12 所示。

表 3-12 工件特性对工艺指标的影响

序号	工件特性	影响
1	材料	不同材料的熔点、汽化点、热导率、电导率等也不相同，必须根据实际工件的精度、表面质量要求及使用机床的参数，对不同的工件材料确定加工的次数，选定不同的加工工艺参数。例如，达到同样的精度及表面粗糙度值，材料为工具钢时，需切割 3～4 遍；材料为硬质合金时，则需切割 4～7 遍
2	厚度	工件厚度的大小影响着电火花线切割加工时放电和排屑效果，当然也会对工件的线切割速度和表面质量产生影响。当工件薄时，压力冲液易于进入加工区，有利于排屑，加工稳定性好，易获得较好的线切割速度和表面质量，但工件太薄，电极丝易抖动，放电不稳定，加工精度及表面质量较差；当工件厚时，压力冲液难于进入加工区，易断丝。一般工件厚度为 40～60 mm 时机床切割速度最大，太厚和太薄都会影响加工效率及表面质量
3	热处理	由于工件材料内部残余应力对加工效果影响较大，在对热处理后的材料进行线切割加工时，大面积去除金属和切断加工，会使材料内部残余应力的相对平衡受到破坏，从而影响零件的加工精度和表面质量。为了避免这些情况，被加工工件材料应选用锻造，淬火后进行二次回火，一般采用高温淬火和高温回火的热处理工艺，有条件的应进行深冷处理以消除残余内应力，防止在线切割加工中发生变形造成夹丝和断丝，影响加工效率及加工精度

四、电火花慢速走丝线切割加工机床指令代码

1. 指令与指令代码

电火花慢速走丝线切割加工机床的数控编程语言均采用国际标准的 ISO 代码，它提供了丰富而强大的编辑功能。ISO 代码由许多指令行组成，而每一个指令行又由一个或几个指令组合而成。指令按照功能可以分为准备功能、输送功能、辅助功能等。指令的构成如下：

指令＝指令代码＋数据

指令代码决定了指令的功能，它是由字母(A～Z)构成，决定了跟在它后面的数据的意义。电火花慢速走丝线切割加工机床所使用的指令代码的意义如表3-13所示。

表3-13　指令代码和含义

指令代码	含　义	指令代码	含　义
A	锥度加工角度	N	顺序号
C	加工条件(文件编号)	P	子程序编号
D、H	补正及补正编号	Q	文件调用
F	进给速度	R	指定转角圆弧过渡
G	准备功能	S	缩小或放大倍数
I、J	设定圆弧中心坐标(增量坐标系)	T	设定有关机械控制的事项
L	子程序重复执行次数	TP、TN	锥度数据
M	辅助功能	X、Y、U、V、Z	各轴移动的尺寸、角度等

2. 指令代码与指令数据

A指令：指定锥度角度，不同机床不一样。

C指令：指定加工条件号，输入3位以内的数据，如C000、C001等。加工条件先在自身文件内寻找(实行中或准备实行的文件中)，在没有的情况下到系统文件(CONDITION FILE)中查找，否则系统提示错误代码信息。系统文件已经给出了《加工条件手册》中所选用的全部加工条件。需要注意的是，C777为垂直校正用加工条件、C888为断丝复归专用加工条件，在NC程序中不能使用。用户可在CONDITION FILE文件中编制自己的加工条件，并保存以备今后调用。

D、H指令：补正量或偏移量序列号，可输入3位以内的数据(000～999)，如D001、D000及H001、H000等。而实际数值在OFFSET FILE中设定。

F指令：设定加工进给速度(SF)。可输入500～360000000范围内的值。例如，输入F500000时，即表示以5mm/min的速度进给。

G指令：具有指定直线插补、圆弧插补等准备功能，可输入3位以内的数，如G054、G001等。若代码后的数字在2位(00～99)以下，也可以略去前面的0，只输入2位以下的数，机器也可以解读，如G54、G1等。

I、J指令：圆弧中心坐标数据，可输入±99999.9999范围内的数据。

L指令：子程序重复的次数，不同机床不一样。

M指令：用于指定程序执行的控制及机械部分的ON/OFF状态，可输入3位以内的数。

N指令：顺序号通常可以输入4位数，如N0001、N0002等。如果输入N1或N2，在调用子程序时会出错。序号指令的范围一般为 0000～9999。

P 指令:子程序编号的指定同 N 一样,通常可输入 4 位无符号整数。

Q 指令:以文件为单位,在加工中调用硬盘内的程序,并执行被调出的程序进行加工。例如,Q1620 表示 1620. NC 被调出并执行。

T 指令:指定机械控制功能,可输入 3 位以内的数,如 T80、T81 等。

X、Y、U、V、Z 指令:用于指定轴移动数据,可输入±999999.999 范围内数据。对于 X、Y、U、V、Z 位采用米制时,数据含小数点时单位为 mm,数据为整数时单位为 μm;而采用英制时,数据含小数点时单位为英寸,数据为整数时单位为 1/100000 英寸。

3. G 代码

G 代码具有指定直线插补、圆弧插补等功能,G 代码及功能如表 3-14 所示。

表 3-14　G 代码功能一览表

G 代码	功　能	G 代码	功　能
G00	决定位置的移动	G28、G29、G60	设定主参考点
G01	直线加工	G30	返回坐标设置点
G02、G03	顺圆插补、逆圆插补	G40、G41、G42	电极丝线径补正
G04	延时	G48、G49	边缘控制 ON/OFF
G05、G06、G07	*X*、*Y*、*Z* 轴镜像变换	G50、G51、G52	锥度加工
G08、G09	*X*、*Y* 轴变换、镜像变换取消及 *X*-*Y* 变换取消	G53	机械坐标系定位移动
G11、G12	跳过 ON/OFF	G80	移动到接触感知
G13、G14、G15	断线复位 ON/OFF	G81	移动到机械极限
G17	平面选择	G90、G91	绝对坐标指令,增量坐标指令
G20	英制单位	G122、G123	软件限位设定
G21	米制单位	G126、G127	坐标旋转 ON/OFF
G22、G23	软件限位 ON/OFF	G54～G958、G958	工作坐标系 54～958,机械坐标系
G26、G27	图形旋转 ON/OFF		

4. T 代码

通过 T 代码,可在 NC 程序里方便地对操作面板上的操作开关进行控制,而不需要用手去操作,T 代码及功能如表 3-15 所示。

表 3-15　T 代码功能一览表

T 代码	功　能	T 代码	功　能
T80	电极丝送进	T86	打开喷流
T81	停止电极丝送进	T87	关闭喷流
T82	关闭加工槽排液阀	T90	剪断电极丝
T83	打开加工槽排液阀	T91	自动穿电极丝
T84	泵打开	T96	打开送液
T85	泵关闭	T97	关闭送液

5. M 代码

M 代码为一些常用的辅助功能代码，其功能如表 3-16 所示。

表 3-16　M 代码功能一览表

M 代码	功　能	M 代码	功　能
M00	程序执行被暂时停止	M06	加工过程中为无放电移动
M01	程序暂停选项（当 NC 设定“停止选项＝ON”时有效）	M10～M47	外部信号输出
		M70～M77	外部信号输入
M02	加工终止	M98	调用子程序
M03	代码搜索	M99	子程序结束
M05	无视接触感知	M199	Q 文件执行结束

任务二　电火花慢速走丝线切割加工工艺流程与操作规范

一、电火花慢速走丝线切割加工工艺

电火花慢速走丝线切割加工机床主要用于高精度（加工精度≤±0.005 mm）、高表面质量（表面粗糙度值 $Ra\leqslant 0.4\ \mu m$）的精密模具或零件的加工。下面主要介绍电火花慢速走丝线切割加工工艺技术。

① 顺时针和逆时针切割。加工轨迹方向分为顺时针和逆时针，相同工件顺时针切割和逆时针切割时，相对电极丝的运动轨迹偏移方向是不同的。如图 3-33 所示，当电极丝沿顺时针方向 1 切割时，偏移方向为左偏移；当电极丝沿逆时针方向 2 切割时，偏移方向变为右偏移。

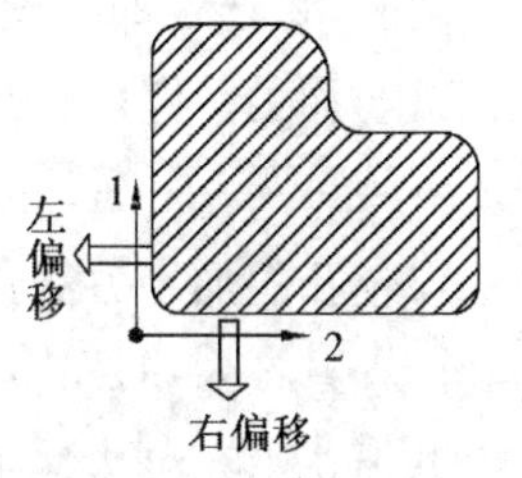

图 3-33　偏移方向与电极丝切割轨迹的关系

② 内圆角和外圆角。对于不同的工件，内、外圆角不同。如图 3-34 所示，同样加工轮廓，切割凸模和凹模内圆角和外圆角含义不同。

③ 暂停点。在电火花慢速走丝线切割加工时，为了满足加工精度，减少变形，防止料芯掉落，需要在某些位置暂时停止加工，待进行必要的处理后再继续加工，该位置点称暂停点。凹模和凸模在线切割加工时，设置暂停点的目的和位置有所不同。对于凸模，采用多次切割时，为便于拾取凸模，需在切断部位附近设置暂停点，如图 3-35a 所示；对于凹模，主切割的暂停点设置在料芯即将落下之前，如图 3-35b 所示，以防止料芯在无人时落下使喷嘴与工件干涉。

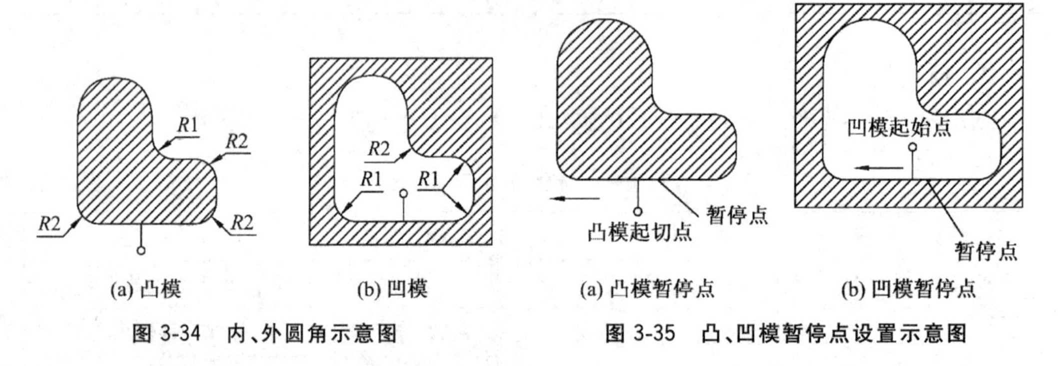

图 3-34　内、外圆角示意图　　图 3-35　凸、凹模暂停点设置示意图

1. 电火花慢速走丝线切割加工工艺步骤

1）图样分析与审核

(1) 根据图纸要求和所加工工件的材料特性，分析每一图形元素的作用，或按照技术要求明确每一图形元素的精度和表面粗糙度要求。若是多型腔切割，先将相同要求的图形分类；若带有锥度切割，将锥度切割与直壁切割区分开制订加工工艺，再确定进行切割的次数、切割方向、锥度、偏移量方向和大小。

(2) 确定工件大小与加工机床行程是否匹配，为加工时装夹定位方便，加工行程一般比机床最大行程每轴短 10 mm 左右。如工件太大或形孔间距太长，应考虑加工工艺孔，以便下次装夹、对刀、校正使用。

2）穿丝孔选择与加工

封闭型腔或有些凸模的加工，需要在线切割加工之前预先加工出穿丝孔。在多型腔切割时，将选定的穿丝孔作为加工子程序的起始点，在该点穿丝并通过穿丝点向轮廓进行引切加工。穿丝孔一般选择在型腔中心。在进行加工及编制程序时，该点坐标十分重要。

穿丝孔的加工方法：工件坯料淬火前可以将较大型腔的穿丝孔钻削出来；淬火后材料或极小直径的穿丝孔用专用电火花小孔机床加工。硬质合金材料的穿丝孔大多使用专用电火花小孔机床加工，有的直接在硬质合金材料制作时预烧结而成。

3）选择电极丝的直径

分析图样中各型腔的圆角半径及各型腔需加工的次数，特别是内圆角半径 R 值。内圆角半径 R 必须大于所选参数的最后一遍偏移量，最后一遍偏移量为电极丝半径加上最后一遍的放电间隙。因此，可推算出电极丝半径的最大值，在内圆角半径允许的前提下，尽量选择直径为ϕ0.20～0.25 mm 的电极丝，以获得较高的切割速度和表面质量。

4）制订加工轨迹及加工路径

根据穿丝孔的位置确定加工起始点，按照图样轮廓确定加工轨迹，特别注意在加工同一工件多型腔轮廓时轨迹方向保持一致。如选择逆时针加工，则所有型腔均要选择为逆时针，尽量避免逆时针和顺时针轨迹同时存在，以免在设置偏移量时出现混乱。

5）选择加工参数

各种规格的电火花慢速走丝线切割加工机床均提供工艺参数选择的专家系统。各项参数，如脉冲宽度、峰值电流、走丝速度、丝张力等的模拟量均以数字量形式出现。工艺参数专家库是机床出厂前在特定环境下所做大量实验的总结，根据材料特性（钢、硬质合金、铜、铝）、加工厚度、加工精度、表面粗糙度要求，以及电极丝直径等条件可以从工艺参数专家库中直接调用；工艺参数专家库中的参数在实际生产中要根据具体零件做相应的修正，修正后的参数若经实践证明是可行的，则记录并保存在计算机、数控系统的硬盘或软盘中，作为经验参数，在以后加工同类零件时调用。

6）数控编程与工件加工操作流程

（1）编制程序

按照图样分析的结果进行程序编制，大部分工件的轮廓均由点、直线、圆弧所构成，在其上可作出交点、交线、切圆等，有些轮廓包括非圆曲线如双曲线、渐开线、抛物线等。编制程序可以在机床上进行，但大多数使用专用软件完成。各种专用软件其架构基本一样，有些使用方便，有些烦琐，价格也不同。各软件最终生成国际通用 NC 代码，可用于不同的电火花线切割加工机床。软件的后置处理方式各不相同，后置处理方式一定要符合机床的数控系统要求。因加工所用的程序 NC 代码不仅包含所加工工件的几何信息，同时包括工艺信息，如加工参数、偏移量、冲液方式、加工次数等，这些与加工有关的内容可以全部包含在程序之中，有些输入寄存器号码在加工时调用；几何信息是编制程序的基础，所有几何参数均可以按照图样尺寸人工输入，也可以通过 AutoCAD、Pro/E 等软件将设计时的几何信息保存为 DXF 文件传递给专用软件，实现数据的无缝对接。

多型腔程序编制时穿丝点坐标、起始点坐标与整个工件的基本坐标系要保持相互关联，可以形成多级子程序嵌套。

（2）工件加工操作流程

电火花慢速走丝线切割加工机床自动化程度很高，操作面板上各种开关（操作面板、远程控制的硬开关）、按钮（在 LCD 显示屏内可用手触摸反映的部分）、按键繁多，熟悉这些按键及操作流程是操作者学习操控数控机床的入门课程。电火花慢速走丝线切割加工机床的操作流程如图 3-36 所示。

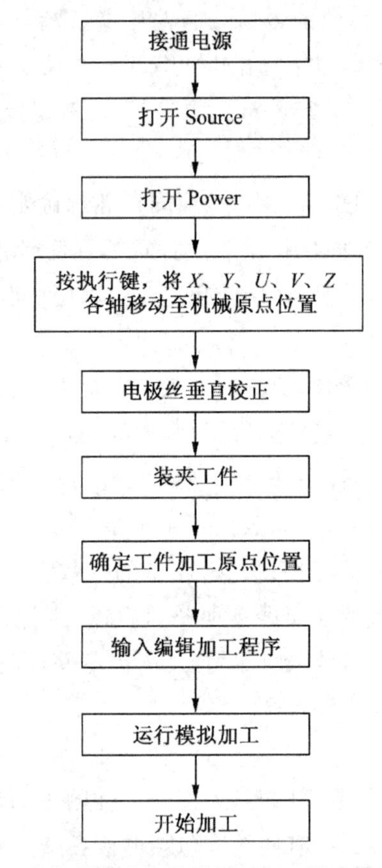

图 3-36　电火花慢速走丝线切割加工机床操作流程图

2. 加工前的准备工作

电火花慢速走丝线切割加工前需完成如下准备工作。

(1) 审图

加工之前应再次审核图样，确定工件的基准面、加工工艺过程、切割顺序及起切点的位置。检查加工程序和工件与图样要求是否一致。

(2) 回机械零位

有些机床在加工一些大型的工件或重要的工件前，为保证机械位置的精度，要对各个数控轴进行回机械零位的操作。如对 DK7632(苏州宝玛产慢速走丝线切割加工机床)进行回机械零位操作时需要断电后重新开机，开机后在主菜单中有辅助功能，选择工作台"回机械零位"功能；此时 CRT 屏幕上会提示"请选择回零轴名 X、Y、U、V、Z"；当选择 X 时，表示 X 轴回到绝对零位，其他轴的回零位操作以此类推。

(3) 坐标系与加工程序的确认

① 坐标系的确认。加工起始位置是指切割程序启动的坐标点，一般将图纸上某一基准点作为程序的起始点，以该点建立坐标系，并把该点作为加工起始点位置。坐标系分为如下三种：

a. 机械坐标系(也称绝对坐标系)原点。即机床绝对零点，是每台机床设置的机床坐标系的原点，一般设置在机床行程的某一极限位置。机床在工作过程中机械原点不变，用户不可改变。在加工程序启动时，要记录下机械坐标系的坐标值。如果加工过程中出现问题，可以通过机械坐标进行分析并找回加工起始状态。

b. 工件坐标系原点。一般为图样标注的零点，或者为加工程序的起始点。工件坐标系是操作者根据程序图样的需要和方便自己设定的，也称用户坐标系。

c. 子程序坐标系。为了编程方便，有些子程序具备独立坐标系。在用户坐标系下，可以重复调用子程序进行旋转、镜像等操作。

工件坐标系建立之后须将坐标原点清零。在加工过程中，机床工作台运动到某点后的坐标可以按照图样坐标来校核，遇到问题时，能够重新恢复加工。

② 加工程序的确认。加工之前对照图样，一定要反复核对加工行程，机加工的型腔是否均在机床行程范围之内；确认靠近机床行程极限的切割位置，确认装夹的夹具已避开机头的运动区域，避免在切割过程中切割位置超出机床运动极限位置，使加工无法继续或机床上、下机头与夹具发生碰撞。

(4) 电极丝垂直度的校验

电火花慢速走丝线切割加工并不需要每个工件都进行电极丝垂直度的校验，但是以下情况必须要进行垂直定位：① 2～3 日没有使用时；② 接触过障碍物时；③ 取下夹具时。除此之外，在加工较大模板或高精度要求的工件时、在做完机床保养或定期检验时、在换过上下导丝模后必须进行电极丝垂直度校验。需要注意的是，如果垂直校验块和工件作业台之间有污物或损伤的话，就不能进行正确的垂直度校验；若喷嘴内的水分没有完全去除，就不会放出均匀的火花，所以应关闭喷流阀门，并用吹气枪将上下喷嘴的水吹干。

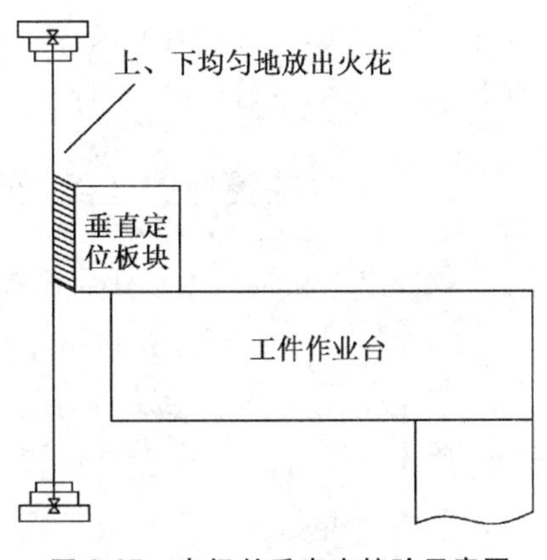

图 3-37　电极丝垂直度校验示意图

电极丝垂直度校验方法如图 3-37 所示，可以用自动或人工校正两种方式，具体步骤如下：

① 将 U、V 轴分别回到机械零点，此时 CRT 画面显示 U、V 轴的数值为 0。

② 将垂直定位块放置在工作台面上，用手动方式将电极丝移动到定位块端面附近。

③ 设置电极丝的张力、丝速及垂直定位专用放电条件。

④ 按执行按钮后，电极丝开始向垂直定位块

端面方向慢慢靠近直至放电，此时可以微调 U、V 轴，当看到电极丝在定位块端面上、下均匀地放出火花后停止。

⑤ 将 U、V 轴的坐标设置为 0。

(5) 工件装夹、找正

在电火花慢速走丝线切割加工中，工件装夹、找正的方法与电火花快速走丝线切割加工装夹、找正的方法类似，可参考相关内容。

(6) 确定加工起点

位置找正后，控制工作台移动至所需要的加工起点位置。

① 确定 Z 轴零点。手控移动 Z 轴，使上喷嘴端面与工件上表面之间有 0.1～0.2 mm的间距。注意上喷嘴端面不可紧贴工件上表面，避免因冲力过大，导致导向器偏移，影响加工精度。喷嘴的端面也不可离工件上表面距离过大，水流不能直接冲到放电间隙，使排屑不畅影响加工效率和表面粗糙度值。

② 确定 X、Y 轴坐标零点。位置找正时将 X、Y 轴已设为零点，但这有可能不是图样的设计基准点，需用自动移动的方式将工作台移动到该点，并分别将 X、Y 轴设置为 0。

③ 设置坐标系。每当开始加工一个新工件时，应该养成建立用户坐标的习惯。一旦在加工过程中发生意外，搞乱了工作坐标的位置，可以在用户坐标下归零找回加工起点。每次调用新程序或从程序起始处重新切割时，工作坐标会被自动设置为加工程序所定义的切割起点坐标。每一个工作坐标的零点都对应着机械坐标。机床的机械坐标系是每个机床的绝对坐标系，是无法清零的。所以，记住工作坐标零点所对应的机械坐标值是恢复起切零点位置的最好方法。

(7) 程序运行检查

装夹找正完成后，输入加工程序；然后将机床移动到程序起始切割点，将数控系统调整到模拟切割状态，启动该工件的切割加工程序；检查运动轨迹与图样或程序是否吻合，穿丝孔位置、调用的电参数和非电参数是否正确，特别要注意观察机床和工件之间是否有障碍物，压板位置和所加工的区域是否干涉，紧固螺钉是否与下水嘴剐蹭，以保证加工过程的正确性和安全性。

二、电火花慢速走丝线切割加工安全操作规范

数控电火花慢速走丝线切割加工机床安全操作规范如下：

① 操作者必须经过操作培训，了解机床基本结构，掌握机床的使用方法。

② 操作者必须熟悉线切割加工工艺，正确选择加工参数，按要求操作，防止造成断丝等故障。

③ 装卸电极丝时应按要求操作。用后的废电极丝要放在规定的容器内，防止混入电路和运丝系统中，造成电气短路、触电和断丝等故障。

④ 防止工作液等导电物进入机床的电器部分，一旦发生因电器短路造成火灾时，应首先切断电源，立即用四氯化碳等合适的灭火器灭火，不准用水灭火。

⑤ 正式加工前，应确认工件位置已安装正确，防止出现运动干涉或超程等现象。

⑥ 必须在机床的允许范围内加工，不得超重或超行程工作。

⑦ 加工之前要安装好防护罩，并尽量消除工件的残余应力，防止切割过程中工件爆炸伤人。

⑧ 加工时，操作者不得将身体任何部位伸入加工区域，以防触电。

⑨ 机床附近不得放置易燃、易爆物品，防止因工作液一时供应不足产生的放电火花引起事故。

⑩ 禁止用湿手按开关或接触电器部分。工作结束后，关掉总电源。

任务三　应用电火花慢速走丝线切割机床加工连接臂

下面介绍用电火花慢速走丝线切割机床一次加工 48 个连接臂零件的工艺方法。连接臂零件的形状及加工要求如图 3-1 所示。

1. 加工准备

(1) 下料

根据切割 48 个零件的尺寸要求、切割余量和装夹要求，确定材料的外形尺寸为 50 mm×60 mm×80 mm(长×宽×高)。

(2) 加工两个装夹基准面

基准面的加工可以采用切割加工方式，也可以采用磨削加工方式。

(3) 加工预孔

由于材料硬度较高，热处理要求达到 55 HRC，可以采用高速电火花穿孔机加工预孔，加工完成的毛坯如图 3-38 所示。

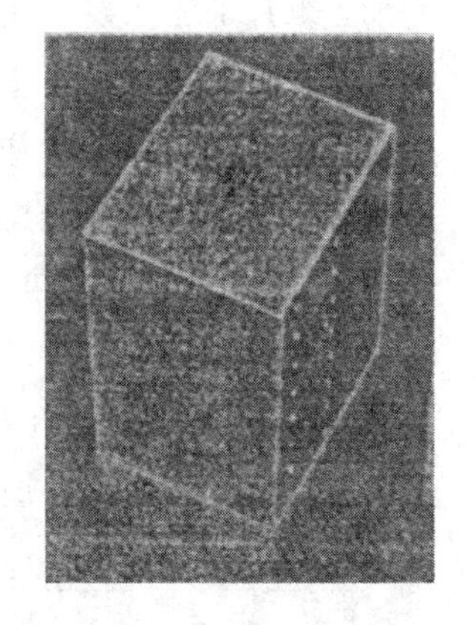

图 3-38　连接臂零件毛坯

2. 第一道切割工序

先将材料正确地装夹在工作台上，使之能够切割出如图 3-39 所示的轮廓。第一次装夹时一定要注意装夹的方向和切割面一致。由于零件孔的尺寸、轴间的距离及外形尺寸精度都要求较高，因此，在加工外轮廓时应尽量选用较小的放电参数，以减小材料的变形。在第一道切割工序中，按照零件厚度将材料分成 8 等份。如图 3-40 所示，只要使毛坯尺寸比零件长 2～3 mm，就会使废料不分散而形成一个整体件，以避免造成与喷嘴干涉或断丝现象，也无须通过人工将零件一个个取出。

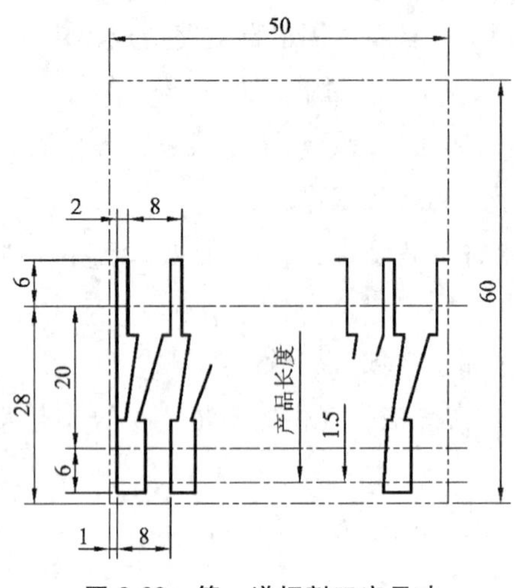

图 3-39　第一道切割工序尺寸

图 3-40　第一道切割工序完成后的形状

3. 第二道切割工序

将毛坯旋转 90°，按照如图 3-41 所示的加工方向装夹。此时使废料的长度也和第一道切割工序一样，比零件的尺寸长 2～3 mm 即可。这样就可以保证在进行外轮廓加工时废料也不会分离。在此加工面上，由于还有圆孔和长圆孔需要切割，因此，选择合理的加工顺序非常重要。孔的精度，特别是长圆孔的位置精度要求都较高。如果先加工孔，再加工外轮廓，要注意避免因工件变形而引起孔的位置误差超差。通常的加工顺序是先用较小的放电参数加工外轮廓，使工件变形尽可能控制在较小的范围内，然后粗加工两种孔。为进一步提高加工速度，还应考虑尽量减少跳模及穿丝的次数和时间。最后确定的加工顺序为：粗加工外轮廓→去除废料→粗、精加工长圆孔和圆孔→精加工外轮廓。这种加工顺序可以在加工时逐渐释放材料的应力，减小由于内应力引起的变形。另外要注意，在加工圆孔和长圆孔时，要利用机床的自动接线和无屑加工方式，可以免去废料处理和接线的麻烦。第二道切割工序完成后的形状如图 3-42 所示。

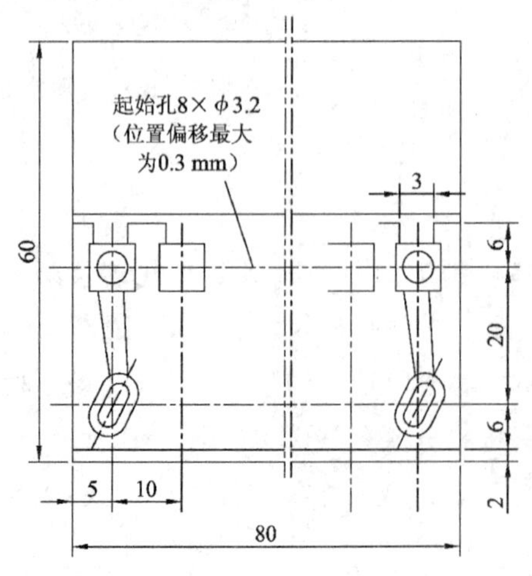

图 3-41　第二道切割工序尺寸

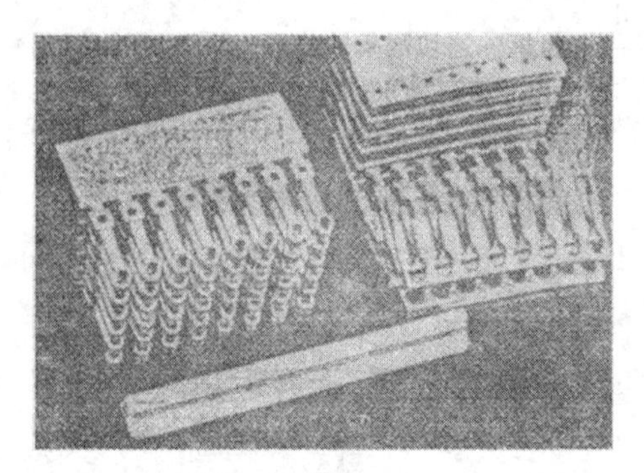

图 3-42　第二道切割工序完成后的形状

4. 第三道切割工序

将工件切断，至此 48 个工件全部加工结束。最后一道切割工序完成后的工件形状如图 3-43 所示。就上述线切割加工工序而言，外轮廓加工的废料是在前两道切割工序产生的，加工件毛坯的厚度为 50～80 mm，恰好在线切割加工的最高效率区域。

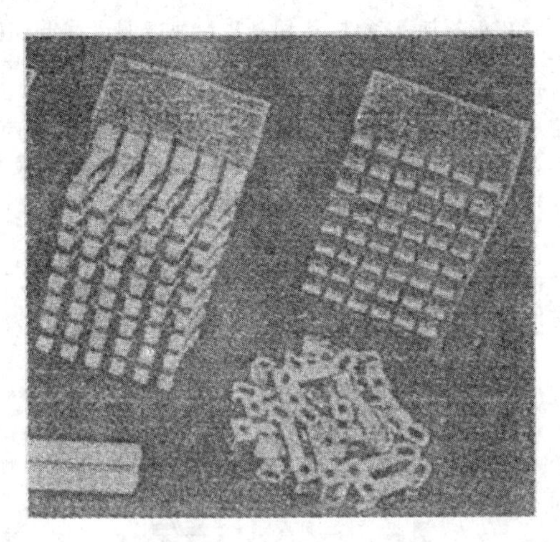

图 3-43　连接臂最后一道切割工序完成后的形状

任务四　电火花慢速走丝线切割加工过程与结果异常现象的分析

在电火花慢速走丝线切割加工过程中出现各种异常现象都对应着不同的原因。表 3-17 列出了一些引起加工过程与结果异常的原因及分析。

表 3-17　电火花慢速走丝线切割加工过程与结果异常分析

序号	异常现象	原因分析
1	工件尺寸超差	检查上喷嘴是否过于贴近工件表面。喷嘴与工件表面应保持 0.1～0.2 mm的间距。正常加工时，当喷水压力设置为“40”时，上下水压表的读数要在相对应的范围区间(注意：不同的机床，该数值有所差别)。若大于此数值，有可能是喷嘴过于贴近工件表面，导致导向器偏移，影响了加工精度
		电极丝张力不合适。电极丝在运行过程中，用手轻轻触碰，应无大的振动。如果电极丝张力偏小，在丝筒上排列不均匀，电极丝本身扭曲，放丝轮调节过松或过紧，则都需要进行调整
		导向器磨损过大，应及时进行更换
		进电块磨的沟太深，使得间隙上的放电能量减小，将进电块移动一个位置再固定
		工件装夹有无松动、歪曲。当工件预留量过小时，导致接近切割完成却因工件内部应力释放而造成工件的变形或在加工过程中工件发生偏离、歪斜等

续表

序号	异常现象	原因分析
2	定位尺寸偏差过大	一般电火花慢速走丝线切割加工设备要求放置在恒温恒湿的车间内，要求温度为 20～22 ℃。当温度变化过大时，将会影响机床的位置精度
3	切割进给速度异常	若在正常加工条件下，切割进给速度明显偏低，应该做如下检查：① 检查上下进电块是否严重磨损；② 检查上下进电块固定是否牢固；③ 检查电极丝接头是否牢固；④ 检查电极丝张力是否正常，是否振动过大；⑤ 检查是否使用了劣质的电极丝；⑥ 检查喷嘴与工件之间的距离是否过小；⑦ 检查进给速度参数与伺服电压参数设置是否匹配；⑧ 检查工作液电导率是否过低；⑨ 检查工作液压力是否适当
4	加工面条纹明显，表面粗糙度值大	检查上下导电块磨损情况、加工条件和伺服速度设置是否正常，每遍切割时偏移量补偿值设置是否合理；检查工作液是否污浊，电导率是否过高
5	工件塌角	加工间隙中放电时的爆炸力和高压工作液在加工缝隙中向加工路径后方的压差推力对电极丝的滞后影响较大。加工电流越大，加工间隙中放电时的爆炸力就越大。这种滞后作用最明显地体现在切割小圆弧时直径偏小、加工拐角处出现塌角，影响到加工质量和加工精度，如图所示。 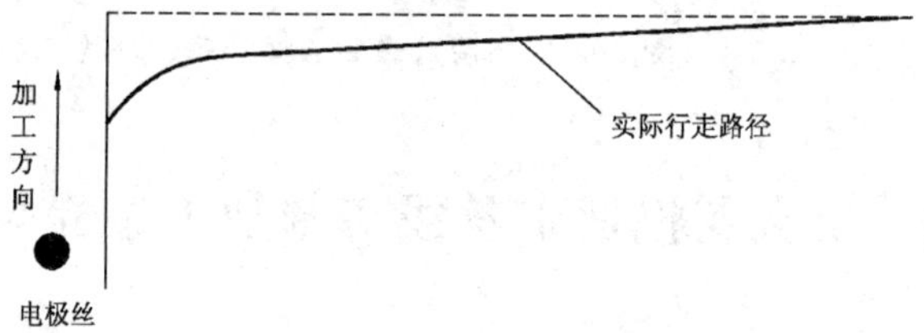 加工方向　实际行走路径　电极丝 在小圆弧和拐角处加工，需要考虑拐角控制策略。在保证不断丝的情况下，综合考虑上述因素之间的关系，合理控制加工参数，减少电极丝的滞后影响，提高小圆弧和拐角的加工质量。可采取的具体措施有：① 适当降低进给速度；② 增大电极丝的张力；③ 尽量减小上下导轮之间的距离；④ 许多电火花慢速走丝线切割加工机床有专门的“拐角控制功能”，注意启用该功能；⑤ 采用多次切割进行补偿
6	凹凸量异常	若加工能量与进给速度不匹配或丝速过低，就会产生凹凸异常现象 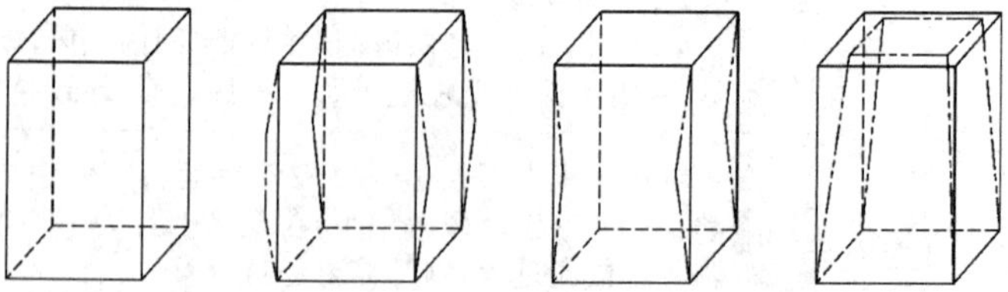 (a) 正常　(b) 中部突出　(c) 中部凹入　(d) 大小头 ① 中部凸出。若加工能量的蚀除速度低于伺服加工进给速度，即进给速度过快，将会产生如图 b 所示的中部凸出现象 ② 中部凹入。若加工能量的蚀除速度高于伺服加工进给速度，即进给速度过慢，将会产生如图 c 所示的中部凹入现象 ③ 大小头。若走丝速度过低，会因电极丝的消耗形成上小下大；或因某个导电块消耗过大，也会产生如图 d 所示的大小头现象

续表

序号	异常现象	原因分析
7	加工过程频繁断丝	(1) 机械故障断丝 断丝原因为:① 通电挡块磨损严重,加工槽变深,导电效率下降;② 电极丝张力过大;③ 电极丝排出不畅 应对措施:① 清洗脏垢,定期将通电挡块移开一个位置;② 用ϕ0.20 mm黄铜电极丝时,调整张力为9～12 N;③ 定期对电极丝排出部位进行维护保养 (2) 切入时断丝 断丝原因为:电极丝切入时,工件表面脏、有毛刺或锈渍及切入参数选择不合理 应对措施:① 加工前需要将工件表面清理干净;② 检查工作液箱中的液面是否过低,导致少量空气进入加工间隙;③ 检查加工条件是否选择正确;④ 检查进电块是否损耗过大 (3) 切出时断丝 断丝原因:① 切出时,由于废料变形或落下将电极丝崩断;② 第一次切割结束时,电极丝在未回到垂直状态时,易发生断丝 应对措施:① 可改变切出条件。在切缝中塞适当厚度的铜片,对于用ϕ0.20 mm电极丝切割可在切缝中塞0.25 mm的铜片并用502胶粘住。用磁铁吸住废料。② 预先在第一次切割的切出终了部分设置等待(由于设置了等待,在第一次切割结束时,在终了位置扩大放电间隙,消除第一次切割时的导丝运作迟缓,使之呈垂直状态) (4) 第一次切割时断丝 断丝原因:① 工作液水质差,喷流压力不够;② 工作液处理不良,加工屑排出不良;③ 废料变形,使切缝变窄;④ 套用的标准参数不适合被加工工件;⑤ 变厚度工件加工 应对措施:① 定期更换去离子水,保持电阻率≥5×10^4 Ω/cm,低于此值时需更换离子交换树脂,高压喷流控制在4～6 L/min。② 将脉冲宽度适当增大些,脉冲宽度越大越不容易断丝。另外,为使排屑顺畅,可适当增加喷流压力。③ 在切缝中塞入塞尺,或改变工艺路线和定位装夹方式。④ 适当调整丝速、张力和喷流压力。⑤ 对工件不同厚度的部位用不同条件进行加工 (5) 凸模加工在进入第二次切割时断丝 断丝原因:① 加工剩余量不够;② 直接从工件外侧切入,切割时工件变形,切缝闭合;③ 喷流压力过高 应对措施:① 根据工件的大小留剩余量;② 切割凸模时,打穿丝孔切入;③ 切第二刀时,喷流暂时为高压,待接近表面放电时转换成低压(用手动开关断开高压)

学习要点

(1) 电火花慢速走丝线切割加工原理为:电火花慢速走丝线切割加工属于电加工范畴,它是利用铜线作为工具电极,一般以低于0.2 m/s的速度做单向运动,在铜线与铜、钢或超硬合金等被加工件之间施加60～300 V的脉冲电压,并保持5～50 μm间隙;间隙中充满去离子水等绝缘介质,使电极与被加工件之间发生火花放电;电火花的瞬时高温可以使局部金属熔化、汽化,并彼此被消耗、腐蚀,在工件表面上电蚀出无数小坑;通过NC控制的监测和管控,伺服机构执行,使这种放电现象均匀一致,从而达到加工件被加工，使之成为合乎尺寸大小、形状精度等要求的产品。

目前电火花慢速走丝线切割加工精度可达 0.001 级，表面质量也接近磨削水平。电极丝放电后不再使用，而且采用无电阻防电解电源，一般均带有自动穿丝和恒张力装置。工作平稳、均匀、抖动小、加工精度高、表面质量好，但不宜加工大厚度工件。其基本物理原理是自由正离子和电子在场中积累，很快形成一个被电离的导电通道。在这个阶段，两级间形成电流。导电粒子间发生无数次碰撞，形成一个等离子区，并很快升高到 8000～12000 ℃的高温，在两导体表面瞬间熔化一些材料，同时由于电极和工作液介质的汽化，形成一个气泡，泡内压力直线上升到非常高。然后电流中断，温度突然降低，引起气泡内向爆炸，产生的动力把熔化的物料抛出弹坑，而被腐蚀的材料在工作液介质中重新凝结成小球体，并被工作液排走。

电火花慢速走丝线切割加工原理是本章的学习重点与难点，须充分理解之，只有理解了，方能正确分析其工艺规律。

(2) 与电火花快速走丝线切割加工相比，电火花慢速走丝线切割加工具有张力均匀恒定、运行平稳、重复定位精度高，加工精度稳定性高、切割锥度表面平整光滑，自动穿丝、自动切断电极丝运行，装丝效率高等优点，电极丝为单向运丝，电极丝的损耗对加工精度几乎没有影响。

(3) 电火花慢速走丝线切割加工机床的机械结构各不相同，机床结构一般主要由床身、立柱、XY 坐标工作台、Z 轴升降机构、UV 附加轴工作台、走丝系统、自动穿丝机构、夹具、工作液系统及电器控制系统等组成。

(4) 电火花慢速走丝线切割加工工艺指标主要包括切割速度、表面质量和加工精度等，这些工艺指标的影响因素有多种，必须熟练掌握慢速走丝线切割加工的基本工艺及各种因素对加工工艺指标的影响规律，方能保证加工工件质量，达到零件的设计要求，这也是本章学习的重点内容。

自测题

一、填空题

1. 根据电极丝的运行速度，数控电火花线切割加工机床通常分为(　　　　　　)机床和(　　　　　　)机床两大类。

2. 数控电火花慢速走丝线切割加工机床一般采用(　　　　　　)作为电极丝，(　　　　)作为工作液，其工作液的电导率越(　　　　　)，工作状态越稳定。

3. 数控电火花慢速走丝线切割加工机床的(　　　　　　)部件对加工速度、表面质量、加工精度起着极其重要的作用。

4. 数控电火花慢速走丝线切割加工较快速走丝线切割加工精度高，其工艺特点是能够进行(　　　　　)，且电极丝是(　　　　　)使用。

5. 数控电火花慢速走丝线切割加工查表确定一组工艺参数，依据的条件是（　　　　　　）、（　　　　　　　　　　）、（　　　　　　　　　　）。

6. 虽然数控电火花慢速走丝线切割加工作用力小，不像机械切削机床那样要承受很大的切削力，但因其（　　　　　　），所以装夹必须要稳定牢固。

二、判断题

1. 在数控电火花慢速走丝线切割加工中，由于电极丝不存在损耗，所以加工精度高。（　　）

2. 在数控电火花慢速走丝线切割加工中，由于采用单向连续供丝的方式，在加工区总是保持新电极丝加工，所以加工精度高。（　　）

3. 目前我国主要生产的数控电火花线切割加工机床是数控电火花慢速走丝线切割加工机床。（　　）

4. 在数控电火花慢速走丝线切割加工中，工件受到较大的切削作用力。（　　）

5. 在数控电火花慢速走丝线切割加工过程中，可以不使用绝缘工作液。（　　）

6. 数控电火花快速走丝线切割加工速度快，数控电火花慢速走丝线切割加工速度慢。（　　）

7. 电火花慢速走丝线切割加工机床一般采用步进电机来驱动轴的运动。（　　）

8. 电火花慢速走丝线切割加工硬质合金时，会使工作液的电导率迅速增大。（　　）

9. 电火花慢速走丝线切割加工机床，除了浇注式供液方式外，有些还采用浸泡式供液方式。（　　）

10. 必须在满足表面粗糙度的前提下，再追求高的电火花线切割加工速度。（　　）

11. 为了保证准确地切割出符合精度要求的工件，电极丝必须垂直于工件安装基面。（　　）

12. 在电火花线切割加工中，当电压表、电流表的表针稳定不动时，进给速度均匀、平稳，是电火花线切割加工速度和表面粗糙度均好的最佳状态。（　　）

13. 导向器是电火花慢速走丝线切割加工机床导丝机构中的主要部件，它的寿命要比电火花快速走丝线切割加工机床的导轮长。（　　）

14. 在加工落料模时，为了保证冲下零件的尺寸，应将配合间隙加在凹模上。（　　）

三、选择题

1. 电火花慢速走丝线切割加工机床的加工精度一般在（　　）。

A. 0.001～0.005 mm　　　　B. 0.01～0.04 mm

C. 0.1～0.5 mm　　　　D. 0.05～0.10 mm

2. 关于电火花线切割加工，下列说法中正确的是（　　）。

A．快速走丝线切割加工电极丝反复使用，电极丝损耗大，所以快速走丝线切割加工精度比慢速走丝线切割加工精度低

B．快速走丝线切割加工电极丝运行速度快，丝运行不平稳，所以快速走丝线切割加工精度比慢速走丝线切割加工精度低

C．快速走丝线切割加工使用的电极丝直径比慢速走丝线切割加工使用的电极丝直径要大，所以快速走丝线切割加工精度比慢速走丝线切割加工精度低

D．快速走丝线切割加工使用的电极丝材料比慢速走丝线切割加工使用的电极丝材料要差，所以快速走丝线切割加工精度比慢速走丝线切割加工精度低

3．关于数控电火花慢速走丝线切割加工无芯切割这种方法描述不正确的是（　　）。

A．无芯切割的最大特点是加工中不产生料芯

B．采用无芯切割大部分是为了细小孔的加工处理

C．无芯切割的编程需要正确设置切割中暂留量的大小

D．为了达到无人看管机器的目的，加工大的型孔可采用无芯切割的方法

4．电火花线切割加工中，在工件装夹时一般要对工件进行找正，常用的找正方法有（　　）。

A. 拉表法　　B. 划线法　　C. 电极丝找正法　　D. 固定基面找正法

5．电火花线切割加工中，当工作液的绝缘性能太高时会（　　）。

A. 产生电解　　B. 放电间隙小　　C. 排屑困难　　D. 切割速度缓慢

6．目前已有的电火花慢速走丝线切割加工中心可以实现（　　）。

A．自动搬运工件　　B．自动穿电极丝

C．自动卸除加工废料　　D．无人操作的加工

7．有关电火花线切割加工机床安全操作方面，下列说法正确的是（　　）。

A．当机床电器发生火灾时，可以用水对其进行灭火

B．当机床电器发生火灾时，应用四氯化碳灭火器进行灭火

C．电火花线切割加工机床在加工过程中产生的气体对操作者的健康没有影响

D．由于电火花线切割加工机床在加工过程中的放电电压不高，所以加工中可以用手接触工件或机床工作台

8．电火花线切割加工机床使用的脉冲电源输出的是（　　）。

A．固定频率的单向直流脉冲　　B．固定频率的交变脉冲电源

C．频率可变的单向直流脉冲　　D．频率可变的交变脉冲电源

9．在电火花线切割加工过程中，下列参数中属于不稳定的参数是（　　）。

A．脉冲宽度　　B．脉冲间隔

C．加工速度　　D．短路峰值电流

10．在用电火花线切割加工较厚的工件时，要保证加工的稳定，放电间隙要大，所以

(　　)。

A．脉冲宽度和脉冲间隔都取较大值

B．脉冲宽度和脉冲间隔都取较小值

C．脉冲宽度取较大值,脉冲间隔取较小值

D．脉冲宽度取较小值,脉冲间隔取较大值

11．电火花线切割加工过程中,电极丝与工件间存在的状态有(　　)。

A. 开路　　B. 短路　　C. 火花放电　　D. 电弧放电

12．有关电火花线切割加工对材料可加工性和结构工艺性的影响,下列说法中正确的是(　　)。

A．电火花线切割加工提高了材料的可加工性,不管材料硬度、强度、韧性、脆性及其是否导电都可以加工

B．电火花线切割加工影响了零件的结构设计,不管什么形状的孔(如方孔、小孔、阶梯孔、窄缝等),都可以加工

C．电火花线切割加工速度的提高为一些零件小批量加工提供了方法

D．电火花线切割加工改变了零件的典型加工工艺路线,工件必须先淬火然后才能进行电火花线切割加工

13．电火花线切割加工机床的脉冲电源与电火花成形加工机床的脉冲电源相比,其特点有(　　)。

A．原理和性能要求都相同　　B. 原理不同,性能要求相同

C．原理相同,性能要求不相同　　D. 原理和性能要求都不相同

14．圆柱形工件放在一个较长的V形槽中,限制了工件的(　　)个自由度。

A. 三　　B. 四　　C. 五　　D. 六

15．测量与反馈装置的作用是为了(　　)。

A．提高机床的安全性　　B. 提高机床的使用寿命

C．提高机床的定位精度、加工精度　　D. 提高机床的灵活性

16．数控系统的报警大体可以分为操作报警、程序错误报警、驱动报警及系统错误报警。某个程序在运行过程中出现"圆弧端点错误",这属于(　　)。

A．程序错误报警　　B. 操作报警

C．驱动报警　　D. 系统错误报警

17．一般加工条件下,性能好的脉冲电源,加工10000 mm^2的面积时,电极丝的损耗应小于(　　)。

A. 0.01 mm　　B. 0.1 mm　　C. 0.001 mm　　D. 0.0001 mm

18．用水平仪检验机床导轨的直线度时,若把水平仪放在导轨的右端,气泡向前偏2格;若把水平仪放在导轨的左端,气泡向后偏2格,则此导轨处于(　　)状态。

A. 中间凸　　B. 中间凹　　C. 不凸不凹　　D. 扭曲

四、问答题

1. 何谓电火花快速走丝线切割加工和电火花慢速走丝线切割加工？各有什么特点？分别采用什么电极丝？为什么？

2. 电火花慢速走丝线切割加工与电火花快速走丝线切割加工相比较，哪个加工质量好？为什么？

3. 电火花慢速走丝线切割加工机床由哪几部分组成？各部分的主要功能是什么？

4. 简述电火花慢速走丝线切割加工的主要工艺指标及其影响因素。

项目四　零件异形孔的超声波加工

学习目标

(1) 理解超声波加工方法的原理、特点与应用。

(2) 掌握超声波加工方法的基本工艺规律。

(3) 熟悉超声波加工设备的组成及各部分功用。

(4) 能够正确使用超声波加工设备加工零件。

内容描述

在如图 4-1 所示的玻璃上加工出各种孔或型腔，要求孔、型腔的各加工表面粗糙度不超过 $Ra0.4\ \mu m$。

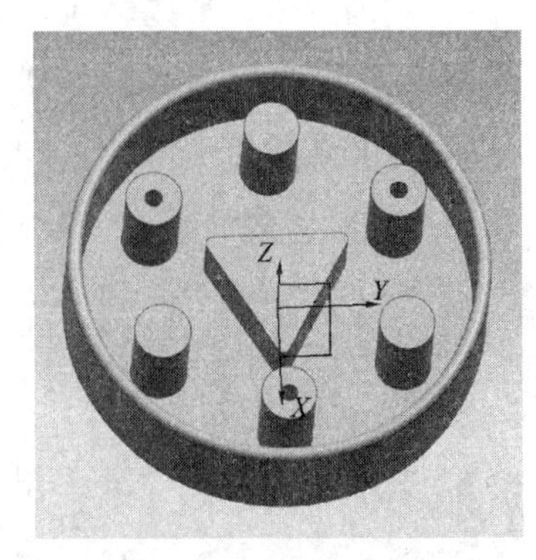

图 4-1　异形孔零件图样

任务分析

由于被加工零件材料为玻璃，属于非导电材料，硬度高且易碎，加工表面质量要求很高。传统机械加工方法、电火花加工方法、电化学加工方法等都很难实现加工，而使用超声波加工却能轻易地实现加工。虽然超声波加工的生产率比电火花加工、电化学加工、传统机械加工等要低，但其加工精度和表面质量都比它们要好，不会产生表面烧伤和表面变质层。超声波加工不仅能够加工具有硬脆性的金属材料，而且更适合于加工不导电的硬脆性非金属材料。

任务一　超声波加工技术认知

超声波加工有时也称超声加工(Ultrasonic Machining)。电火花和电化学加工都只能加工金属导电材料，而超声波加工不仅能加工硬质合金、淬火钢等脆硬金属材料，而且更适合于加工玻璃、陶瓷、半导体锗、硅片等不导电的非金属脆硬材料，同时还可以应用于清洗、焊接、探伤、测量、冶金等其他方面。

一、超声波加工的原理与特点

1. 超声波加工的原理

超声波加工是指利用超声波的特性，通过超声振动来对工件进行材料剥离、切削或焊接等加工的一种特种加工方法。超声波加工或者利用超声振动工具在有磨料的液体介质(或干磨料)中产生磨料的冲击、抛磨、液压冲击，以及由此产生的气蚀作用来去除材料；或者给工具电极(或工件)沿一定方向施加超声频振动以进行振动切削加工；或者利用超声振动的作用使固体工件相互粘接在一起。

对于超声波加工技术中最基本、应用最广泛的磨料冲击加工方式，其工作原理如图4-2所示。由超声波发生器7产生的高频电振荡(一般为16～50 kHz)施加于超声换能器6上，将高频电振荡转换成超声频振动。超声振动通过变幅杆4和变幅杆5放大振幅(双振幅一般为0.01～0.1 mm)后传输给工具电极1。工具电极1端面的纵向振动同时冲击磨料颗粒和磨料悬浮液3，一方面迫使磨料颗粒去冲击、抛磨工件2加工表面，使得加工表面的材料被破碎成很细小的微粒；另一方面促使在磨料悬浮液中产生“空化”作用，对加工表面形成气蚀。连续的冲击、抛磨和气蚀去除的工件材料，被循环的磨料悬浮液3不断冲刷带走。如此不断地进行加工，最终把工具电极1的形状“复印”到工件2上，并达到要求的尺寸。

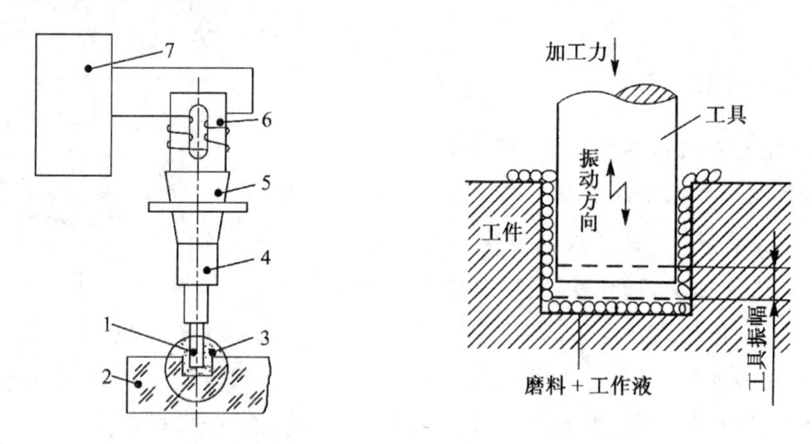

1—工具电极；2—工件；3—磨料悬浮液；4、5—变幅杆；6—换能器；7—超声波发生器

图4-2　超声波加工原理示意图

所谓空化作用，是指当工具电极1端面以很大的加速度离开工件2表面时，加工间隙内形成负压和局部真空，在磨料悬浮液体内形成很多微空腔；当工具电极1以很大的加速度接近工件2表面时，空泡闭合，引起极强的液压冲击波，可强化加工过程。此外，正、负交变的液压冲击也使磨料悬浮工作液在加工间隙中强迫循环，使变钝了的磨粒及时得到更新。

综上所述，超声波加工是磨粒在超声振动下的机械撞击、抛磨作用和超声空化作用的综合作用结果，其中磨粒的撞击作用是最主要的。

既然超声波加工中磨粒的撞击作用是主要的作用力，因此就不难理解，越是脆硬的材料，受撞击作用遭受的破坏愈大，愈易实现加工。相反，脆性和硬度不大的韧性材料，由于它的缓冲作用难以加工。根据这个原理，人们可以合理选择工具材料，使之既能撞击磨粒，又不致使自身受到很大破坏。例如，用 45 钢制作工具电极即可满足上述要求。

2. 超声波加工的特点

超声波加工具有以下一些特点：

(1) 超声波加工是靠磨粒的撞击作用去除材料的，故特别适合加工各种硬脆材料，且不受材料是否导电的限制。它既可以加工玻璃、陶瓷、石英、宝石、金刚石、大理石及硅、锗、铁氧体等非导体和半导体材料，又可以加工淬火钢、硬质合金、不锈钢等导体材料。

(2) 工件表面的宏观切削力小，切削温度低，因而切削应力和切削热量很小，不会引起变形、烧伤；可加工薄壁、窄缝和低刚度工件。

(3) 加工精度高，加工表面质量好。由于去除加工材料靠的是极小磨料瞬时局部的撞击作用，因此加工精度可达 0.01～0.02 mm；表面粗糙度也较好，可达 Ra0.63～0.08 μm。

(4) 被加工材料的脆性越大越容易实现加工，而被加工材料强度、韧性越大则越难加工。

(5) 只需要用较软的材料做成形状复杂的工具电极，而无须工具电极和工件作复杂的相对运动，便可加工各种复杂的型腔和型面，因而超声波加工机床结构比较简单，操作方便。

(6) 可以与其他多种加工方法结合应用，如超声电火花加工和超声电解加工等。

(7) 超声焊接技术可以实现同种或异种材料的焊接，且无须焊剂和外加热，因而无热变形，无残余应力。

(8) 生产率较低。超声波加工面积不大，工具电极头部磨损较大，故生产效率较低，这是超声波加工的缺点。

二、超声波加工设备

超声波加工设备又称超声加工装置，尽管不同功率、不同型号的超声加工设备在结构上各不相同，但一般都包括超声发生器、超声振动系统、机床本体和磨料悬浮液循环系统，其主要组成如图 4-3 所示。

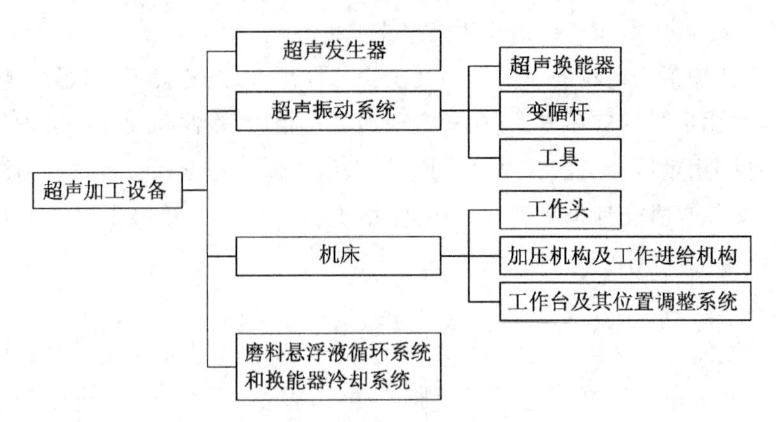

图 4-3　超声波加工设备的主要组成

1. 超声波发生器

超声波发生器又称高频发生器，其作用是将工频交流电转换为超声频的电振荡信号，它主要由振荡器、超声放大器和匹配器等部分组成。其中，振荡器是超声波发生器的心脏。常用的超声波发生器有电子管发生器、晶体管发生器和模拟集成电路发生器等三种。超声波发生器的功率范围为 40～10000 W，频率范围为 16～50 kHz。一般来说，超声波发生器的频率不是固定的，它应在一定范围内可以调节。

2. 超声波振动系统

超声波振动系统的作用是将超声波发生器输出的电振荡转换(换能器的作用)并放大(变幅杆的作用)为具有一定振幅的机械振动，实现对工件的加工。它是超声波加工机床中的重要部件，主要由换能器、振幅扩大棒及工具电极组成。超声波振动系统的工作频率与超声波发生器的输出频率相同，为使工具电极端面获得最大的振幅，设计时应使其各部分结构尺寸满足机械共振的要求。

1) 超声换能器

超声换能器是超声振动系统的核心部件，常用的有磁致伸缩换能器和压电换能器两大类。镍磁致伸缩换能器的机械强度高，输出功率大，在中大功率的超声加工中具有不可替代的作用。但是，随着对压电换能器研究和应用的日益成熟，更由于压电换能器的电声转换效率高达 88%的特点，目前，从节约能源和镍资源两个方面着眼，国内外在超声加工中已经越来越多地选用压电换能器。

2) 振幅扩大棒(变幅杆)

振幅扩大棒又称变幅杆，主要起着放大振幅和聚能的作用。由于超声换能器辐射面所产生的振幅较小，一般只有几微米，而超声加工对振幅的要求往往需要几十至几百微米，所以必须借助变幅杆的作用将机械振动质点的位移量和运动速度进行放大，并将超声能量聚集在较小的辐射面上进行聚能。另外，超声变幅杆还可以作为机械阻抗变换器，在换能器和负载之间进行阻抗匹配，使超声能量更有效地从换能器向负载传输。

超声变幅杆应用的原理是：由于通过变幅杆的每一截面的振动能量是不变的，截面小的地方能量密度变大，而能量密度正比于振幅的平方，因此，截面积越小，能量密度就越大，振幅就会越大。

为了获得较大的振幅，应使变幅杆的固有频率和外激振动频率相等处于共振状态。为此，在设计、制造变幅杆时，应使其长度 L 等于超声振动的半波长或其整数倍。变幅杆的常见形式有锥形、指数形和阶梯形，如图 4-4 所示。

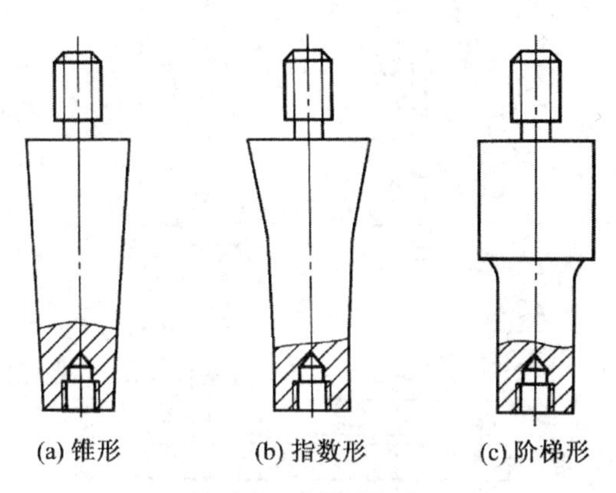

图 4-4　常见变幅杆

锥形变幅杆的振幅扩大比较小(5～10 倍)，但易于制造；指数形变幅杆的振幅扩大比中等(10～20 倍)，使用中等振幅比较稳定，但不易制造；阶梯形变幅杆的振幅扩大比较大(20 倍以上)，易于制造，但当它受到载荷阻力时振幅减小的现象也较严重，振幅扩大比不稳定，在直径粗细过渡的地方容易产生应力集中而出现疲劳断裂，为此需要采取圆弧过渡。

3）工具电极

工具电极安装在变幅杆的细小端。机械振动经变幅杆放大之后传递给工具电极，而工具电极端面的振动将使磨粒和工作液以一定的能量冲击工件，并加工出一定的形状和尺寸。因此，工具电极的截面形状和尺寸决定于被加工表面的形状和尺寸，两者只相差一个加工间隙值。为减小工具电极损耗，宜选用有一定弹性的钢作为工具电极材料。工具电极长度要考虑声学部分半个波长的共振条件。

当加工工件表面面积较小或批量较少时，工具电极和变幅杆可做成一个整体，否则可将工具电极用焊接或螺纹连接等方法固定在变幅杆下端；当工具电极不大时，可以忽略工具电极对振动的影响，但当工具电极较重时，会降低振动系统的共振频率；当工具电极较长时，应对变幅杆进行修正，使其满足半个波长的共振条件。

3. 机床本体

超声波加工机床一般比较简单，包括支撑超声振动系统的机架及工作台、使工具电极以一定压力作用在工件上的进给机构及床体等部分。国产 CJS-2 型超声波加工机床基本结构如图 4-5 所示。工具电极 4、振幅扩大棒 5、换能器 6 为超声振动系统，它安装在一根能上下移动的导轨上，导轨由上下两组滚动导轮定位，使导轨能灵活、精密地上下移动。工具电极的向下进给及对工件施加压力靠的是超声振动系统的自重，为了能调节压力大小，在机床后部设计了可加减的平衡重锤2，也可采用弹簧或其他方法加压。

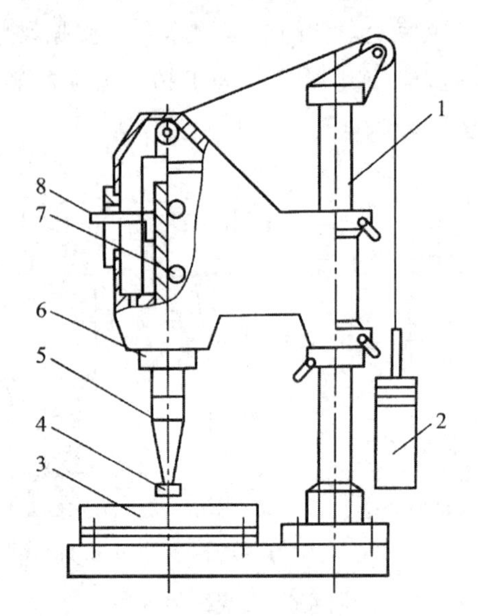

1—支架；2—平衡重锤；3—工作台；4—工具电极；5—振幅扩大棒；6—换能器；7—导轨；8—标尺

图4-5　CJS-2型超声波加工机床基本结构

4. 磨料悬浮液循环系统

1）磨料悬浮液

磨料悬浮液由液体(称为工作液)及悬浮于其中的磨料组成，是超声波加工中起切削作用的部分。磨料悬浮液的循环流动对生产率和加工质量有较大影响。

(1) 磨料。简单超声波加工装置的磨料是靠人工输送和更换的，即在加工前将悬浮磨料的工作液浇注、堆积在加工区，加工过程中定时抬起工具电极并补充磨料；也可利用小型离心泵使磨料悬浮液搅拌后注入加工间隙中。对于较深的加工表面，应将工具电极定时抬起以利于磨料的更换和补充。

常用的磨料有碳化硅、氧化铝、碳化硼、金刚砂等。各类磨料用途如下：碳化硅的用途最广；采用氧化铝的问题是磨损快，很快就失去切割能力，氧化铝对切割玻璃、锗和陶瓷是最好的；碳化硼最适合切割硬质合金、工具钢和贵重的宝石；金刚砂用来切割金刚石和红宝石，能保证较高的精度、表面质量和切割速率。

(2) 工作液。工作液的空化作用对超声加工是非常重要的，工作液还起着传递振动、冷却(有效地带走切削区的热量)、输送磨料、清除钝化的磨料和切屑等作用。常用的工作液是水，为了提高表面质量有时也用煤油或机油做工作液。

2）循环系统

磨料悬浮液循环系统用于更新加工区的磨料悬浮液，带走钝化的磨料和切屑，降低切削区温度等。

三、超声波加工的基本工艺规律

超声波加工的工艺参数主要包括加工速度、加工精度、表面质量、工具电极磨损等。

1. 加工速度及其影响因素

加工速度是指单位时间内去除材料的质量或体积，单位通常为 g/min、mm^3/min。玻璃的最大加工速度可达 2000～4000 mm^3/min。

影响加工速度的因素主要有工具电极的振幅和频率、工具电极对工件的进给压力、磨料的种类和粒度、磨料悬浮液的浓度、供给及循环方式、工具电极与工件材料、加工面积和加工深度等。

1）工具电极振幅和频率对加工速度的影响

一般规律是加工速度随工具电极振动振幅增加而线性增加，振动频率提高，在一定范围内也可以提高加工速度。但过大的振幅和过高的频率会使工具电极和变幅杆承受过大的内应力，可能超过它们的疲劳强度而降低其使用寿命，而且在连接处的损耗也增大。因此，在超声波加工中振幅一般为 0.01～0.1 mm，频率为 16000～25000 Hz，如图 4-6 所示。在实际加工中需要根据不同工具电极调至共振频率，以获得最大振幅，从而获得较高的加工速度。

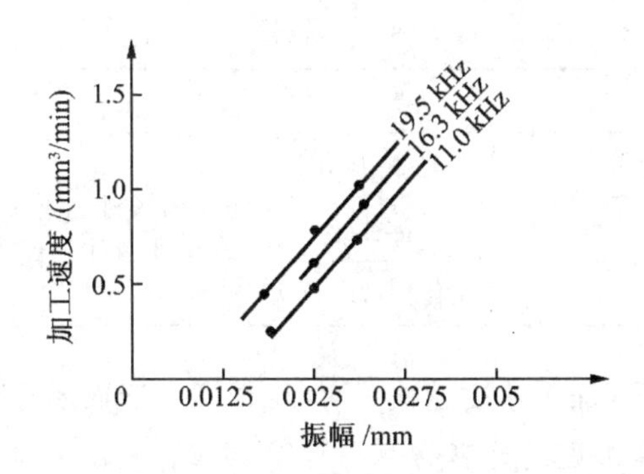

（工具电极截面：ϕ6.35 mm；被加工材料：玻璃）

图 4-6　加工速度与振幅、频率的关系曲线

2）进给压力对加工速度的影响

超声波加工时，工具电极对工件应有一个适当的进给压力。压力过小时，工具电极端面与工件加工表面之间的间隙增大，从而减少了磨料对工件的锤击力和打击深度；压力增大时，会使工具电极与工件间隙减小，当间隙减小到一定程度时则会降低磨料与工作液的循环更新速度，从而降低加工速度，如图 4-7 所示。因此，工具电极对工件应该有一个合理的间隙和压力。

通常情况下，当加工面积小时，可使单位面积内最佳静压力较大；反之，则较小。例如，采用圆形实心工具电极在玻璃上加工孔时，加工面积为 5～15 mm^2，最佳静压力约为 4000 kPa；当加工面积大于 20 mm^2时，最佳静压力为 2000～3000 kPa。

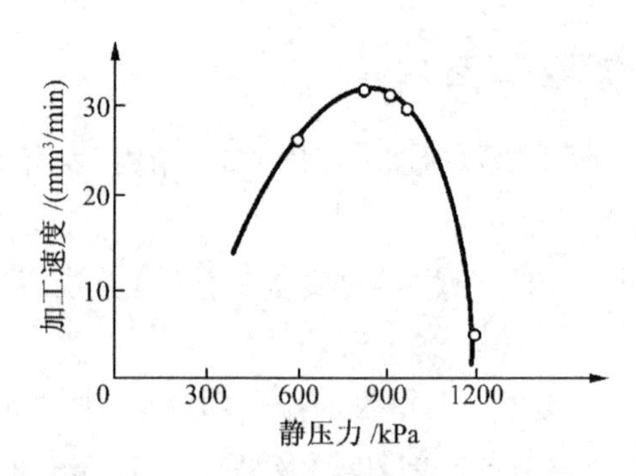

图 4-7 加工速度与进给压力的关系曲线

3）磨料种类和粒度对加工速度的影响

超声波加工时，针对不同强度的工件材料可选择不同的磨料。磨料硬度越高，加工速度越快，但要考虑价格成本。

通常加工宝石、金刚石等超硬材料时，必须选用金刚石磨料；加工淬火钢、硬质合金等高硬脆性材料时，应选用硬度较高的碳化硼磨料；加工玻璃、石英和硅、锗等半导体材料时，可选用氧化铝磨料；加工硬度不太高的硬脆材料时，可采用碳化硅磨料，如表 4-1 所示。

表 4-1 磨料选用

工件	磨料	工作液
硬质合金、淬火钢	碳化硼、碳化硅	水、煤油、汽油、酒精、机油等，磨料对水的质量比一般为 0.8～1
金刚石	金刚石	
玻璃、石英、半导体材料	氧化铝（Al_2O_3）	

另外，磨料粒度越粗，加工速度越快，但加工精度和表面质量越差。

4）被加工材料对加工速度的影响

被加工材料的硬度和脆性越高，承受冲击载荷的能力越低，越容易被去除；反之，韧性越好，越不容易加工。如假设玻璃的可加工性（生产率）为 100%，则锗、硅半导体单晶的可加工性为 200%～250%，石英的可加工性为 50%，硬质合金的可加工性为 2%～3%，淬火钢的可加工性为 1%，不淬火钢的可加工性小于 1%。

5）磨料悬浮液浓度对加工速度的影响

磨料悬浮液浓度低，则加工间隙内的磨粒少，特别是在加工面积和加工深度较大时，可能造成加工区局部无磨料的现象，使加工速度大大下降。随着磨料浓度的增加，加工速度也增加。但浓度太高时，磨料在加工区域内的循环运动和对工件的撞击运动均会受到影响，又会导致加工速度降低。通常采用的浓度（即磨料对水的质量比）为 0.8～1。

工作液的液体类型对加工速度的影响如表 4-2 所示。由表可知，水的相对生产率最高，其原因是水的黏度小，湿润性高且有冷却性，对超声波加工有利。

表 4-2　几种工作液的相对生产率

工作液	相对生产率	工作液	相对生产率
水	1	机油	0.3
汽油、煤油	0.7	亚麻仁油和变压器油	0.28
酒精	0.57	甘油	0.03

2. 加工精度及其影响因素

超声波加工的加工精度，除了受到机床、夹具精度的影响之外，主要与磨料粒度、工具电极精度及其磨损情况、工具电极的横向振动大小、加工深度、被加工材料性质等有关。一般加工孔的尺寸精度可达±(0.02～0.05)mm。

1) 孔的加工范围

在通常加工速度下，超声波加工最大孔径和所需要的功率之间的关系如表 4-3 所示。一般超声波加工的孔径范围为 0.1～90 mm，深度可达直径的 10～20 倍以上。

表 4-3　超声波加工功率和最大加工孔径的关系

超声波电源输出功率/W	50～100	200～300	500～700	1000～1500	2000～2500	4000
最大加工盲孔直径/mm	5～10	15～20	25～30	30～40	40～50	>60
用中空工具电极加工最大通孔直径/mm	15	20～30	40～50	60～80	80～90	>90

2) 加工孔的尺寸精度

当工具电极尺寸一定时，加工出的孔径比工具电极尺寸有所扩大，扩大量约为磨料磨粒直径的两倍，即孔的最小直径 D_{min} 约等于工具电极直径 D_1 与两倍磨粒平均直径 d 之和，即

$$D_{min}=D_1+2d$$

表 4-4 给出了几种常用磨料粒度及其基本磨粒尺寸范围的关系。

表 4-4　常用磨料粒度及其基本磨粒尺寸范围

磨料粒度	120#	150#	180#	240#	280#	W40	W28	W20	W14	W10	W7
基本磨粒尺寸范围/μm	125～100	100～80	80～63	63～50	50～40	40～28	28～20	20～14	14～10	10～7	7～5

磨粒愈细，加工孔精度愈高，尤其在加工深孔时，细磨粒有利于减小孔的锥度。比如超声波加工孔时，若采用 $240^{\#}$～$280^{\#}$ 磨粒，则加工精度一般可达±0.05 mm；若采用 W28～W7 磨粒，则加工精度可达±0.02 mm 或更高。

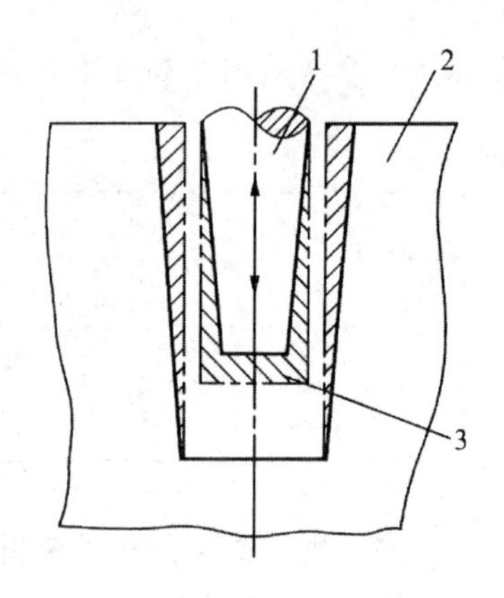

1—工具电极；2—工件；
3—工具电极磨损量
图 4-8 工具电极磨损对孔加工精度的影响

在超声波加工过程中，磨料会由于冲击而逐渐磨钝并破碎，这些破碎和已钝化的磨粒会影响加工精度。所以选择均匀性好的磨料，并在使用 10～15 h 后更换磨料，对保证加工精度、提高加工速度是十分重要的。

此外，超声波加工圆孔时，其形状误差主要有锥度和圆度。锥度是由于工具电极的磨损产生的，其大小与工具电极磨损量有关，如图 4-8 所示。工具电极磨损是在超声波加工过程中，因工具电极也同时受到磨粒的冲击和空化作用而产生的。实践表明，当采用碳钢或未淬火工具钢制造工具电极时，磨损较小，制造容易，且疲劳强度高。圆度大小与工具电极横向振动大小和工具电极沿圆周磨损不均匀有关。如果采用工具电极或工件旋转的方法，可以提高孔的圆度和生产率。

3. 表面质量及其影响因素

超声波加工具有较好的表面质量，不会产生表面烧伤和表面变质层。超声波加工的表面粗糙度也较好，Ra 一般可达到 0.1～1 μm。表面粗糙度值的大小取决于每颗磨粒每次撞击工件表面后留下的凹痕大小，它与磨料颗粒的直径、被加工材料的性质、超声振动的振幅及磨料悬浮工作液的成分等有关。

磨料的粒度越细，超声振动的振幅越小，工件材料硬度越高，超声波加工表面的粗糙度 Ra 值就越低，但生产率也随之降低。不同材料加工时，表面粗糙度 Ra 值随磨料粒度变化的曲线如图 4-9 所示。

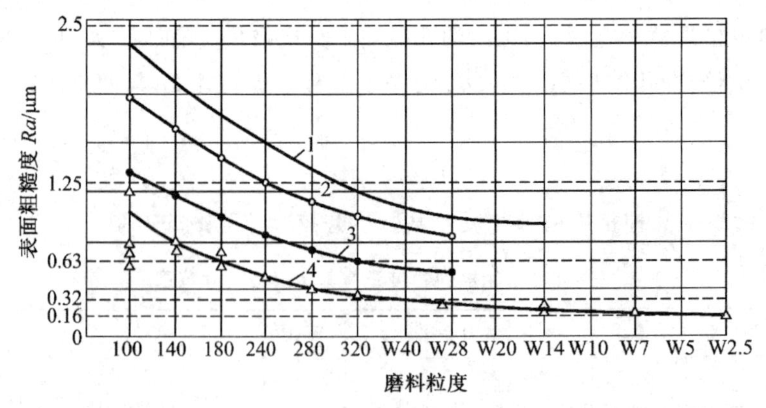

磨料：B_4C　工件材料：1—玻璃；2—半导体材料（硅）；3—陶瓷刀片Ⅱ M-332；4—硬质合金

图 4-9 不同材料加工时表面粗糙度与磨料粒度的关系

磨料悬浮工作液的性能对表面粗糙度的影响比较复杂。实践表明，用煤油或润滑油代替水，可使表面粗糙度有所改善。

4. 工具电极磨损

在超声波加工过程,工具电极也同时受到磨粒的冲击及空化作用而产生磨损。表4-5所示为不同材质的工具电极加工玻璃和硬质合金的磨损情况。由表可知,用碳钢或未淬火工具钢制造工具电极,磨损较小,制造容易且强度高。

表4-5　不同材质工具电极加工中的磨损情况

工具电极材料	被加工材料					
	玻璃			硬质合金		
	纵向磨损/mm	加工深度/mm	相对磨损/%	纵向磨损/mm	加工深度/mm	相对磨损/%
硬质合金	0.038	38.3	0.1	3.5	3.18	110
低碳钢	0.45	45.1	1.0	2.8	3.18	88
黄铜	0.53	31.8	1.68	4.45	3.18	140
不锈钢	0.2	29.2	0.7	0.4	1.14	35
T8淬火工具钢	0.064	13.9	0.46	0.3	1.17	26

注意　实验条件为工具电极振动频率20 kHz,工具电极双振幅51 μm,工具电极直径ϕ6.4 mm;磨料为碳化镉100 ℃;最佳静压力状态下加工。

任务二　超声波加工的主要应用

超声波加工的生产率虽然比电火花加工、电解加工等特种加工方法低,但其加工精度和表面粗糙度都比它们好,而且能加工半导体、非导体的脆硬材料,如玻璃、石英、宝石、锗、硅、金刚石等。即使是电火花加工后的一些淬火钢、硬质合金冲模、拉丝模、塑料模具,最后也可以用超声波进行抛磨、光整加工。随着超声波加工研究的不断深入,以及超声波加工与其他加工方法的相互结合,超声波加工的应用前景越来越广阔。

1. 型孔、型腔的超声波加工

超声波加工型孔、型腔时,具有精度高、表面质量好的优点。目前,在各工业部门中,超声波主要用于对脆硬材料加工圆孔、型腔、异形孔、套料、微细孔等,如图4-10所示。

利用超声波加工孔时,孔径比工具电极尺寸略大,扩大量约为磨粒平均直径的两倍。一般超声波加工孔的直径范围是0.1～90 mm,加工深度可达100 mm以上。超声波加工某些冲模、型腔模、拉丝模时,先经过电火花、电解及激光加工(粗加工)后,再用超声波研磨、抛光,可使表面粗糙度进一步降低,从而提高表面质量。

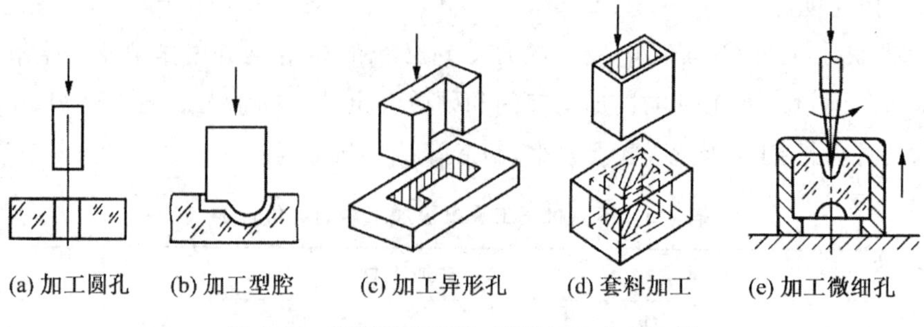

图 4-10　超声波在型孔、型腔加工中的应用

2. 超声波切割

用普通机械加工切割脆硬的材料(如陶瓷、石英、硅、宝石等)是很困难的,若采用超声波切割则较为有效。超声波切割单晶硅片如图 4-11 所示。加工时,用锡焊或铜焊将工具(薄钢片或磷青铜片)焊接在变幅杆的端部,喷注磨料液,一次可切割 10～20 片。

成批切块刀具如图 4-12 所示,它采用了一种多刃刀具,即包括一组厚度为 0.127 mm 的软钢刃刀片,间隔 1.14 mm,铆合在一起,然后焊接在变幅杆上。刀片伸出的高度应足够在磨损后做几次重磨。在最外边的刀片应比其他刀片高出 0.5 mm,切割时插入坯料的导槽中,起定位作用。加工时喷注磨料液,将坯料片先切割成 1 mm 宽的长条,然后将刀具转过 90°,使导向片插入另一导槽中,进行第二次切割以完成模块的切割加工。如图 4-13 所示为已切成的陶瓷模块。

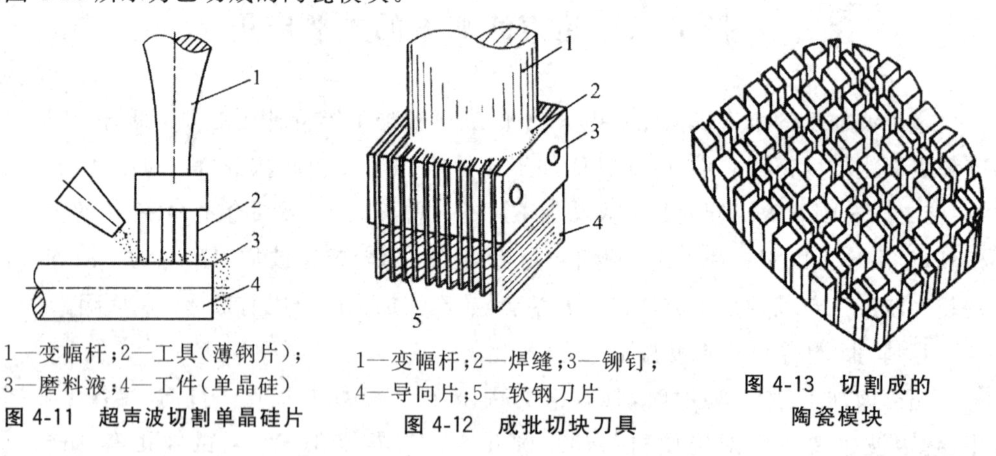

1—变幅杆;2—工具(薄钢片);
3—磨料液;4—工件(单晶硅)

图 4-11　超声波切割单晶硅片

1—变幅杆;2—焊缝;3—铆钉;
4—导向片;5—软钢刀片

图 4-12　成批切块刀具

图 4-13　切割成的陶瓷模块

3. 超声波清洗

超声波清洗的原理主要是基于超声频振动在液体中产生的交变冲击波和空化作用。超声波在清洗液(汽油、煤油、酒精、丙酮或水等)中传播时,液体分子往复高频振动,产生正、负交变的冲击波。当声强达到一定数值时,液体中急剧生长微小空化气泡并瞬时强烈闭合,产生的微冲击波使被清洗物表面的污物遭到破坏,并从被清洗表面脱落下来。此方法主要用于几何形状复杂、清洗质量要求高而用其他方法清洗效果差的中小型精密零件。特别是对于工件上的深小孔、微孔、弯孔、盲孔、沟槽、窄缝等部位的

清洗，此方法的生产率和净化率都很高。目前，超声波清洗在半导体和集成电路元件、仪器仪表零件、电真空器件、光学零件、医疗器械等的清洗中经常采用。超声波清洗装置示意图如图 4-14 所示。

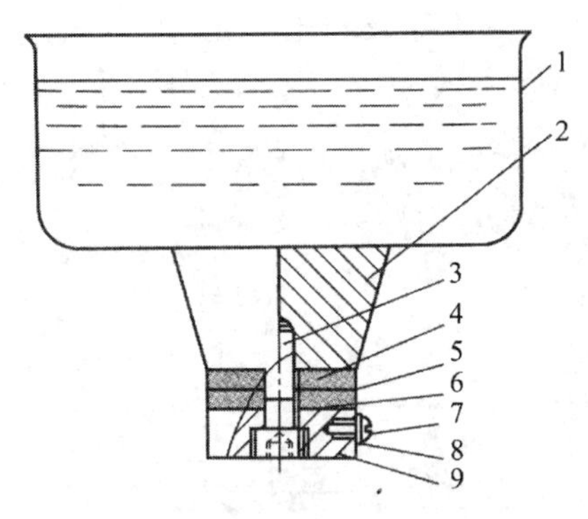

1—清洗槽；2—变幅杆；3—压紧螺钉；4—换能器压电陶瓷；5—镍片(+)；6—镍片(−)；7—接线螺钉；8—垫圈；9—钢垫块

图 4-14　超声波清洗装置示意图

4. 超声波焊接

超声波焊接的原理是利用超声频振动作用，去除工件表面的氧化膜，显露出新的本体表面，在两个被焊工件表面分子的高速振动撞击下，摩擦发热并亲和粘接在一起。它不仅可以焊接尼龙、塑料及表面易生成氧化膜的铝制品等，还可以在陶瓷等非金属表面挂锡、挂银及涂覆熔化的金属薄层。超声波焊接示意图如图 4-15 所示。

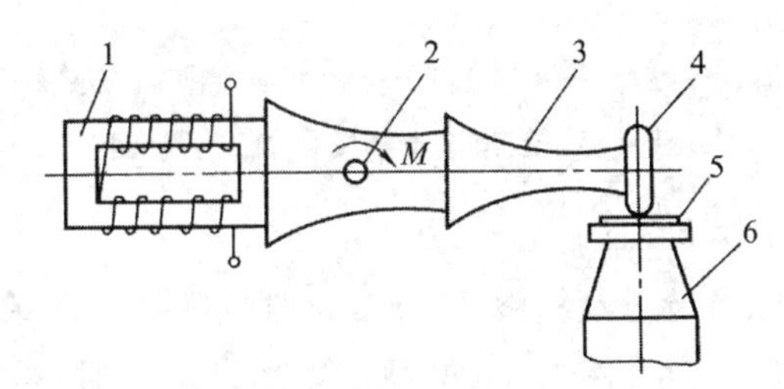

1—换能器；2—固定轴；3—变幅杆；4—焊接工具头；5—被焊工件；6—反射体

图 4-15　超声波焊接示意图

5. 超声波复合加工

在利用超声波加工硬质合金、耐热合金等硬质金属材料时，加工速度低，工具电极损耗大。为了提高加工速度和降低工具电极损耗，常采用超声波加工、电解加工或电火花加工相结合的方法来加工喷油嘴、喷丝板上的孔或窄缝，可大大提高生产率和质量。

1) 超声波电解复合加工

在电解加工中，一旦在工件表面形成钝化膜，加工速度就会下降，如果在电解加工中引入超声波振动，钝化膜就会在超声波振动的作用下遭到破坏，使电解加工能顺利进行，以提高生产率。另外，如果在小孔、窄缝的加工中引入超声波振动，则可使电解产物迅速排放，同样也有利于提高生产率。这种用超声波振动改善电解加工过程的加工工艺就是超声波电解复合加工。

超声波电解复合加工小深孔示意图如图 4-16 所示。超声波振动的工具电极连接直流电源的负极，工件连接正极，工具电极与工件之间的直流电压为 6～18 V，电流密度为 30 A/cm^2 以上，电解液常用 20% 食盐水与磨料的混合液。加工时，工件表面进行阳极溶解并生成阳极钝化膜，而超声波振动使工具电极和磨料破坏这种钝化膜，工件表面加速阳极溶解，从而使生产率和质量均得到显著提高。

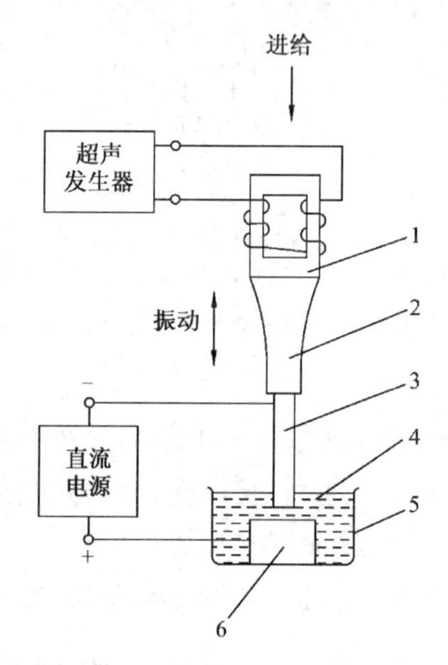

1—换能器；2—变幅杆；3—工具电极；4—混合液；5—液槽；6—工件

图 4-16 超声波电解复合加工示意图

2) 超声波电火花复合加工

采用电火花对小孔、窄缝进行精微加工时，及时排除加工区域的电蚀产物是保证电火花精微加工能够顺利进行的关键。当电蚀产物逐渐增多时，电极间隙状态变得十分恶劣，电极间搭桥、短路时常发生，进给系统一直处于进给—回退的非正常振荡状态，使加工不能持续正常进行。

若用超声波电火花复合加工法加工小孔、窄缝及精微异形孔时，可获得较好的工艺效果。其方法是在普通电火花加工的工具电极上引入超声波振动，由于空化作用，产生一种称为微冲流的紊流，这种微冲流有利于电蚀产物的排除。因此，超声波电火花复合加工将使加工区域的间隙状况得到改善，加工变得更平稳，有效放电脉冲比例增加，从而达到提高生产效率的目的。

任务三　应用超声波加工设备加工零件异形孔

1. 加工工件图样

异形孔零件形状及加工要求如图 4-1 所示。

2. 加工需用到的设备

超声波加工设备、被加工工件、量具等。

3. 超声波加工

(1) 超声波粗加工，选取磨料粒度为 180# ～240#，工具直径按比工件孔径最终尺寸小 0.5 mm 进行设计。由于超声波加工后的孔有扩大量及锥度，因此在入口端单面留有 0.15 mm 加工余量，在出口端单面留有 0.2 mm 的加工余量。

(2) 超声波精加工，选取磨料粒度为 W20～W10，工具直径按比工件孔径最终尺寸减小 0.08 mm 进行设计。由于超声波加工后的孔有扩大量及锥度，因此入口端已达到工件最终尺寸时，出口端单面仍留有 0.025 mm 的加工余量。

(3) 用超声波加工研磨修整内孔。

4. 检验

加工完毕后，检验工件是否合格。

学习要点

(1) 超声波加工原理。超声波加工是利用工具端面做超声频振动，从而实现对工件进行材料剥离、切削或焊接等加工的一种特种加工方法。超声波加工，或者利用超声振动工具在有磨料的液体介质(或干磨料)中产生磨料的冲击、抛磨、液压冲击及由此产生的气蚀作用来去除材料；或者给工具电极(或工件)沿一定方向施加超声频振动以进行振动切削加工；或者利用超声振动的作用使固体工件相互粘接在一起。

对于磨料冲击的超声波加工方式而言，工作时由超声波发生器产生的高频电振荡通过超声换能器转换成超声频振动，超声频振动再通过变幅杆放大振幅后传输给工具；工具端面的纵向振动冲击磨料悬浮液中的颗粒，迫使颗粒以很大的速度和加速度不断撞击、磨削被加工表面，把加工区域的材料粉碎成很细的微粒，并从材料上打击下来。

超声波加工原理是本章的学习难点，须充分理解之，只有理解了，方能正确分析其工艺规律。

(2) 超声波加工设备的功率大小和结构形状虽有所不同，但其组成基本相同，一般包括超声发生器、超声振动系统、机床本体和磨料悬浮液循环系统。

(3) 超声波加工质量的评价工艺参数主要包括加工速度、加工精度、表面质量、工具电极磨损等。这些工艺参数的影响因素有多种，须掌握各种因素对加工工艺参数的影响规律，方能保证加工工件质量，这也是本章学习的重点内容。

自测题

一、填空题

1. 超声波抛光是磨粒在超声振动作用下（　　　　　　）、（　　　　　　）和（　　　　　）综合作用的结果，其中（　　　　　　）作用是最主要的。

2. 常用的超声变幅杆有（　　　　）、（　　　　）及（　　　　）三种形式。

3. 超声加工的原理是基于超声振动在液体中产生的振动冲击波和（　　　　　）。

二、判断题

1. 材料越脆硬，越容易实现超声加工。（　　）

2. 与电火花加工、电解加工相比，超声波加工的加工精度高，加工表面质量好，但加工金属材料时效率低。（　　）

3. 超声波加工时，把频率调高，加工速度就可以提高。（　　）

4. 阶梯形变幅杆振幅放大倍数最高，但内应力最大，受负载变化对振幅衰减的影响也最大。（　　）

三、选择题

1. 材料（　　）既能用电火花成形加工又能用超声波抛光处理。

A. 铝　　B. 铜　　C. 陶瓷　　D. 硬质合金

2. 要在金刚石上加工出ϕ0.05 mm 的小孔，可采用的加工方法是（　　）。

A. 电火花成形加工　　B. 超声加工

C. 电火花线切割加工　　D. 电解加工

3. 超声波加工下列材料生产率最低的是（　　）。

A. 紫铜板　　B. 工业陶瓷　　C. 淬火钢　　D. 压电陶瓷

4. 超声加工变幅杆性能最好的是（　　）。

A. 圆锥形　　B. 对数曲线形　　C. 指数曲线形　　D. 圆轴阶梯形

5. 切割玻璃、石英、宝石等硬而脆的材料，最适宜的加工方法是（　　）。

A. 电火花线切割　　B. 超声波加工

C. 传统切削加工　　D. 电火花成形加工

6. 超声波加工时（　　）。

A. 工具整体在做超声振动

B. 只有工具端面在做超声振动

C. 工具中各个截面都在做超声振动，但它们的相位在时间上不一致

D. 工具不做超声振动

7. 有关超声波加工的特点，下列说法错误的是(　　)。

A. 特别适合于加工硬脆材料　　B. 生产效率高

C. 超声波加工机床结构简单　　D. 加工应力及变形小

四、问答题

1. 超声波加工适合于何种零件的加工？为什么？

2. 什么是超声波加工的空化作用？

3. 超声波加工设备主要由哪几部分组成？各有什么作用？

4. 超声波加工的原理和特点是什么？

参考文献

[1] 曹凤国.特种加工手册[M].北京:机械工业出版社,2010.
[2] 杨叔子.特种加工[M].北京:机械工业出版社,2012.
[3] 郭谆钦.特种加工技术[M].南京:南京大学出版社,2013.
[4] 靳敏.特种加工技术[M].北京:北京邮电大学出版社,2012.
[5] 李成凯,徐善状.模具零件的特种加工[M].重庆:重庆大学出版社,2010.
[6] 伍端阳.数控电火花线切割加工技术培训教程[M].北京:化学工业出版社,2008.
[7] 伍端阳.数控电火花成形加工技术培训教程[M].北京:化学工业出版社,2009.
[8] 罗科学,谢富春,李跃中.数控电加工机床[M].北京:化学工业出版社,2006.
[9] 周湛学,刘玉忠.数控电火花加工[M].北京:化学工业出版社,2006.
[10] 宋昌才.数控电火花加工[M].北京:化学工业出版社,2008.
[11] 李立.数控线切割加工实用培训教程[M].北京:机械工业出版社,2013.
[12] 张辽远.现代加工技术[M].北京:机械工业出版社,2008.
[13] 郭艳玲,耿雷,姜凯译.数控高速走丝电火花线切割加工实训教程[M].北京:机械工业出版社,2013.

附录一
电切削工职业技能鉴定(初级)考核样题

一、**判断题**(将判断结果填入括号中,正确的填“√”,错误的填“×”,每题1分)

1. 在G代码编程中G04属于延时指令。　(　　)
2. 工件被限制的自由度少于6个,称为欠定位。　(　　)
3. 上一程序段中有了G01指令,下一程序段如果仍然是G01,则G01可以省略。　(　　)
4. 低碳钢的硬度比较小,所以用电火花线切割加工低碳钢的速度比较快。　(　　)
5. 电火花快速走丝线切割加工机床的导轮要求使用硬度高、耐磨性好的材料,如高速钢、硬质合金、人造宝石或陶瓷等材料。　(　　)
6. 数控电火花线切割加工机床的坐标系采用右手直角笛卡儿坐标系。　(　　)
7. 电火花线切割加工可以用来制造成形电极。　(　　)
8. 在电火花线切割加工中,M02的功能是关闭储丝筒电动机。　(　　)
9. 在电火花线切割加工中工件几乎不受力,所以加工中工件不需要定位。　(　　)
10. 电火花线切割加工机床在加工过程中产生的气体对操作者的健康没有影响。　(　　)
11. 在电火花线切割加工中工件受到的作用力较大。　(　　)
12. 在型号为DK7632的数控电火花线切割加工机床中,D表示电加工机床。　(　　)
13. 目前我国主要生产的电火花线切割加工机床是电火花快速走丝线切割加工机床。　(　　)
14. 电火花线切割加工机床通常分为两大类,一类是电火花快速走丝线切割加工机床,另一类是电火花慢速走丝线切割加工机床。　(　　)
15. 电火花快速走丝线切割加工速度快,电火花慢速走丝线切割加工速度慢。　(　　)
16. 电火花快速走丝线切割加工工件时,电极丝的进口宽度与出口宽度相同。　(　　)
17. 电火花快速走丝线切割加工中,常用的电极丝为钨丝。　(　　)
18. 电火花线切割加工过程中,电极丝与工件之间不会发生电弧放电。　(　　)
19. 在电火花线切割加工过程中,可以不使用工作液。　(　　)

20. 3B 代码编程法是最先进的电火花线切割加工编程方法。 (　　)

二、**选择题**(选择正确的答案,将相应的字母填入题内的括号中,每题 1 分)

1. 电火花线切割可以加工的材料为(　　)。

A. 石墨　　B. 塑料　　C. 硬质合金　　D. 大理石

2. 下列中不是电火花线切割加工机床采用过的控制方式是(　　)。

A. 靠模仿形　　B. 光电跟踪　　C. 数字控制　　D. 声电跟踪

3. 电火花快速走丝线切割加工中,常用的导电块材料为(　　)。

A. 高速钢　　B. 硬质合金　　C. 金刚石　　D. 陶瓷

4. 对于电火花快速走丝线切割加工机床,在线切割加工过程中电极丝运行速度一般为(　　)。

A. 3～5 m/s　　B. 8～10 m/s　　C. 11～15 m/s　　D. 4～8 m/s

5. 用电火花线切割加工机床加工直径为 10 mm 的圆孔,在加工中当电极丝的补偿量设置为 0.12 mm 时,加工孔的实际直径为 10.02 mm。如果要使加工的孔径为 10 mm,则采用的电极丝补偿量应为(　　)。

A. 0.10 mm　　B. 0.11 mm　　C. 0.12 mm　　D. 0.13 mm

6. 在电火花慢速走丝线切割加工中,常用的工作液为(　　)。

A. 乳化液　　B. 机油　　C. 去离子水　　D. 柴油

7. 在电火花线切割加工过程中,下列参数中属于不稳定的参数是(　　)。

A. 脉冲宽度　　B. 脉冲间隔　　C. 加工速度　　D. 短路峰值电流

8. 电火花线切割加工一般安排在(　　)。

A. 淬火之前,磨削之后　　B. 淬火之后,磨削之前

C. 淬火与磨削之后　　D. 淬火与磨削之前

9. 电火花线切割加工机床使用的脉冲电源输出的是(　　)。

A. 固定频率的单向直流脉冲　　B. 固定频率的交变脉冲电源

C. 频率可变的单向直流脉冲　　D. 频率可变的交变脉冲电源

10. 电火花快速走丝线切割加工中可以使用的电极丝有(　　)。

A. 黄铜丝　　B. 纯铜丝　　C. 钼丝　　D. 钨钼丝

11. 电火花线切割加工机床一般维护保养方法是(　　)。

A. 定期润滑　　B. 定期调整　　C. 定期更换　　D. 定期检查

12. 在电火花快速走丝线切割加工中,工件的表面粗糙度 Ra 一般可达(　　)。

A. 1.6～3.2 μm　　B. 0.1～1.6 μm　　C. 0.8～1.6 μm　　D. 3.2～6.3 μm

13. 利用电火花线切割加工冲孔模具时,孔的尺寸和(　　)相同。

A. 凸模尺寸　　B. 凹模尺寸

C. (凸模尺寸+凹模尺寸)/2　　D. 其他尺寸

14. 在使用 3B 代码编程时,要用到(　　)指令参数。

A. 2个　　B. 3个　　C. 4个　　D. 5个

15. 电火花线切割加工机床使用照明灯的工作电压为(　　)。

A. 6 V　　B. 36 V　　C. 220 V　　D. 110 V

16. 电火花线切割加工属于(　　)。

A. 放电加工　　B. 特种加工　　C. 电弧加工　　D. 铣削加工

17. 在电火花线切割加工过程中,放电通道中心温度最高可达(　　)℃左右。

A. 1000　　B. 10000　　C. 100000　　D. 5000

18. 在型号为DK7725的数控电火花线切割加工机床中,K是(　　)。

A. 机床特性代号,表示快速走丝　　B. 机床类别代号,表示数控

C. 机床特性代号,表示数控　　D. 机床类别代号,表示快速走丝

19. 使用电火花线切割加工机床不可以加工(　　)。

A. 方孔　　B. 小孔　　C. 阶梯孔　　D. 窄缝

20. 下列不属于电火花线切割加工机床组成的是(　　)。

A. 机床本体　　B. 脉冲电源

C. 工作液循环系统　　D. 电极丝

21. 在使用电火花快速走丝线切割加工较厚的工件时,电极丝的进口宽度与出口宽度相比(　　)。

A. 相同　　B. 进口宽度大

C. 出口宽度大　　D. 不一定

22. 电火花线切割加工过程中,工作液必须具有的性能是(　　)。

A. 绝缘性能　　B. 洗涤性能　　C. 冷却性能　　D. 润滑性能

23. 在电火花线切割加工中,当穿丝孔靠近装夹位置,开始切割时电极丝的走向应(　　)。

A. 离开夹具的方向进行加工

B. 沿与夹具平行的方向进行加工

C. 沿离开夹具的方向或与夹具平行的方向

D. 无特殊要求

24. 电火花快速走丝线切割在加工钢件时,其单边放电间隙一般取(　　)。

A. 0.02 mm　　B. 0.01 mm　　C. 0.03 mm　　D. 0.001 mm

25. 电火花快速走丝线切割加工机床本体包括(　　)。

A. 工作台　　B. 走丝机构　　C. 丝架　　D. 机床床身

26. 在电火花快速走丝线切割加工中,储丝筒转一转,其轴向移动的距离应(　　)。

A. 等于电极丝的直径　　B. 大于电极丝的直径

C. 小于或等于电极丝的直径　　D. 大于或等于电极丝的直径

27. 在电火花线切割加工中,工件一般接电源的(　　)。

A．正极，称为正极性接法　　　B. 负极，称为负极性接法

C．正极，称为负极性接法　　　D. 负极，称为正极性接法

28. 使用 ISO 代码编程时，关于圆弧插补指令，下列说法正确的是（　　）。

A．整圆只能用圆心坐标来编程

B．圆心坐标必须是绝对坐标

C．所有圆弧或圆都可以使用圆心坐标来编程

D．从电火花线切割加工机床工作台上方看 G03 为顺时针加工，G02 为逆时针加工

29. 目前电火花快速走丝线切割加工中应用较普遍的工作液是（　　）。

A. 煤油　　B. 乳化液　　C. 去离子水　　D. 水

30. 电火花快速走丝线切割加工机床与电火花慢速走丝线切割加工机床相比其机床价格（　　）。

A. 高　　B. 低　　C. 相差不大　　D. 不确定

三、简答题（每题 4 分）

1. 什么叫极性效应？在电火花线切割加工中怎样利用极性效应？

2. 简述在什么情况下需要加工穿丝孔？为什么？

3. 在 ISO 代码编程中，G00、G01 是两个比较常用的 G 代码，试比较它们在功能、使用、轨迹、速度及数控系统的显示等方面有什么不同？

4. 一般数控电火花线切割加工机床都有电极丝自动找中心功能，请简要说明电极丝找中心的基本原理，并画图加以说明。

四、编程题（满分 30 分）

根据图 1 所示的正六边形零件尺寸，试编制利用电火花线切割加工其凹模和凸模的程序，已知毛坯材料为 Cr12。

1. 做出加工凸模的工件坐标系，标出电极丝切割方向，同时标出穿丝点的位置。（5 分）

2. 手工编写凸模加工程序。要求：加工程序单要字迹工整；可以用 ISO 代码或 3B 代码。（10 分）

3. 做出正六边形的内切圆，标出凹模切割时电极丝的切割方向，同时标出穿丝点位置。（5 分）

4. 手工或计算机编写凹模加工程序。要求：加工程序单要字迹工整；可以用 ISO 代码或 3B 代码。（10 分）

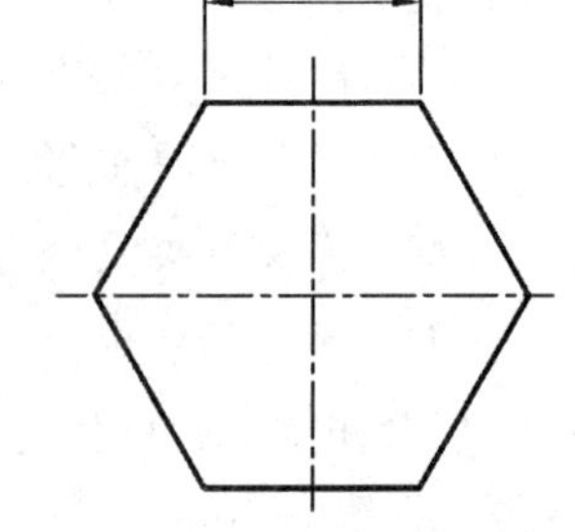

图 1　正六边形零件图样

附录二
电切削工职业技能鉴定(中级)考核样题

一、**判断题**(将判断结果填入括号中,正确的填"√",错误的填"×",每题1分)

1. 在电火花线切割加工编程中G01、G00的功能相同。（　）
2. 只有当工件的六个自由度全部被限制,才能保证加工精度。（　）
3. 上一程序段中有了G02指令,下一程序段如果是顺圆切割,则G02可以省略。（　）
4. 低碳钢的含碳量比较低、硬度较小,所以用电火花线切割加工低碳钢的速度比较快。（　）
5. 由于铝的导电性比铁好,所以在电火花线切割加工中铝比铁好加工。（　）
6. 数控电火花线切割加工机床和数控车、铣床一样都采用右手直角笛卡儿坐标系。（　）
7. 电火花线切割加工中不需要制造电极。（　）
8. 在电火花线切割加工中,M00的功能是关闭储丝筒电动机。（　）
9. 在电火花线切割加工中工件几乎不受力,所以加工中工件不需要夹紧。（　）
10. 电火花线切割加工机床在加工过程中产生的电磁辐射对操作者的健康没有影响。（　）
11. 电火花线切割加工属于特种加工。（　）
12. 苏联的拉扎连柯夫妇发明了世界上第一台实用的电火花加工装置。（　）
13. 目前我国主要生产的电火花线切割加工机床是电火花慢速走丝线切割加工机床。（　）
14. 电火花线切割加工精度比较高,和铣削相比,线切割加工的平面粗糙度值小。（　）
15. 电火花快速走丝线切割使用的电极丝材料比电火花慢速走丝差,所以加工精度比电火花慢速走丝低。（　）
16. 电火花线切割加工影响了零件的结构设计,不管什么形状的孔,如方孔、小孔、阶梯孔、窄缝等都可以加工。（　）
17. 电火花快速走丝线切割加工也可以使用铜丝作为电极丝。（　）
18. 电火花线切割加工过程中,电极丝与工件间火花放电是比较理想的状态。（　）

19. 电火花线切割加工过程中，电极丝与工件间只存在火花放电状态。 （ ）

20. 在电火花线切割加工过程中，放电通道中心温度最高可达5000 ℃左右。 （ ）

二、选择题（选择正确的答案，将相应字母填入题内的括号中，每题1分）

1. 不能使用电火花线切割加工的材料为（ ）。

A. 石墨 B. 铝 C. 硬质合金 D. 大理石

2. 测量与反馈装置的作用是（ ）。

A. 提高机床的安全性 B. 提高机床的使用寿命

C. 提高机床的定位精度、加工精度 D. 提高机床的灵活性

3. 电火花快速走丝线切割加工机床电极丝工作状态为（ ）。

A. 往复供丝，反复使用 B. 单向运行，一次性使用

C. 往复供丝，一次性使用 D. 单向运行，反复使用

4. 只读存储器只允许用户读取信息，不允许用户写入信息。对一些常需读取且不希望改动的信息或程序，就可存储在只读存储器中。只读存储器的英文缩写为（ ）。

A. CRT B. PIO C. ROM D. RAM

5. 数控系统的报警大体可以分为操作报警、程序错误报警、驱动报警及系统错误报警。某个程序在运行过程中出现"圆弧端点错误"，这属于（ ）。

A. 程序错误报警 B. 操作报警

C. 驱动报警 D. 系统错误报警

6. 电火花慢速走丝线切割加工中，常用的工作液为（ ）。

A. 乳化液 B. 全损耗系统用油

C. 去离子水 D. 柴油

7. 现代数控系统中，系统一般都有子程序功能，并且子程序（ ）嵌套。

A. 只能有一层 B. 可以有有限层

C. 可以无限层 D. 不能

8. 穿丝孔与电火花线切割加工一般安排在（ ）。

A. 淬火之前 B. 淬火之后

C. 穿丝孔加工在前，线切割加工在后 D. 无特殊要求

9. 维修设备时，利用电火花线切割加工非标准小齿轮，其主要目的是（ ）。

A. 节省材料 B. 不用制造特殊刀具，比较经济

C. 加工速度快 D. 容易加工

10. 程序原点是编程人员在数控编程过程中定义在工件上的几何基准点，加工开始时要以当前电极丝位置为参考点，设置工件坐标系，所用的G指令是（ ）。

A. G90 B. G91 C. G92 D. G94

11. 在型号为DK7732的电火花线切割加工机床中，其中K表示（ ）。

A. 机床特性代号,表示快速走丝　　　　B. 机床类别,表示快速走丝

C. 机床特性代号,表示数控　　　　D. 机床类别,表示数控

12. 在电火花快速走丝线切割加工中,工件的表面粗糙度值一般可达(　　)。

A. 1.6～3.2 μm　　　　B. 1～16 μm

C. 0.8～1.6 μm　　　　D. 3.2～6.3 μm

13. 用去除材料方法获得的表面粗糙度,*Ra* 的上限值为 3.2 μm 的粗糙度标注法是(　　)。

*Ra*3.2　　*Ra*3.2　　*Ra*3.2　　*Rz*3.2

A.　　B.　　C.　　D.

14. 在使用 3B 代码编程时,要用到(　　)指令参数。

A. 2 个　　B. 3 个　　C. 4 个　　D. 5 个

15. 为了保障人身安全,在正常情况下,电气设备的安全电压规定为(　　)。

A. 42 V　　B. 36 V　　C. 24 V　　D. 12 V

16. 在电火花线切割加工过程中,工件受到的作用力(　　)。

A. 为零　　B. 较大　　C. 较小　　D. 为零或较小

17. 在电火花线切割加工过程中,电极丝的进给为(　　)。

A. 等速进给　　B. 加速加工　　C. 减速进给　　D. 伺服进给

18. 数控电火花线切割加工机床坐标系统的确定是假定(　　)。

A. 工件相对静止的电极丝运动　　　　B. 电极丝相对工件而运动

C. 电极丝、工件都运动　　　　D. 电极丝、工件都不运动

19. 数控电火花线切割加工机床和靠模仿形电火花线切割加工机床相比,其轨迹控制精度(　　)。

A. 高　　B. 低　　C. 相近　　D. 无法比较

20. 电火花线切割加工机床的脉冲电源与电火花成形加工机床的脉冲电源(　　)。

A. 原理和性能要求都相同　　　　B. 原理不同,性能要求相同

C. 原理相同,性能要求不相同　　　　D. 原理和性能要求都不相同

21. 在使用电火花线切割加工较厚的工件时,电极丝的进口宽度与出口宽度相比(　　)。

A. 相同　　B. 进口宽度大　　C. 出口宽度大　　D. 不一定

22. 电火花快速走丝线切割加工厚度较大的工件时,对于工作液的使用下列说法正确的是(　　)。

A. 工作液的浓度要大些,流量要略小些

B. 工作液的浓度要大些,流量也要大些

C. 工作液的浓度要小些,流量也要略小

D．工作液的浓度要小些，流量要大些

23．在电火花线切割加工中，当穿丝孔靠近装夹位置，开始切割时电极丝的走向应（　　）。

A．沿离开夹具的方向进行加工

B．沿与夹具平行的方向进行加工

C．沿离开夹具的方向或与夹具平行的方向

D．无特殊要求

24．电火花快速走丝线切割加工机床在加工钢件时，在切割出表面的进出口两端附近，往往有黑白相间交错的条纹，关于这些条纹下列说法中正确的是（　　）。

A．黑色条纹微凹，白色条纹微凸；黑色条纹处为入口，白色条纹处为出口

B．黑色条纹微凸，白色条纹微凹；黑色条纹处为入口，白色条纹处为出口

C．黑色条纹微凹，白色条纹微凸；黑色条纹处为出口，白色条纹处为入口

D．黑色条纹微凸，白色条纹微凹；黑色条纹处为出口，白色条纹处为入口

25．圆柱形工件放在一个较长的V形槽中，限制了工件的（　　）个自由度。

A．三　　B．四　　C．五　　D．六

26．在电火花快速走丝线切割加工中，关于工作液的陈述正确的有（　　）。

A．纯净工作液的加工效果最好

B．煤油工作液切割速度低，但不易断丝

C．乳化型工作液比非乳化型工作液的切割速度高

D．水类工作液冷却效果好，所以切割速度高，同时使用水类工作液不易断丝

27．在电火花线切割加工中，电极丝一般接电源的（　　）。

A．正极，称为正极性接法　　B．负极，称为负极性接法

C．正极，称为负极性接法　　D．负极，正极性接法

28．以下说法中（　　）是正确的。

A．只有G92是工件坐标系设定指令

B．所有数控机床在加工时都必须返回参考点

C．根据需要，一个工件可以设置几个工件坐标系

D．程序开头必须用G00运行到程序原点

29．目前电火花快速走丝线切割加工中应用较普遍的工作液是（　　）。

A．煤油　　B．乳化液

C．全损耗系统用油　　D．水

30．一般情况下，电火花快速走丝线切割加工机床与电火花慢速走丝线切割加工机床相比其加工精度（　　）。

A．高　　B．低　　C．相同　　D．不确定

三、简答题(每题 4 分)

1. 什么叫电参数?它包括哪几个主要的参数?

2. 什么叫放电间隙?它对电火花线切割加工的工件尺寸有何影响?通常情况下电火花快速走丝线切割加工放电间隙取多大?若是电火花慢速走丝ϕ0.25 mm 电极丝割三刀补正分别给多少最为适宜?

3. 在 ISO 代码编程中,常用的数控功能指令有哪些(写出 5 个以上)?并简述其功能。

4. 在电火花线切割加工中要确定工件坐标系的原点,常用的寻找坐标系原点的方法有哪几种?简述其中一种方法的操作过程。

四、编程题(满分 30 分)

根据图 1 所示的零件尺寸,试编制利用电火花线切割加工其凹模和凸模的程序,已知毛坯材料为钢。(图中为正六边形)

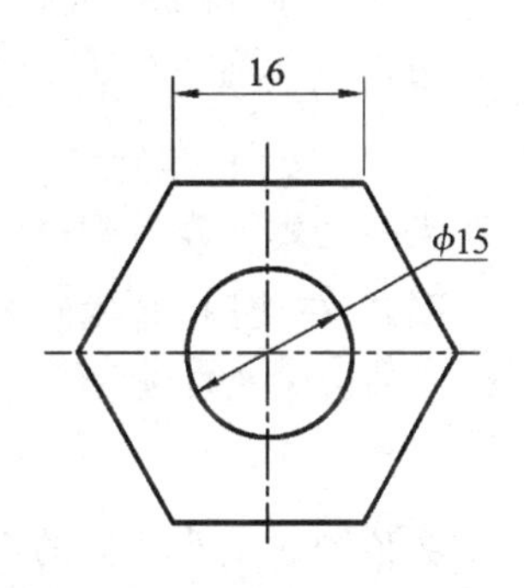

图 1　零件图样

1. 做出加工孔凸模的工件坐标系,标出电极丝切割方向,同时标出穿丝点的位置。(2 分)

2. 编写加工孔凸模的加工程序。要求:加工程序单要字迹工整;可以是 3B 或 ISO 代码。(5 分)

3. 做出加工孔凹模的工件坐标系,标出电极丝切割方向,同时标出穿丝点的位置。(2 分)

4. 编写加工孔凹模的加工程序。要求:加工程序单要字迹工整;可以是 3B 或 ISO 代码。(5 分)

5. 做出加工正六边形(落料模)凸模的工件坐标系,标出电极丝切割方向,同时标出穿丝点的位置。(3 分)

6. 编写加工正六边形(落料模)凸模的加工程序。要求:加工程序单要字迹工整;可以是 3B 或 ISO 代码。(5 分)

7. 做出加工正六边形(落料模)凹模的工件坐标系,标出电极丝切割方向,同时标出穿丝点的位置。(3 分)

8. 编写加工正六边形(落料模) 凹模的加工程序。要求:加工程序单要字迹工整;可以是 3B 或 ISO 代码。(5 分)

附录三 电切削工职业技能鉴定(高级)考核样题

一、**判断题**(将判断结果填入括号中,正确的填"√",错误的填"×",每题1分)

1. 在电火花线切割加工中使用的工作液对环境无污染,对人体无害。 ( )

2. 导向器是电火花慢速走丝线切割加工机床导丝机构中的主要部件,它的寿命要比电火花快速走丝线切割加工机床的导轮长。 ( )

3. 我国以前生产的电火花快速走丝线切割加工机床中一般采用B代码格式编程,B代码格式又分为3B格式、4B格式、5B格式等。 ( )

4. 在使用3B代码编程中,B称为分割符,它的作用是将X、Y、J的数值分开,如果B后的数字为0,则0可以省略不写。 ( )

5. 在利用3B代码编程加工圆弧时,为了看上去简单、方便,可以用公约数将X、Y的数值同时缩小相同的倍数。 ( )

6. 在加工落料模时,为了保证冲下零件的尺寸,应将配合间隙加在凹模上。 ( )

7. 传动齿轮间隙的消除可采用偏心调整法,它属于柔性调整。 ( )

8. 数控编程从起初的手工编程到后来的API语言编程,发展到今天的人机交互式编程。 ( )

9. 计算机辅助设计又称为CAD,它是Computer Aided Design的缩写。 ( )

10. 数控电火花线切割加工机床的控制系统不仅对轨迹进行控制,同时还对进给速度等进行控制。 ( )

11. 晶体管矩形波脉冲电源广泛用于电火花快速走丝线切割加工机床,它一般由脉冲发生器、推动级、功放级及直流电源4个部分组成。 ( )

12. RC线路脉冲电源在工作时电容器时而充电,时而放电,所以又称这类电源为"弛张式"脉冲电源。 ( )

13. 电火花慢速走丝线切割加工机床,除了浇注式供液方式外,有些还采用浸泡式供液方式。 ( )

14. 电火花线切割加工机床的供液方式与普通机床供液方式相同。 ( )

15. 工作液的质量及清洁程度对电火花线切割加工影响不大,所以有的电火花线切割加工机床没有工作液过滤系统。 ( )

16. 在电火花慢速走丝线切割加工中,由于采用单向连续供丝的方式,在加工区总

是保持新电极丝加工,所以加工精度高。（　　）

17. 电火花线切割加工中应用较普遍的工作液是乳化液,其成分和磨床使用的乳化液成分相同。（　　）

18. 电火花线切割加工机床脉冲电源的脉冲宽度一般在 2～60 μs。（　　）

19. 电火花线切割在加工厚度较大的工件时,脉冲宽度应选择较小值。（　　）

20. 一般情况下,电火花线切割加工的脉冲重复频率为 5～500 kHz。（　　）

二、选择题(选择正确的答案,将相应字母填入题内的括号中,每题 1 分)

1. 电火花快速走丝线切割加工机床的加工精度一般在(　　)。

A. 0.01～0.005 mm　　B. 0.01～0.04 mm

C. 0.1～0.5 mm　　D. 0.05～0.1 mm

2. 电火花慢速走丝线切割加工机床的加工精度一般在(　　)。

A. 0.01～0.005 mm　　B. 0.01～0.04 mm

C. 0.1～0.5 mm　　D. 0.05～0.1 mm

3. 目前已有的电火花慢速走丝线切割加工中心,可以实现(　　)。

A. 自动搬运工件　　B. 自动穿电极丝

C. 自动卸除加工废料　　D. 无人操作的加工

4. 目前数控电火花线切割加工机床一般采用(　　)微机数控系统。

A. 单片机　　B. 单板机　　C. 微型计算机　　D. 大型计算机

5. 电火花线切割加工的微观过程可以分为极间介质的电离、击穿,形成放电通道;介质热分解、电极材料熔化、汽化热膨胀;电极材料的抛出;极间介质的消电离 4 个连续阶段。在这 4 个阶段中,间隙电压最高的在(　　)。

A. 极间介质的电离、击穿,形成放电通道

B. 电极材料的抛出

C. 介质热分解、电极材料熔化、汽化热膨胀

D. 极间介质的消电离

6. 同步齿形带传动的特点是(　　)。

A. 久无滑动,传动比准确　　B. 传动效率高

C. 不需要润滑　　D. 过载保护

7. 电火花快速走丝线切割加工机床的走丝机构中,电动机轴与储丝筒中心轴一般利用联轴器将二者连在一起,这个联轴器可以采用(　　)。

A. 刚性联轴器　　B. 弹性联轴器

C. 摩擦锥式联轴器　　D. 以上三种

8. 某个程序在运行过程中出现“圆弧端点错误”,这属于(　　)。

A. 程序错误报警　　B. 操作报警

C. 驱动报警　　D. 系统错误报警

9. 数控机床系统参数一般最终由(　　)设置完成。

A. 系统厂家　　B. 机床厂家　　C. 用户　　D. 销售人员

10. 电火花线切割加工时,工件的装夹方式一般采用(　　)。

A. 悬臂式支撑　　B. V形夹具装夹

C. 桥式支撑　　D. 分度夹具装夹

11. 将钢加热到发生相变的温度,保温一段时间,然后缓慢冷却到室温的热处理叫(　　)。

A. 退火　　B. 回火　　C. 正火　　D. 调质

12. 机床夹具按(　　)分类,可分为通用夹具、专用夹具、组合夹具等。

A. 使用机床类　　B. 驱动夹具工作的动力源

C. 夹紧方式　　D. 专门化程度

13. 用水平仪检验机床导轨的直线度时,若把水平仪放在导轨的右端,气泡向前偏2格;若把水平仪放在导轨的左端,气泡向后偏2格,则此导轨是(　　)状态。

A. 中间凸　　B. 中间凹　　C. 不凸不凹　　D. 扭曲

14. 电火花加工表层包括(　　)。

A. 熔化层　　B. 热影响层　　C. 基体金属层　　D. 汽化层

15. 在电火花线切割加工较厚的工件时,要保证加工的稳定,放电间隙要大,所以(　　)。

A. 脉冲宽度和脉冲间隔都取较大值

B. 脉冲宽度和脉冲间隔都取较小值

C. 脉冲宽度取较大值,脉冲间隔取较小值

D. 脉冲宽度取较小值,脉冲间隔取较大值

16. 在电火花线切割加工中,采用正极性接法的目的有(　　)。

A. 提高加工速度　　B. 减少电极丝损耗

C. 提高加工精度　　D. 提高表面质量

17. 电火花线切割加工称为(　　)。

A. EDM　　B. WEDM　　C. ECM　　D. EBM

18. 第一台电火花快速走丝简易数控线切割样机是由(　　)研制出来。

A. 中国的张维良　　B. 复旦大学与上海交通电器厂联合

C. 苏联的拉扎连柯夫妇　　D. 瑞士阿奇公司

19. 目前广泛使用的电火花加工脉冲电源是(　　)。

A. 闸流管式脉冲电源　　B. 电子管式脉冲电源

C. 晶闸管式脉冲电源　　D. 晶体管式脉冲电源

20. 一般加工条件下,性能较好的脉冲电源,加工10000 mm^2的面积时,电极丝的损耗应小于(　　)。

A. 0.01 mm　　B. 0.1 mm　　C. 0.001 mm　　D. 0.0001 mm

21. 步进电机在“单拍”控制过程中，因为每次只有一相通电，所以在绕组通电切换的瞬间，步进电机将会(　　)。

A. 失去自锁力矩　　B. 容易造成丢步

C. 容易损坏　　D. 发生飞车

22. 使用步进电动机控制的数控机床具有(　　)优点。

A. 结构简单　　B. 控制方便　　C. 成本低　　D. 控制精度高

23. 步进电动机驱动器是由(　　)组成。

A. 环形分配器　　B. 功率放大器

C. 频率转换器　　D. 多谐振荡器

24. 电火花线切割加工机床脉冲电源的脉冲宽度与电火花成形加工机床脉冲电源的脉冲宽度相比(　　)。

A. 差不多　　B. 小得很多　　C. 大很多　　D. 不确定

25. 电火花线切割加工中，当工作液的绝缘性能太高时会(　　)。

A. 产生电解　　B. 放电间隙小

C. 排屑困难　　D. 切割速度缓慢

26. 我国以前生产的电火花快速走丝线切割加工机床中一般采用B代码格式编程，其中最常用的B代码是(　　)。

A. 3B代码　　B. 4B代码　　C. 5B代码　　D. 2B代码

27. 电火花线切割加工编程中参数通常使用(　　)作为单位。

A. m　　B. cm　　C. mm　　D. μm

28. 下列关于滚珠丝杠螺母说法不正确的是(　　)。

A. 按滚珠返回方式的不同，滚珠丝杠螺母副分内循环和外循环两种

B. 内循环的滚珠丝杠螺母副由丝杠、螺母、滚珠、回珠管等组成

C. 滚珠丝杠螺母副的优点是传动效率高，摩擦力小，使用寿命长

D. 滚珠丝杠螺母副的缺点是制造成本高，不能实现自锁

29. 人机交互式图形编程的实现是以(　　)技术为前提。

A. CAD　　B. CAM　　C. APT　　D. CAD/CAM

30. 在型号为DK7732的电火花线切割加工机床中，32表示(　　)。

A. 机床加工工件的最大长度320 mm

B. 工作台纵向行程为320 mm

C. 机床加工工件的最大高度为320 mm

D. 工作台横向行程为320 mm

三、简答题(每题4分)

1. 在塑料模加工中，有哪些特殊加工方法？简述其中的两种。

2. 什么叫极性效应？在电火花线切割加工中是怎样应用的？这方面它与电火花成形加工有何不同？为什么？

3. 什么叫电极丝的偏移？对于电火花线切割加工来说有何意义？在G代码编程中分别用哪几个代码表示？

4. 电火花线切割加工中的电极丝材料有哪些？快速走丝与慢速走丝有什么区别？为什么？

四、编程题（满分30分）

根据图1所示的零件尺寸，用电火花线切割编程软件画出图形并编制其凹模和凸模的程序，已知毛坯材料为Cr12。（图中为正八边形）

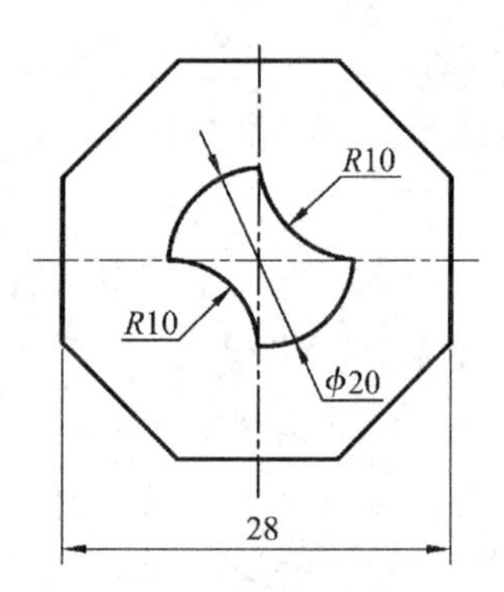

图1 零件图样

1. 做出加工孔凸模的工件坐标系，标出电极丝切割方向，同时标出穿丝点的位置。（2分）

2. 编写加工孔凸模的加工程序。要求：加工程序单要字迹工整；可以是3B或ISO程序。（5分）

3. 做出加工孔凹模的工件坐标系，标出电极丝切割方向，同时标出穿丝点的位置。（2分）

4. 编写加工孔凹模的加工程序。要求：加工程序单要字迹工整；可以是3B或ISO程序。（5分）

5. 做出加工正八边形凸模的工件坐标系，标出电极丝切割方向，同时标出穿丝点位置。（3分）

6. 编写加工正八边形凸模的加工程序。全周斜度为3°，图形尺寸为底部大端尺寸，工件高度为30 mm。要求：加工程序单要字迹工整；可以是3B或ISO程序。（5分）

7. 做出加工正八边形凹模的工件坐标系，标出电极丝切割方向，同时标出穿丝点位置。（3分）

8. 编写加工正八边形凹模的加工程序，全周斜度为3°，图形尺寸为顶部大端尺寸，工件高度为30 mm。要求：加工程序单要字迹工整；可以是3B或ISO程序。（5分）

附录四
电切削工技师、高级技师技能大赛相关题库

一、判断题(将判断结果填入括号中,正确的填"√",错误的填"×")

1. 在型号为DK7632的数控电火花线切割加工机床中,数字32是机床基本参数,它代表该线切割机床使用的电极丝最大直径为0.32 mm。（　）

2. 在电火花快速走丝线切割加工机床中只使用B代码格式编程,而不使用ISO代码编程。（　）

3. B代码格式分为3B格式、4B格式、5B格式等,其中3B、4B、5B的含义是指编程时使用指令参数的个数,它们分别为3个、4个、5个指令参数。（　）

4. 在利用3B代码编程加工直线时,程序格式中的X、Y是指直线的终点坐标值,其单位为μm。（　）

5. 在利用3B代码编程加工圆弧时,程序格式中的X、Y是指圆弧的终点坐标值,其单位为μm。（　）

6. 在利用3B代码编程加工圆弧时,程序格式中的X、Y是指圆弧的起点坐标值,其单位为μm。（　）

7. 在使用3B代码编程中,B称为分割符,它的作用是将X、Y、J的数值分隔开,如果B后的数字为0,则0可以省略不写。（　）

8. 在利用3B代码编程加工直线时,为了看上去简单、方便,可以用公约数将X、Y的数值同时缩小相同的倍数。（　）

9. 在利用3B代码编程加工圆弧时,为了看上去简单、方便,可以用公约数将X、Y的数值同时缩小相同的倍数。（　）

10. 在加工冲孔模具时,为了保证孔的尺寸,应将配合间隙加在凸模上。（　）

11. 在加工落料模具时,为了保证冲下零件的尺寸,应将配合间隙加在凹模上。（　）

12. ISO代码编程是一种通用的编程方法,因其控制功能强大,使用广泛,它将是数控编程的发展方向。（　）

13. B代码编程是电火花快速走丝线切割加工通用的编程方法,由于其使用广泛,它将是电火花快速走丝线切割加工机床数控编程的发展方向。（　）

14. 程序中只要出现一次G01,以后便可以不再写G01了。（　）

15. 上一程序段中有了 G02 指令，下一程序段如果仍是 G02 指令，则 G02 可省略。（ ）

16. 上一程序段中有了 G04 指令，下一程序段如果仍是 G04 指令，则 G04 可省略。（ ）

17. 机床在执行 G01 指令时，电极丝所走的轨迹在宏观上一定是一条直线段。（ ）

18. 机床在执行 G00 指令时，电极丝所走的轨迹在宏观上一定是一条直线段。（ ）

19. 机床在执行 G00 指令时，电极丝所走的轨迹在宏观上可能是一条直线段，也可能是折线即由两条直线段组成。（ ）

20. G01 指令和 G00 指令的作用相同。（ ）

21. 电极丝补偿初始建立段的距离可以为任意值。（ ）

22. 电极丝补偿取消段的距离可以为任意值。（ ）

23. 机床数控精度的稳定性决定着加工零件质量的稳定性和误差的一致性。（ ）

24. 电火花线切割加工机床在精度检验前，必须让机床各个坐标往复移动几次，储丝筒运转十多分钟，即在机床处于热稳定状态下进行检测。（ ）

25. 电火花线切割加工机床在精度检验中，检测工具的精度必须比所测的几何精度高一个等级。（ ）

26. 轴的定位误差可以反映机床的加工精度能力，是数控机床最关键的技术指标。（ ）

27. 机床的定位精度应与机床的几何精度相匹配，定位精度要求较高的机床，几何精度相应地也较高。（ ）

28. 工作台直线运动重复定位精度是反映轴运动稳定性的一个基本指标。（ ）

29. 工作台各坐标轴直线运动的失动量是坐标轴在进给传动链上的驱动元件反向死区和各机械传动副的反向间隙、弹性变形等误差的综合反映。（ ）

30. 工作台各坐标轴直线运动的失动量一般是由于进给传动链刚性不足、滚珠丝杠预紧力不够、导轨副过紧或松动等原因造成的。（ ）

31. 通常数控系统都具有失动量的补偿功能，这种功能又称为反向间隙补偿功能。（ ）

32. 数控电火花线切割加工机床的工作精度又称为动态精度，是在放电加工情况下，对机床的几何精度和数控精度的一项综合考核。（ ）

33. 在一定工艺条件下，脉冲间隔变化对线切割加工速度的影响比较明显，对表面粗糙度的影响比较小。（ ）

34. 电流波形的前沿上升比较缓慢时，加工中电极丝损耗较少；而电流波形的前沿

上升比较快时，加工中电极丝损耗就比较大。（　　）

35. 在电火花线切割加工中，当电压表、电流表的表针稳定不动时，进给速度均匀、平稳，是电火花线切割加工速度和表面粗糙度均好的最佳状态。（　　）

36. 在型号为 DK7632 数控电火花线切割加工机床中，数字 32 是机床基本参数，它代表该线切割加工机床工作台宽度为 320 mm。（　　）

37. 在型号为 DK7632 数控电火花线切割加工机床中，数字 32 是机床基本参数，它代表该线切割加工机床工作台的横向行程为 320 mm。（　　）

38. 在电火花快速走丝线切割加工中，工件材料的硬度越小，越容易加工。（　　）

39. 悬臂式支撑是电火花快速走丝线切割加工比较常用的装夹方法，其特点是通用性强，装夹方便，但装夹后工件容易出现倾斜现象。（　　）

40. 桥式支撑是电火花快速走丝线切割加工中最常用的装夹方法，其特点是通用性强、装夹方便，装夹后稳定，平面定位精度高，适用于装夹各类工件。（　　）

41. 数控电火花快速走丝线切割加工机床主要由机床本体、脉冲电源、控制系统、工作液循环系统和机床附件等几部分组成。（　　）

42. 由于电火花慢速走丝线切割加工机床与电火花快速走丝线切割加工机床的组成基本相似，所以二者在整体布局、机械结构及机床外观等各方面都比较相似。（　　）

43. 电火花快速走丝线切割加工机床的本体主要包括工作台、运丝机构、丝架和床身四个部分。（　　）

44. 力封式滚动导轨具有较好的工艺性，制造、装配、调整都比较方便，受力较均匀，润滑良好；其缺点是在外力的作用下可能会向上抬起而破坏传动。这种结构的导轨通常用在小型线切割加工机床上。（　　）

45. 自封式滚动导轨具有运动不易受外力影响，防尘条件好等优点；其缺点是结构复杂，工艺性较差。这种结构的导轨通常用在大、中型线切割加工机床上。（　　）

46. 因为滚珠丝杠螺母副的制造精度高，所以丝杠和螺母间不存在传动间隙。（　　）

47. 虽然电火花线切割加工机床型号不同，但它们所能使用的电极丝直径都相同。（　　）

48. 脉冲宽度及脉冲能量越大，则放电间隙越小。（　　）

49. 目前电火花线切割加工中应用较普遍的工作液是煤油。（　　）

50. 电火花线切割加工机床的控制系统不仅对轨迹进行控制，同时还对进给速度等进行控制。（　　）

51. 在电火花慢速走丝线切割加工中不能使用煤油作为工作液。（　　）

52. 在电火花快速走丝线切割加工中不能使用煤油作为工作液。（　　）

53. 如果电火花线切割加工单边放电间隙为 0.01 mm，钼丝直径为 0.18 mm，则加工圆孔时的电极丝补偿量为 0.19 mm。（　　）

54. 电火花线切割加工中应用较普遍的工作液是乳化液，其成分和磨床使用的乳化液成分相同。（　　）

55. 利用电火花线切割加工机床可以加工不通孔。（　　）

56. 利用电火花线切割加工机床可以加工任何形状的通孔。（　　）

57. 利用电火花线切割加工机床可以加工任何导电的材料。（　　）

58. 利用电火花线切割加工机床不仅可以加工导电材料，还可以加工不导电材料。（　　）

59. 电火花线切割加工通常采用正极性加工。（　　）

60. 电火花线切割加工通常用于粗加工。（　　）

61. 电火花线切割在加工过程中总的材料蚀除量比较小，使用电火花线切割加工比较节省材料，因此电火花线切割加工是零件加工时首先考虑选择的加工方法。（　　）

62. 在电火花慢速走丝线切割加工中，因为电极丝不存在损耗，所以加工精度高。（　　）

63. 在电火花慢速走丝线切割加工中，因为采用单向连续供丝的方式，在加工区总是保持新电极丝加工，所以加工精度高。（　　）

64. 在设备维修中，利用电火花线切割加工齿轮，其主要目的是节省材料，提高材料的利用率。（　　）

65. 目前，因为电火花线切割加工费用比较高，所以电火花线切割加工一般只用于普通机械加工不能完成的工作。（　　）

66. 因为电火花线切割加工的材料蚀除量比电火花成形加工要少很多，所以电火花线切割加工速度比电火花成形加工要快许多。（　　）

67. 因为电火花线切割加工速度比电火花成形加工要快许多，所以电火花线切割加工零件的周期就比较短。（　　）

68. 因为电火花线切割加工是利用电极丝作为工具电极，而电火花成形加工需要制造成形电极，所以用电火花线切割加工零件的周期比电火花成形加工要短。（　　）

69. 因为快走丝线切割加工中电极丝的损耗比慢走丝线切割的要大，所以慢走丝线切割加工精度比快走丝要高。（　　）

70. 因为电火花快速走丝线切割加工中电极丝的损耗大，加工零件精度低，所以电火花快速走丝线切割一般用于零件的粗加工。（　　）

71. 在电火花线切割加工中，用水基液作为工作液时，在开路状态下，加工间隙的工作液中不存在电流。（　　）

72. 由于使用煤油作为电火花线切割加工工作液时很容易发生火灾，所以为了安全，一般不用煤油作为电火花线切割加工工作液。（　　）

73. 在电火花快速走丝线切割加工中，由于电极丝走丝速度比较快，所以电极丝和工件间不会发生电弧放电。（　　）

74. 电火花线切割不能加工半导体材料。（　　）

75. 在电火花线切割加工过程中，工件与电极丝之间会发生互相飞溅镀覆及吸附的现象，这种现象只会对线切割加工精度造成影响，所以属于不利的影响。（　　）

76. 在型号为 DK7732 的数控电火花线切割加工机床中，其字母 K 属于机床特性代号，是数控的意思。（　　）

77. 在型号为 DK7732 的数控电火花线切割加工机床中，其字母 D 属于机床类别代号，是指电加工机床。（　　）

二、选择题（选择正确答案，将相应字母填入题内的括号中）

1. 使用 ISO 代码编程时，关于圆弧插补指令，下列说法正确的是（　　）。

A. 整圆只能用圆心坐标来编程

B. 圆心坐标必须是绝对坐标

C. 所有圆弧或圆都可以使用圆心坐标来编程

D. 从线切割加工机床工作台上方看 G03 为顺时针加工，G02 为逆时针加工

2. 使用 ISO 代码编程，以下说法中（　　）是正确的。

A. 只有 G92 是工件坐标系设定指令

B. 所有数控机床加工时都必须返回参考点

C. 根据需要，一个工件可以设置几个工件坐标系

D. 执行程序前必须将电极丝移动到程序原点

3. M00 是线切割加工机床使用 ISO 代码编程时经常使用的辅助功能字，其含义是（　　）。

A. 启动丝筒电动机　　B. 关闭丝筒电动机

C. 启动工作液泵　　D. 程序暂停

4. M02 是线切割加工机床使用 ISO 代码编程时经常使用的辅助功能字，其含义是（　　）。

A. 程序开始　　B. 关闭丝筒电动机

C. 关闭工作液泵　　D. 程序结束

5. 使用 ISO 代码编程时，在下列有关圆弧插补中利用半径 R 编程说法正确的是（　　）。

A. 因为 R 代表圆弧半径，所以 R 一定为非负数

B. R 可以取正数，也可以取负数，它们的作用相同

C. R 可以取正数，也可以取负数，但它们的作用不同

D. 利用半径 R 编程比利用圆心坐标编程方便

6. 关于建立和取消电极丝半径补偿功能，下列说法中正确的是（　　）。

A. 用 G41、G42 建立补偿时，该程序段可以使用 G00、G01 和 G02、G03 指令来建立

B. 用 G40 取消电极丝补偿时，该程序段可以使用 G00、G01 和 G02、G03 四个指令

来取消

C. 用G41、G42建立电极丝补偿时，该程序段必须使用G00和G01两个指令来建立

D. 用G40取消电极丝补偿时，该程序段必须使用G00和G01两个指令来取消

7. 下列关于使用G41、G42指令建立电极丝补偿功能的有关叙述，正确的有(　　)。

A. 当电极丝位于工件左边时，使用G41指令

B. 当电极丝位于工件右边时，使用G42指令

C. G41为电极丝右补偿指令，G42为电极丝左补偿指令

D. 沿着电极丝前进方向看，当电极丝位于工件左边时，使用G41左补偿指令；当电极丝位于工件右边时，使用G42右补偿指令

8. 关于电极丝半径补偿初始建立段和补偿取消段，下列说法中正确的是(　　)。

A. 电极丝补偿初始建立段可以是加工工件的轮廓轨迹

B. 电极丝补偿取消段可以是加工工件的轮廓轨迹

C. 电极丝补偿初始建立段不能利用工件的轮廓轨迹

D. 电极丝补偿取消段也不能利用工件的轮廓轨迹

9. 数控线切割加工机床的工作精度检测中，有关尺寸精度与最佳表面粗糙度的检测对象是(　　)。

A. 与机床坐标轴平行的表面　　B. 与机床坐标轴垂直的表面

C. 任意表面，无特殊要求　　D. 与机床坐标轴夹角为45°的表面

10. 有关线切割加工机床安全操作方面，下列说法正确的是(　　)。

A. 当机床电器发生火灾时，应用四氯化碳灭火器灭火

B. 当机床电器发生火灾时，可以用水对其进行灭火

C. 线切割加工机床在加工过程中产生的气体对操作者健康没有影响

D. 因为线切割加工机床在加工过程中的放电电压不高，所以加工中可以用手接触工件或机床工作台

11. 在线切割加工中，关于工件装夹问题，下列说法正确的是(　　)。

A. 由于线切割加工中工件几乎不受力，所以加工中工件不需要夹紧

B. 虽然线切割加工中工件受力很小，但为防止工件应力变化产生变形，对工件应施加较大的夹紧力

C. 因为线切割加工中工件受力很小，所以加工中工件只需要较小的夹紧力

D. 线切割加工中，对工件夹紧力大小没有要求

12. 电火花线切割加工机床一般维护保养方法是(　　)。

A. 定期润滑　　B. 定期调整　　C. 定期更换　　D. 定期检查

13. 电火花线切割加工机床使用的脉冲电源输出是(　　)。

A. 固定频率的单向直流脉冲　　B. 固定频率的交变脉冲电源

C. 频率可变的单向直流脉冲　　D. 频率可变的交变脉冲电源

14. 在快速走丝线切割加工中，当其他工艺条件不变时，增大短路峰值电流，可以(　　)。

A. 提高切割速度　　B. 使表面粗糙度变好

C. 降低电极丝损耗　　D. 增大单个脉冲能量

15. 在快速走丝线切割加工中，当其他工艺条件不变时，增大开路电压，可以(　　)。

A. 提高切割速度　　B. 使表面粗糙度变差

C. 增大加工间隙　　D. 降低电极丝的损耗

16. 在快速走丝线切割加工中，当其他工艺条件不变时，增大脉冲宽度，可以(　　)。

A. 提高切割速度　　B. 使表面粗糙度变好

C. 增大电极丝的损耗　　D. 增大单个脉冲能量

17. 在加工工件较厚时，要保证加工稳定，放电间隙要大，所以(　　)。

A. 脉冲宽度和脉冲间隔都取较大值

B. 脉冲宽度和脉冲间隔都取较小值

C. 脉冲宽度取较大值，脉冲间隔取较小值

D. 脉冲宽度取较小值，脉冲间隔取较大值

18. 快速走丝线切割加工最常用的加工波形是(　　)。

A. 锯齿波　　B. 矩形波　　C. 分组脉冲波　　D. 前阶梯波

19. 在电火花线切割加工中，下列说法正确的有(　　)。

A. 因为只有正极发生电蚀，负极不发生电蚀，所以工件接正极，电极丝接负极

B. 正极和负极，都会发生不同程度的电蚀

C. 正极蚀除量大，负极蚀除量小

D. 正极蚀除量小，负极蚀除量大

20. 在电火花加工中，下列说法正确的有(　　)。

A. 正极蚀除量大，负极蚀除量小

B. 正极蚀除量小，负极蚀除量大

C. 采用长脉冲加工时，负极的蚀除速度大于正极的蚀除速度

D. 采用短脉冲加工时，正极的蚀除速度大于负极的蚀除速度

21. 在电火花线切割加工中，采用正极性接法的目的有(　　)。

A. 提高加工速度　　B. 减少电极丝损耗

C. 提高加工精度　　D. 使表面粗糙度变好

22. 快速走丝线切割加工中可以使用的电极丝有(　　)。

A．黄铜丝　　B. 纯铜　　C. 钨丝　　D. 钼丝

E．钨钼丝

23. 下列关于电极丝直径对线切割加工的影响，说法正确的有(　　)。

A．电极丝直径越小，其承受电流小，所以切割速度低

B．电极丝直径越小，其切缝也窄，所以切割速度高

C．电极丝直径越大，其承受电流大，所以切割速度高

D．在一定范围内，电极丝的直径加大可以提高切割速度；但电极丝的直径超过一定程度时，反而又降低切割速度

24. 下列关于电极丝张紧力对线切割加工的影响，说法正确的有(　　)。

A．电极丝张紧力越大，其切割速度越大

B．电极丝张紧力越小，其切割速度越大

C．电极丝的张紧力过大，电极丝有可能发生疲劳而造成断丝

D．在一定范围内，电极丝的张紧力增大，切割速度增大；当电极丝张紧力增加到一定程度后，其切割速度随张紧力增大而减小

25. 在快速走丝线切割加工中，电极丝张紧力大小应根据(　　)的情况来确定。

A．电极丝直径　　B. 加工工件厚度

C．电极丝材料　　D. 加工工件精度要求

26. 在快速走丝线切割加工过程中，如果电极丝的位置精度较低，电极丝就会发生抖动，从而导致(　　)。

A．电极丝与工件间瞬时短路，开路次数增多

B．切缝变宽

C．切割速度降低

D．提高了加工精度

27. 常用的电极丝垂直度校正方法有(　　)。

A．利用找正器校正　　B. 利用校直仪校正

C．利用目测法校正　　D. 利用直角尺校正

28. 快速走丝线切割在加工钢件时，在切割表面的进出口两端附近，往往有黑白相间交错的条纹，关于这些条纹下列说法中正确的是(　　)。

A．黑色条纹微凹，白色条纹微凸；黑色条纹处为入口，白色条纹处为出口

B．黑色条纹微凸，白色条纹微凹；黑色条纹处为入口，白色条纹处为出口

C．黑色条纹微凹，白色条纹微凸；黑色条纹处为出口，白色条纹处为入口

D．黑色条纹微凸，白色条纹微凹；黑色条纹处为出口，白色条纹处为入口

29. 在快速走丝线切割加工中，关于不同厚度工件的加工，下列说法正确的是(　　)。

A．工件厚度越大，其切割速度越慢

B．工件厚度越小，其切割速度越大

C．工件厚度越小，线切割加工的精度越高；工件厚度越大，线切割加工的精度越低

D．在一定范围内，工件厚度增大，切割速度增大；当工件厚度增加到某一值后，其切割速度随厚度的增大而减小

30．在快速走丝线切割加工中，关于工作液陈述正确的有（　　）。

A．纯净工作液的加工效果最好

B．煤油工作液切割速度低，但不易断丝

C．乳化型工作液比非乳化型工作液的切割速度高

D．水类工作液冷却效果好，所以切割速度高，同时使用水类工作液不易断丝

31．在电火花线切割加工中，加工穿丝孔的目的有（　　）。

A．保证零件的完整性　　B．减小零件在切割中的变形

C．容易找到加工起点　　D．提高加工速度

32．在电火花线切割加工中，当穿丝孔靠近装夹位置，开始切割时，电极丝的走向应（　　）。

A．沿离开夹具的方向进行加工

B．沿与夹具平行的方向进行加工

C．沿离开夹具的方向或与夹具平行的方向

D．无特殊要求

33．电火花线切割加工时，工件的装夹方式一般采用（　　）。

A．悬臂式支撑　　B．V形夹具装夹

C．桥式支撑　　D．分度夹具装夹

34．电火花线切割加工中，在工件装夹时一般要对工件进行找正，常用的找正方法有（　　）。

A．拉表法　　B．划线法

C．电极丝找正法　　D．固定基面找正法

35．下列关于使用拉表法对工件进行找正的说法中，不正确的是（　　）。

A．使用拉表法可以对工件的上表面进行找正

B．使用拉表法还可以对工件的侧面进行找正

C．使用拉表法的找正精度比较高

D．使用拉表法的找正效率比较高

36．下列关于使用固定基面找正法对工件进行找正的说法中，正确的有（　　）。

A．使用固定基面找正法是对工件上的基准直接进行找正

B．使用固定基面找正法是利用通用或专用夹具的基准面进行找正

C．使用固定基面找正法比拉表法的找正精度高

D．使用固定基面找正法其找正效率比较高

37. 快速走丝线切割加工厚度较大的工件时，对于工作液的使用下列说法正确的是（　　）。

A. 工作液的浓度要大些，流量要略小

B. 工作液的浓度要大些，流量也要大些

C. 工作液的浓度要小些，流量也要略小

D. 工作液的浓度要小些，流量要大些

38. 电火花线切割加工的主要工艺指标有（　　）。

A. 切割速度　　B. 加工件的表面粗糙度

C. 电极丝损耗量　　D. 加工件的精度

39. 下列不属于滚珠丝杠副传动优点的是（　　）。

A. 传动效率高　　B. 摩擦力小

C. 使用寿命长　　D. 自锁性能好

40. 内循环式结构的滚珠丝杠螺母副有（　　）。

A. 丝杠　　B. 螺母与滚珠　　C. 反向器　　D. 回珠管

41. 外循环式结构的滚珠丝杠螺母副有（　　）。

A. 丝杠　　B. 螺母与滚珠　　C. 反向器　　D. 回珠管

42. 快速走丝线切割加工机床的走丝机构中，电动机轴与储丝筒中心轴一般利用联轴器将二者连在一起，这个联轴器是（　　）。

A. 刚性联轴器　　B. 弹性联轴器

C. 摩擦锥式联轴器　　D. 可以是以上三种

43. 下列说法不正确的是（　　）。

A. 电火花线切割加工属于特种加工方法

B. 电火花线切割加工属于放电加工

C. 电火花线切割加工属于电弧放电加工

D. 电火花线切割加工属于成形电极加工

44. 第一台实用电火花加工装置发明时间是（　　）。

A. 1952　　B. 1943　　C. 1940　　D. 1963

45. 发明了世界上第一台实用电火花加工装置的是（　　）。

A. 美国的爱迪生　　B. 中国科学院电工研究所

C. 美国的麻省理工学院　　D. 苏联的拉扎连柯夫妇

46. 第一台快速走丝简易数控线切割样机是由（　　）研制出来。

A. 中国的张维良　　B. 复旦大学与上海交通电器厂联合

C. 苏联的拉扎连柯夫妇　　D. 瑞士阿奇公司

47. 目前我国主要生产的电火花线切割加工机床是（　　）。

A. 普通的电火花快速走丝线切割加工机床

B．普通的电火花慢速走丝线切割加工机床

C．高档的电火花快速走丝线切割加工机床

D．高档的电火花慢速走丝线切割加工机床

48．下列不是电火花线切割加工机床采用过的控制方式是(　　)。

A. 靠模仿形　　B. 光电跟踪　　C. 数字控制　　D. 声电跟踪

49．对于铣削和电火花线切割都能加工的材料来说，下列说法中正确的是(　　)。

A．铣削平面一定比线切割加工平面粗糙

B．加工面积相同的平面，线切割加工比铣削快

C．线切割加工平面一定比铣削平面粗糙

D．加工面积相同的平面，线切割加工比铣削慢

50．关于电火花线切割加工，下列说法中正确的是(　　)。

A．快速走丝线切割电极丝反复使用，电极丝损耗大，所以慢速走丝加工精度高

B．快速走丝线切割电极丝运行速度快，丝运行不平稳，所以慢速走丝加工精度高

C．快速走丝线切割使用的电极丝直径比慢速走丝线切割大，所以慢速走丝加工精度高

D．快速走丝线切割使用的电极丝材料比慢速走丝线切割差，所以慢速走丝加工精度高

51．数控电火花快速走丝线切割加工机床，影响其加工质量和加工稳定性的关键部件是(　　)。

A．走丝机构　　B. 工作液循环系统

C．脉冲电源　　D. 伺服控制系统

52．有关线切割加工对材料可加工性和结构工艺性影响，下列说法中正确的是(　　)。

A．线切割加工提高了材料的可加工性，不管材料硬度、强度、韧性、脆性及其是否导电都可以加工

B．线切割加工影响了零件的结构设计，不管什么形状的孔，如方孔、小孔、阶梯孔、窄缝等，都可以加工

C．线切割加工速度的提高为一些零件小批量加工提供了方法

D．线切割加工改变了零件的典型加工工艺路线，工件必须先淬火然后才能进行电火花线切割加工

53．有关电火花线切割加工机床使用电极丝情况，下列说法中不正确的是(　　)。

A．钼、钨钼合金电极丝常用于快速走丝线切割加工

B．铜丝也可用于快速走丝线切割加工

C．铜丝只能用于慢速走丝线切割加工

D．钼丝也可用于慢速走丝线切割加工

54. 电火花线切割加工过程中,电极丝与工件间存在的状态有(　　)。

A. 开路　　B. 短路　　C. 火花放电　　D. 电弧放电

55. 通过电火花线切割加工的微观过程,可以发现在放电间隙中存在的作用力有(　　)。

A. 电场力　　B. 磁力　　C. 热力　　D. 流体动力

56. 电火花线切割加工的微观过程可分为4个连续阶段:

a. 电极材料的抛出

b. 极间介质的电离、击穿,形成放电通道

c. 极间介质的消电离

d. 介质热分解、电极材料熔化、汽化热膨胀。这4个阶段的排列顺序为(　　)。

A. abcd　　B. bdac　　C. acdb　　D. cbad

57. 在电火花线切割加工过程中,放电通道中心温度最高可达(　　)左右。

A. 1000 ℃　　B. 10000 ℃　　C. 100000 ℃　　D. 5000 ℃

58. 在电火花线切割加工过程中,如果产生的电蚀产物(如金属微粒、气泡等)来不及排除,扩散出去,可能产生的影响有(　　)。

A. 改变间隙介质的成分,并降低绝缘强度

B. 使放电时产生的热量不能及时传出,消电离过程不能充分进行

C. 使金属局部表面过热而使毛坯产生变形

D. 使火花放电转变为电弧放电

59. 对于快速走丝线切割加工机床,在切割加工过程中电极丝运行速度一般为(　　)。

A. 3～5 m/s　　B. 8～10 m/s　　C. 11～15 m/s　　D. 4～8 m/s

60. 对于慢速走丝线切割加工机床,在切割加工过程中电极丝运行速度一般不大于(　　)。

A. 1 m/s　　B. 2 m/s　　C. 0.25 m/s　　D. 0.6 m/s

61. 在利用3B代码编程加工斜线时,如果斜线的加工指令为L_3,则该斜线与X轴正方向的夹角为(　　)。

A. $180° < a < 270°$　　B. $180° < a \leqslant 270°$

C. $180° \leqslant a < 270°$　　D. $180° \leqslant a \leqslant 270°$

62. 关于机床坐标系,下列说法正确的是(　　)。

A. 数控线切割加工机床采用的坐标系为右手直角笛卡儿坐标系

B. 数控线切割加工机床是以工作台为基准,按右手直角笛卡儿坐标系来判断坐标方向

C. 数控线切割加工机床是以电极丝为基准,按右手直角笛卡儿坐标系来判断坐标方向

D．以工作台为基准和以电极丝为基准判断出的坐标方向相同

63. 电火花线切割加工的特点有（　　）。

A．不必考虑电极丝损耗

B．不能加工精密细小、形状复杂的工件

C．不需要制造电极

D．不能加工不通孔类和阶梯形面类工件

64. 电火花线切割加工的对象有（　　）。

A．任何硬度、高熔点包括经热处理的钢和合金

B．成形刀、样板

C．阶梯孔、阶梯轴

D．塑料模中的型腔

65. 如果线切割单边放电间隙为 0.02 mm，钼丝直径为 0.18 mm，则加工圆孔时的电极丝补偿量为（　　）。

A. 0.10 mm　　B. 0.11 mm　　C. 0.20 mm　　D. 0.21 mm

66. 用线切割加工机床加工直径为 10 mm 的孔，当电极丝的补偿量设置为 0.12 mm 时，加工孔的实际直径为 10.02 mm。如果要使加工的孔径为 10 mm，则采用的补偿量为（　　）。

A. 0.10 mm　　B. 0.11 mm　　C. 0.12 mm　　D. 0.13 mm

67. 对于线切割加工，下列说法正确的有（　　）。

A．使用步进电机驱动的线切割加工机床在线切割加工圆弧时，其运动轨迹是折线

B．使用步进电机驱动的线切割加工机床在线切割加工斜线时，其运动轨迹是一条斜线

C．在利用 3B 代码编程加工斜线时，取加工的终点为编程坐标系的原点

D．在利用 3B 代码编程加工圆弧时，取圆心为线切割加工坐标系的原点

68. 线切割加工中，当使用 3B 代码进行数控程序编制时，下列关于计数方向的说法正确的有（　　）。

A．斜线终点坐标为(X_e, Y_e)，当$|Y_e|>|X_e|$时，计数方向取 G_y

B．斜线终点坐标为(X_e, Y_e)，当$|X_e|>|Y_e|$时，计数方向取 G_y

C．圆弧终点坐标为(X_e, Y_e)，当$|X_e|>|Y_e|$时，计数方向取 G_y

D．圆弧终点坐标为(X_e, Y_e)，当$|X_e|<|Y_e|$时，计数方向取 G_y

69. 线切割加工编程时，计数长度的单位应为（　　）。

A. 以 μm 为单位　　B. 以 mm 为单位　　C. 以 cm 为单位　　D. 以 m 为单位

70. 电火花线切割加工过程中，工作液必须具有的性能是（　　）。

A. 绝缘性能　　B. 洗涤性能　　C. 冷却性能　　D. 润滑性能

71. 利用 3B 代码编程加工斜线 OA，设起点 O 在切割坐标原点，终点 A 的坐标为

$X_e = 17$ mm，$Y_e = 5$ mm，其加工程序为（　　）。

A．B17 B5 B17 G_x L_1　　B. B17000 B5000 B017000 G_x L_1

C．B17000 B5000 B017000 G_y L_1　　D. B17000 B5000 B005000 G_y L_1

E．B17 B5 B017000 G_x L_1

72. 利用3B代码编程加工半圆 AB，切割方向从 A 到 B，起点坐标 $A(-5,0)$，终点坐标 $B(5,0)$，其加工程序为（　　）。

A．B5000 B B010000 G_X SR_2　　B. B5 B B010000 G_y SR_2

C．B5000 B B010000 G_y SR_2　　D. B B5000 B010000 G_y SR_2

三、名词解释

1. 脉冲间隔　2. 停歇时间　3. 脉冲周期　4. 脉冲频率
5. 电参数　6. 开路脉冲　7. 工作脉冲　8. 短路脉冲
9. 短路　10. 开路　11. 极性效应　12. 正极性和负极性
13. 切割速度　14. 快走丝线切割　15. 慢走丝线切割　16. 偏移
17. 左偏和右偏　18. 多次切割　19. 锥度切割　20. 左锥和右锥
21. 条纹　22. 伺服控制　23. 表面粗糙度 Ra　24. 电火花加工表层
25. 热影响层　26. 基体金属　27. 放电加工　28. 电火花加工
29. 电火花穿孔成形加工　30. 电火花线切割加工
31. 脉冲放电　32. 电弧放电　33. 放电通道　34. 放电间隙
35. 电蚀　36. 金属转移　37. 开路电压　38. 放电电压
39. 加工电压　40. 短路峰值电流　41. 短路电流　42. 加工电流
43. 击穿电压　44. 击穿延时　45. 脉冲宽度　46. 放电时间

四、简答题

1. 快速走丝线切割与慢速走丝线切割哪个加工精度高？为什么？

2. 电火花线切割加工电极丝的选择原则是什么？

3. 电火花线切割加工机床有哪些常用功能？

4. 什么是极性效应？在电火花线切割加工中如何利用极性效应？

5. 分析影响电火花线切割加工速度的因素。

6. 电火花线切割加工的微观过程包括哪几个阶段？在每个阶段表现出什么主要现象？

7. 电火花加工的物理本质是什么？

8. 电火花成形加工与电火花线切割加工有什么不同？

9. 电火花线切割加工特点有哪些？其主要应用在哪些方面？

10. 电火花线切割加工的主要工艺指标有哪些？影响表面粗糙度的主要因素有哪些？

11. 电火花线切割常采用哪些措施来提高加工质量？

12. 电火花线切割加工对工件装夹有哪些要求？

五、工艺编程题

1. 若要加工如图 1 所示的斜线段，终点 A 的坐标为 $X_e=14$ mm，$Y_e=5$ mm，分别用 3B 和 ISO 格式编制其线切割加工程序。

2. 加工如图 2 所示与正 Y 轴重合的直线线段，长度为 22.4 mm，分别用 3B 和 ISO 格式编制其线切割加工程序。

3. 加工如图 3 所示圆弧，A 为此逆圆弧的起点，B 为终点，分别用 3B 和 ISO 格式编制其线切割加工程序。

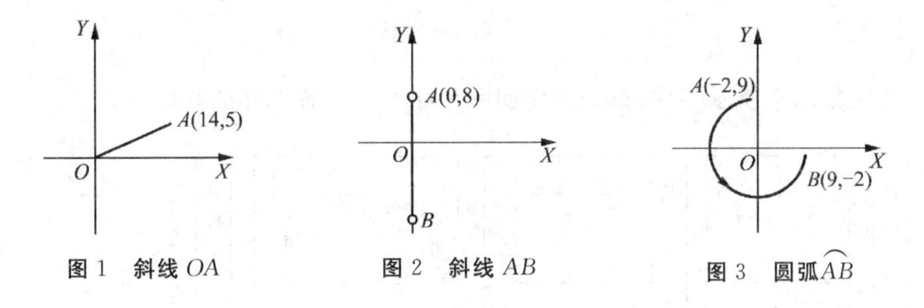

图 1　斜线 OA　　图 2　斜线 AB　　图 3　圆弧 $\widehat{AB}$

4. 利用 ISO 格式编制如图 4 所示凹模的线切割加工程序，电极丝为 $\phi0.2$ 的钼丝，单边放电间隙为 0.01 mm。

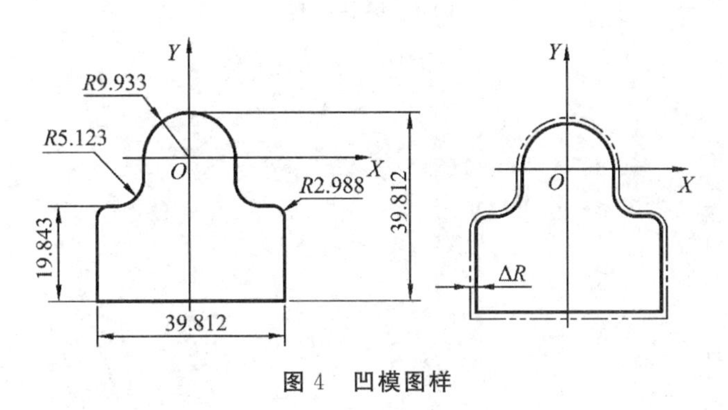

图 4　凹模图样

5. 电火花线切割加工如图 5 所示凸模零件，零件材料为 GCr15，厚度为 40 mm，试制订其线切割加工工艺。

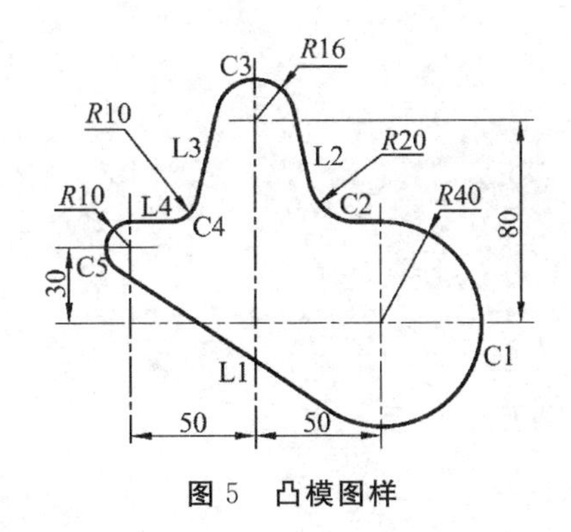

图 5　凸模图样

6. 电火花线切割加工如图 6 所示内花键扳手，花键为内花键，模数为 1.5，压力角为 30°，齿数为 12，材料为 GCr15，材料厚度为 6 mm，试制订其线切割加工工艺。

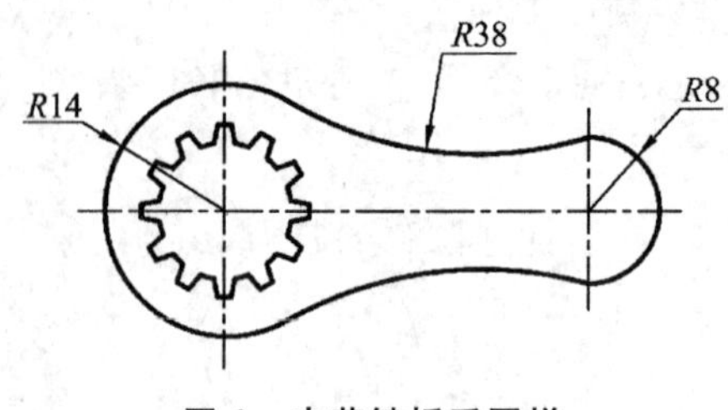

图 6　内花键扳手图样

7. 加工如图 7 所示零件，试分析说明图示穿丝点位置选择的优缺点。

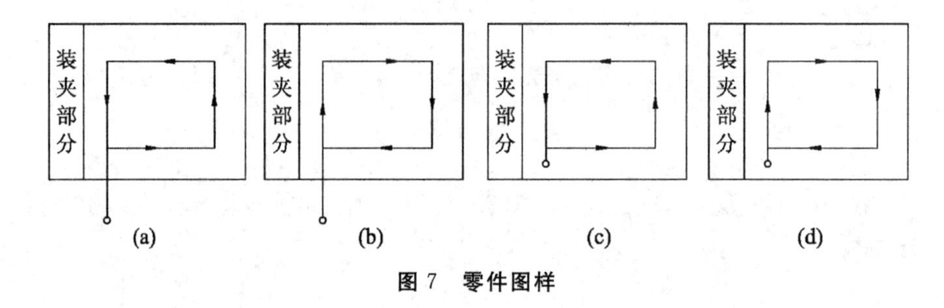

图 7　零件图样